Sculptor and Destroyer

Tales of Glutamate—the Brain's Most Important Neurotransmitter

多面的谷氨酸

[美] 马克 · P. 马特森（Mark P. Mattson）/ 著

徐蕴芸 / 译

中信出版集团 | 北京

图书在版编目（CIP）数据

多面的谷氨酸 /（美）马克·P. 马特森著；徐蕴芸译. --北京：中信出版社，2025.1. --ISBN 978-7-5217-7014-8

Ⅰ. Q517；R322.85

中国国家版本馆 CIP 数据核字第 2024TR5189 号

多面的谷氨酸

著者：　[美] 马克·P. 马特森

译者：　徐蕴芸

出版发行：中信出版集团股份有限公司
（北京市朝阳区东三环北路 27 号嘉铭中心　邮编　100020）

承印者：　三河市中晟雅豪印务有限公司

开本：880mm×1230mm　1/32　　印张：10.25　　字数：202 千字
版次：2025 年 1 月第 1 版　　印次：2025 年 1 月第 1 次印刷
京权图字：01–2024–0541　　书号：ISBN 978-7-5217-7014-8
定价：69.00 元

如有印刷、装订问题，本公司负责调换。
服务热线：400–600–8099
投稿邮箱：author@citicpub.com

感谢本·卡特，他让我得以在神经科学领域开辟新的道路并鼓励了我；感谢比尔·马克斯伯里，他支持了我早期的独立研究生涯，我从他那里学到了很多关于阿尔茨海默病的知识。

感谢我实验室的众多研究生、博士后和工作人员，他们为推进对神经递质谷氨酸在大脑发育、可塑性和疾病方面的研究做出了贡献。

感谢我的妻子乔安妮，感谢她的爱、理解和精神支持。

目 录

前　言

非凡的分子

本书讲述的是一个简单分子成为所有动物大脑的大师级建筑师和指挥官的故事。这个非凡的分子就是谷氨酸。它从大脑在子宫内发育时就控制着神经细胞网络的形成，并控制着这些网络在整个生命过程中的各种功能。此外，它还是许多神经系统疾病的中心点。

当我请非专业人士说出一种神经递质的名称时，最常见的答案是多巴胺、血清素和“我不知道”。当我问医生这个问题时，最常见的答案是多巴胺、血清素和γ–氨基丁酸（GABA）。很少有人提到谷氨酸，尽管事实上大脑中超过 90% 的神经元使用谷氨酸作为神经递质，它们就是“谷氨酸能”神经元。整个大脑皮质、小脑、海马和大多数其他脑区的核心神经元回路完全由兴奋性谷氨酸能神经元和少量抑制性GABA能神经元组成。调配其他神经递质——例如多巴胺、血清素、去甲肾上腺素和乙酰胆碱——的神经元，只局限于大脑皮质下方大脑结构中的一个或少数几个小簇。这些神经递质只有通过改变谷氨酸能神经元的持续活动，才能对大脑功能产生影响。

典型的谷氨酸能神经元具有金字塔形的中央细胞体，其中含有细胞核和遗传物质。一条长轴突和数条较短的树突由细胞体出发径向延伸。在轴突的顶端和每个树突上都有一个叫作“生长锥”的运动结构。在大脑发育过程中，轴突的生长锥会遇到另一个神经元的树突，并可能与之形成突触。当谷氨酸能神经元被激活时，轴突末端的突触前末梢会释放谷氨酸。然后，谷氨酸会与突触后神经元树突上的特定谷氨酸“受体”蛋白结合。电化学编码信息就是这样在整个大脑的神经元网络中流动的。

研究表明，谷氨酸是负责学习和记忆的神经递质，与我们所有的感觉、思想和行为息息相关。我们对环境中一切事物的感知——视觉、听觉、嗅觉、味觉、冷热感等——都依赖谷氨酸。对过去的记忆、对未来的计划、想象力、创造力、语言、洞察力、判断力、适当的社会行为、同理心——一切使我们成为我们的因素——都与大脑皮质中的谷氨酸能神经元网络的活动变化密不可分。谷氨酸能神经元还控制着我们的身体运动，并影响着包括心脏和肠道在内的其他身体器官。

但谷氨酸也有阴暗的一面。研究认为，调配谷氨酸的神经元异常会导致行为障碍，包括孤独症、精神分裂症、创伤后应激障碍（PTSD）和抑郁症。更夸张的是，谷氨酸可使神经元兴奋致死。这种兴奋性毒性可以在癫痫发作、脑卒中和创伤性脑损伤时迅速发生，也可能在阿尔茨海默病、帕金森病、肌萎缩侧索硬化（ALS）[①]

① 肌萎缩侧索硬化（ALS）即“渐冻症”。——译者注

和亨廷顿病中更隐蔽地发生。

对细菌、植物、昆虫和大鼠等生物体的研究结果表明，谷氨酸是一种在进化上十分古老的神经递质。在动物的早期进化过程中，神经元发展出了精细的树状结构，以及神经元之间分散而稳定的交流场所。这些电化学神经传递点被称为“突触”。最初的神经元回路用于简单的反射反应，只涉及两个神经元：一个是对机械力或温度做出反应的感觉神经元，另一个是使肌肉收缩的运动神经元。随着进化的继续，神经系统变得越来越复杂，拥有了更多的神经元和更多的突触，最终在人脑中达到顶峰，人脑拥有约 900 亿个神经元和 100 万亿个突触。这些突触大多数使用谷氨酸作为神经递质。

1987 年，我在科罗拉多州立大学斯坦利·本·卡特实验室做博士后时，发现了谷氨酸对大脑发育过程中神经元网络形成的重要性。通过研究大鼠胚胎大脑中新生神经元的生长和连接，我发现谷氨酸控制着神经元树突的生长，而不影响轴突。从生长过程中的轴突顶端的生长锥释放的谷氨酸可以作用于另一个神经元的树突，从而促进突触的形成。这一发现及本书中描述的其他发现表明，谷氨酸在大脑发育过程中扮演着神经元网络主要“雕塑师”的角色。

在人的一生中，大脑神经元回路的结构会随着回路中神经元的活动而发生微妙的变化，这种变化通常被称为“神经可塑性”。当你学习新知识时，编码该段经历记忆的神经回路中的突触会变大，数量也会增加；不用的神经元连接可能会减少。谷氨酸控制发育中和成年大脑神经元网络的动态结构的机制，与钙离子（Ca^{2+}）

流入细胞膜上的谷氨酸受体通道有关。然后，Ca^{2+}激活编码某些蛋白质的基因，进而促进活跃突触的加强和新突触的形成。在接下来讲述的几个谷氨酸的故事中，就出现了这样一种神经营养因子，它被称为“脑源性神经营养因子”（BDNF）。

大脑在24小时内要消耗约400大卡的能量，这些能量足以让所有神经元保持强壮。谷氨酸在管理大脑中能量的产生、分配和利用方面发挥着重要作用。由于细胞能量代谢在神经可塑性和神经系统疾病中的重要性，本书将专门用一章的篇幅探讨谷氨酸如何控制大脑的“生物能量学”。

在描述了谷氨酸在大脑发育过程中塑造神经元网络，以及在大脑发育成熟后对这些网络做适应性修改的重要性之后，我开始深入研究谷氨酸作为“毁灭者”的黑暗面。在研究谷氨酸如何在大脑发育过程中控制神经元回路的形成时，我发现大量谷氨酸会杀死神经元——它们会被激发，因过于兴奋而死。当时，约翰·奥尔尼和丹尼斯·崔刚刚描述了这种兴奋性毒性过程（Olney 1989; Choi, Manulucci-Gedde, and Kriegstein 1987）。事实表明，某些天然存在的化学物质在被摄入后会使神经元兴奋致死。例如，在加拿大发生的一起事件中，多人在餐馆吃过紫贻贝后患上了遗忘症，这与阿尔茨海默病的短期记忆障碍很相似，但大多数人从未接触过此类毒素，因此问题就变成了：神经递质谷氨酸是否真的会加速神经系统疾病中神经元的退化和死亡。

实验室实验表明，对发生癫痫、脑卒中和创伤性脑损伤的动物来说，抑制谷氨酸能突触的药物可以保护神经元免于受损和死亡。同时，对人类患者和动物模型的研究结果表明，兴奋性毒性也参与了许多慢性神经退行性变性疾病中神经元的退化。当神经元维持能量水平的能力因衰老或遗传因素而下降时，它们就特别容易受到谷氨酸的损害。在阿尔茨海默病、帕金森病、亨廷顿病和ALS等疾病中，神经元被认为出现了能量不足和兴奋性毒性。

生活在现代社会的人们长期承受社会压力，运动量和睡眠时间不断减少，焦虑症和抑郁症也越来越普遍。大脑成像研究表明，焦虑症患者大脑中某些神经元回路的兴奋性会发生失衡，而抑郁症患者大脑中的相同回路也发生了改变。这也许可以解释为什么针对抑郁症的治疗方法也对焦虑症患者有益。有人认为，抗抑郁药物和电休克治疗的抗抑郁和抗焦虑作用是通过改变谷氨酸能网络的活动，以及在这些网络中的神经元之间形成新的突触来实现的。

有证据表明，孤独症是胎儿大脑发育加速、神经元回路出现异常，以及参与控制社交互动的脑区异常兴奋造成的。事实上，癫痫发作在孤独症儿童中很常见，而功能性磁共振成像（fMRI）研究显示，没有癫痫发作的孤独症儿童的神经元网络兴奋性过高。在某些情况下，孤独症是由基因突变引起的，对这种基因突变的小鼠开展的研究也显示出神经元网络的过度兴奋。

“神奇蘑菇”中的裸盖菇素和麦角酰二乙胺（LSD）等迷幻剂通过作用于前额叶皮质谷氨酸能神经元上的某些血清素受体而产生改变心智的效果。氯胺酮（“K粉”）和苯环己哌啶（PCP，“天使尘埃”）等其他致幻药物会直接抑制一种特殊的谷氨酸受体，即“N–甲基–D–天冬氨酸（NMDA）受体”。滥用阿片类药物、可卡因、酒精和尼古丁等会增加大脑伏隔核突触处的多巴胺含量，而多巴胺的增加源于其他脑区（如海马、前额叶皮质和杏仁核）的谷氨酸能神经元网络活动和连接的改变。通过这种方式，成瘾性药物会引起使用者的暴饮暴食和渴望。

本书最后一章探讨了如何利用谷氨酸在神经可塑性中的作用提升大脑健康。研究表明，人们可以通过调整 3 种生活方式——定期锻炼、间歇性禁食和参与智力挑战——来调节整个大脑中谷氨酸能神经元回路的活动，从而提高它们的表现和复原力。然而，生活在现代社会中意味着人们往往无法通过体力消耗、食物匮乏和智力挑战等方式来利用神经元网络在进化过程中强大的适应性反应。这或许可以解释为什么肥胖症患者罹患认知障碍和阿尔茨海默病的风险会更高。

事实上，这本书是由在我大脑神经元回路中发挥作用的谷氨酸写成的。谷氨酸在产生想法和由想法所编码的文字方面发挥了重要作用，然后由我将这些文字传输到电脑键盘上。与大脑发育过程中亿万年的进化和神经元网络的构建相比，实际写书的过程显得微不足道，令人心怀谦卑。

这本书旨在提供一个广阔的视角，探讨谷氨酸在大脑发育、神经可塑性、生物能量学和神经系统疾病中的作用，以及谷氨酸如何参与大脑对生活方式（保持或破坏了身体和大脑健康）的反应。神经科学、神经病学、精神病学和心理学领域的读者可以直接深入研究下文中的信息，我也希望本书所讲述的故事能够吸引那些对细胞生物学有一定了解并对大脑感兴趣的非专业人士。祝各位旅途愉快！

第 1 章

大脑的超级建筑师

我会在接下来的篇章里揭示，在大约 40 亿年前，甚至最简单的细胞还未出现时，本书主人公已经存在于地球上。它叫“谷氨酸”，是细胞用来构建蛋白质的 20 种氨基酸中最简单的一种。但除了作为蛋白质的基础组成，谷氨酸还在充斥身体和大脑的细胞里发挥着许多其他重要功能。比如，它是一种叫作“谷胱甘肽”的遏制自由基的分子的一部分，还在细胞的分子能量货币——腺苷三磷酸（ATP）的生产过程中发挥着重要作用。

本书关注了谷氨酸另一种更迷人的功能，它是大脑中杰出的神经递质。事实上，大脑中 90% 以上的神经元都将谷氨酸作为神经递质。但过去 40 年的研究发现，谷氨酸在大脑中的作用远远不止在神经元之间传递电化学信息。在大脑发育的早期，甚至在神经元回路建立之前，谷氨酸就已经开始控制神经元的生长，并决定在哪里形成突触（图 1–1）。一旦神经元网络形成，谷氨酸就会开始调整网络的结构，以便优化大脑的众多功能。

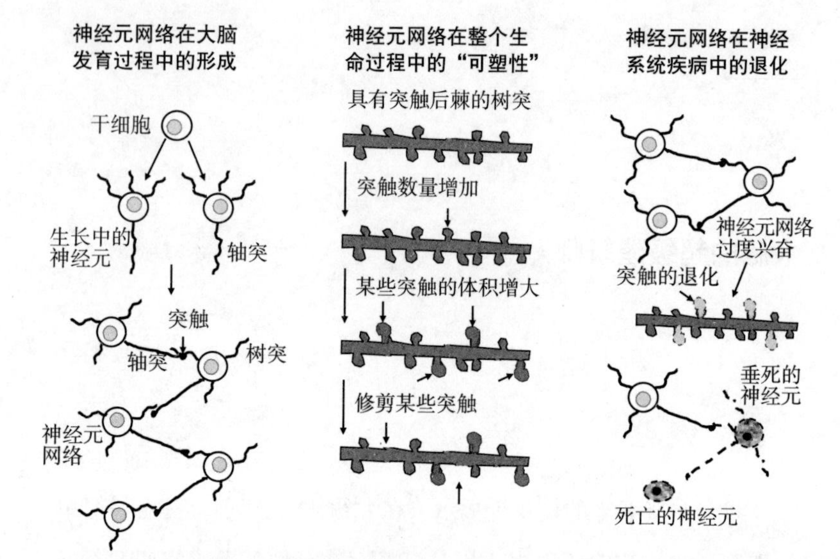

图 1–1　谷氨酸能神经元网络结构在大脑发育、成年生活和神经系统疾病期间的动态变化。在大脑发育过程中，神经元由干细胞产生。神经元长出轴突和树突，并与其他神经元建立突触。在整个生命过程中，神经元网络的结构会随着智力、情绪和身体的挑战而发生变化。单个突触可能会增大或变小，突触的数量可能会增加或减少，树突或轴突可能会生长或退化。在许多神经系统疾病中，谷氨酸能神经元网络会过度活跃，从而导致突触退化、神经元萎缩和死亡

在我的职业生涯中，我的同事们曾无数次评价说，他们觉得我是一名“文艺复兴全才”，因为大多数神经科学家的研究都集中在一个非常具体的问题上，而我的工作却跨越了几个领域，包括大脑进化、发育、认知、饮食和生活方式对大脑健康的影响，以及神经系统疾病的发病机制和治疗。我想去了解“大脑拼图”是如何互相匹配的。基于这种倾向，本书的目的是向读者整体介绍谷氨酸在决定大脑神经元网络结构和功能中的作用。这种神经递质会贯穿你

的一生，无处不在，包括在神经系统疾病的情况下。本书无意详细介绍谷氨酸在大脑中的功能，那样的话，本书的篇幅将更加庞大，也难以驾驭。而且，从单个拼图的细节中反而难以提取全貌。

谷氨酸的多重身份

遗传密码决定了基因的特定脱氧核糖核酸（DNA）序列，也决定了由这些基因编码的蛋白质的后续生产。蛋白质是细胞的基础组件，也是细胞复制和发挥作用过程中的无数化学反应的控制者。事实表明，编码谷氨酸受体的基因很古老，在黏菌和苔藓等简单的多细胞生物中就已被发现，科学家们已经证明谷氨酸控制着这些原始生物的生长。谷氨酸还被证明可以控制植物根部的生长，并介导植物对应激状况的反应。因此，在进化的极早期，远在神经系统出现之前，谷氨酸就开始作为一种细胞间信号发挥作用，控制生长和对环境刺激的反应。我将在第 2 章介绍谷氨酸在大脑进化中的作用。

我将在第 3 章、第 4 章和第 5 章中介绍谷氨酸作为大脑神经元网络结构和功能的主要调节器所发挥的非凡作用。人脑的构造涉及胎儿期和出生后早期发育过程中细胞间错综复杂的相互作用。大脑的形态发生过程始于神经干细胞的增殖，由此产生数十亿个神经元。每个神经元都延伸出数条细长的突起，这些突起从细胞体向外径方向生长（图 1–2）。其中一个突起比其他突起长得更快，也长得更长，这就是轴突；其他长得没那么快的突起就成为树突。典型神经元的细胞体直径约为 10 微米（1/100 毫米）。树突可从细胞体延伸到数百微米以外，轴突则更长。事实上，大脑中控制肌肉活动的运动神经元的轴突长约 1 米。

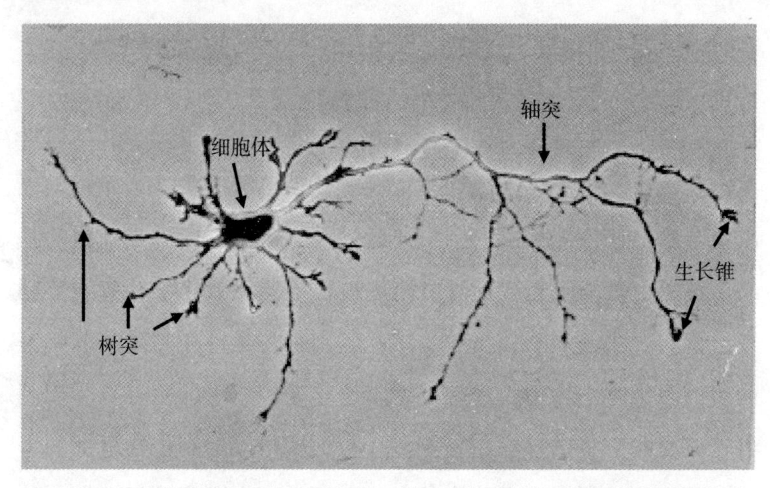

图 1–2　一张在培养皿表面生长了 3 天的大鼠胚胎海马锥体细胞的照片。与大脑中 90% 以上的神经元一样，这个神经元也是谷氨酸能神经元。刚放入培养皿时，神经元是球形的。在之后的 3 天里，神经元长出了一条长轴突，上有多个分支，还长出了 8 个更短的树突。在轴突和每个树突的顶端都有一个被称为“生长锥”的运动结构。在大脑的发育过程中，轴突的生长锥会与另一个神经元的树突相遇，并可能与之形成突触［本图改编自 Mattson（2022）的图 4.3］

使用谷氨酸作为神经递质的神经元，即谷氨酸能神经元，是大脑中最常见的神经元类型。作为大脑的兴奋性神经递质，谷氨酸能触发贯穿整个大脑的数十亿神经元的电脉冲。谷氨酸能神经元的活动由抑制性神经递质GABA控制在正常范围内。使用其他神经递质，如血清素、去甲肾上腺素、多巴胺和乙酰胆碱的神经元数量很少，而且局限于大脑的小片区域。使用其他神经递质的神经元也会对谷氨酸和GABA做出反应，进而对谷氨酸能神经元网络的持续活动加以微调。

大脑中神经元网络的复杂性确实令人惊叹，而要了解这些网络是如何形成并在一生当中正常（或不正常）运作的，则是一项艰巨的任务。在大脑发育过程中，神经元的轴突会与其他神经元的树突或细胞体连接，形成名为“突触”的特殊结构。据估计，人脑中有多达100万亿个突触。单个神经元可与超过1 000个其他神经元建立突触。

数以千计的神经科学家把他们的职业生涯奉献给了对突触工作原理的深入研究。他们的发现揭示了一个优雅的分子机制，它能在两个神经元之间的一个离散部位——突触——迅速将电脉冲转化为瞬时化学信号。突触由两部分组成，分别是发送信号的神经元轴突末梢和接收信号的神经元树突的一小块区域（图1–3）。轴突末梢被称为“突触前末梢”，而突触的接收端被称为“树突棘”。突触前末梢和突触后树突棘之间的极小空间就是“突触间隙”。典型的突触宽度大约是1微米。在电子显微镜下观察突触，有几个独有的特征是显而易见的。在突触前末梢有一些小球，或称“囊泡”，聚集在与轴突和树突之间的间隙邻近的膜上。这些囊泡中含有神经递质。在突触后膜上有一个电子致密的蛋白质集合体，称为“突触后致密区”，这里集中了神经递质的受体。

在谷氨酸能突触中，谷氨酸从突触前末梢释放出来，并与树突上的受体结合。谷氨酸与其受体的结合会让突触后树突的膜去极化，从而触发突触后神经元发射动作电位，并沿着轴突传播电脉冲。

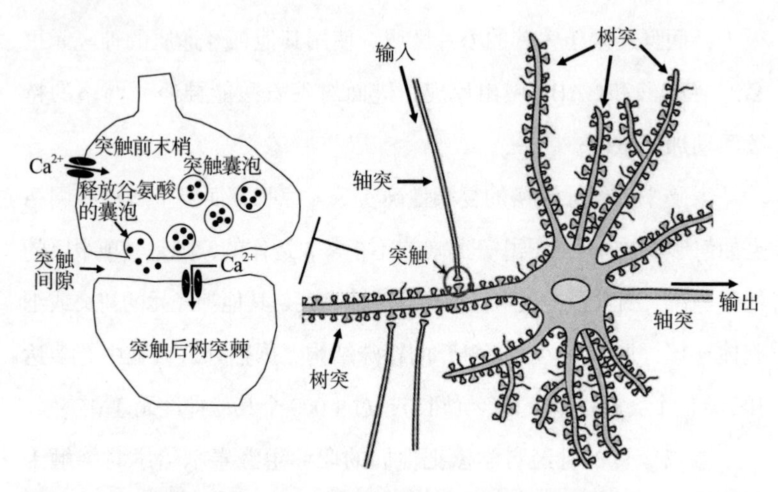

图 1–3　谷氨酸能突触。谷氨酸能突触由突触前末梢与突触后树突棘紧密相连而成。突触前末梢的囊泡中富含谷氨酸。当轴突中的动作电位脉冲到达突触前末梢时，Ca^{2+} 通过膜上的通道进入。Ca^{2+} 的流入导致突触囊泡与膜快速融合，从而向突触间隙释放谷氨酸。谷氨酸与树突膜上的受体结合，并把后者激活，导致膜的去极化和 Ca^{2+} 的流入。整个大脑中的每个神经元都有数百个甚至数千个谷氨酸能突触［右侧神经元的图像根据 Smrt 和 Zhao（2010）的图 1 修改而成］

就像电池有带正电的一端（正极）和带负电的一端（负极）一样，神经元的膜的两侧也存在电荷差。在神经元静息状态下，其外侧的正电荷比内侧多。这是因为带正电荷的钠离子（Na^+）和带负电荷的氯离子（Cl^-）在神经元外部的浓度高于内部。跨膜电压差通常约为 –70 毫伏。谷氨酸令 Na^+ 通过膜上的通道进入神经元，从而引发去极化和动作电位。神经元产生动作电位后，膜上的电压差迅速恢复到静息状态。膜的这种复极化是由于钾离子（K^+）通过膜通道从神经元内部运动到外部，以及神经元利用能量（ATP）

将Na^+从神经元中“泵”出。

在整个大脑中，有一些相对较小的神经元会吸收谷氨酸，并将其转化为抑制性神经递质 GABA，从而抑制谷氨酸能神经元。GABA受体是Cl^-通道。当GABA与受体结合时，Cl^-进入神经元，从而使膜超极化，这会降低神经元的兴奋性。

据推测，在神经系统进化的极早期，能够抑制谷氨酸能神经元的活动是具有适应性优势的。在此之前，生物体的神经系统由简单的反射性反应组成。但是，为了让大脑处理并整合传入的感觉信息，就必须在感觉刺激消失后关闭谷氨酸能神经元。GABA能神经元提供了这种“刹车机制”（图 1–4）。

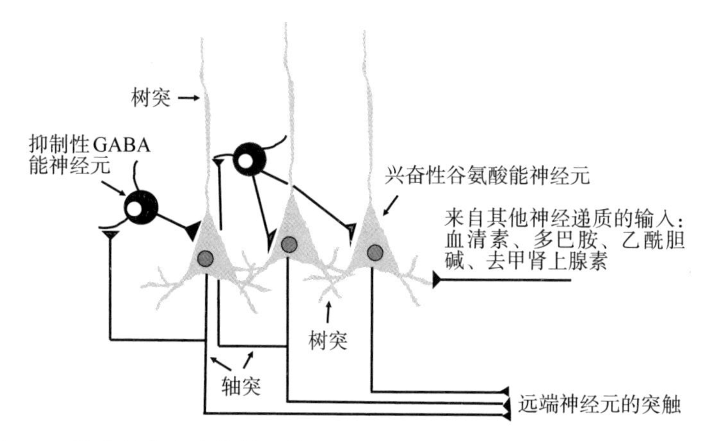

图 1–4　贯穿整个大脑的核心神经元回路由兴奋性谷氨酸能神经元和抑制性GABA能神经元组成。谷氨酸能神经元的轴突能与同一脑区的神经元形成突触，也能与大脑同侧或对侧其他脑区的神经元形成突触。GABA能神经元的轴突能与所在脑区局部回路中的谷氨酸能神经元形成突触。谷氨酸能神经元还经常接收来自血清素能、多巴胺能、胆碱能和去甲肾上腺素能神经元的输入

谷氨酸作为一种神经递质，对神经元网络的快速运转至关重要。但在20世纪80年代，我发现谷氨酸还能在大脑发育过程中“雕塑”神经元网络错综复杂的结构特征，因此对大脑“神经架构”的建立至关重要。其他神经科学家已经证明，大脑神经元网络的结构远非“硬连接”，而是在人的一生当中以微妙但重要的方式发生着变化。谷氨酸通过类似大脑发育过程中发生的机制，协调了神经元网络的这种适应性调整，这一过程被神经科学家称为“神经可塑性”。

我将在第5章介绍谷氨酸如何协调脑细胞内部和细胞之间的能量分配，从而最大限度地提高能量效率。在进化过程中，谷氨酸的最初功能之一很可能是促进细胞内的能量生产。这种功能对细菌等简单细胞的生存至关重要，对脑细胞也很重要。整个大脑的神经元网络在不同程度上可谓全天候活跃。有些神经元网络，比如控制呼吸的，是一直活跃的；而有些神经元网络则在运动、阅读或冥想等活动时更为活跃。人在不运动时，大脑消耗的能量是其他器官的3倍多。就像肌肉细胞一样，神经元在非常活跃时，会比不那么活跃时消耗更多的能量。因此，当神经元受到谷氨酸刺激时，其能量需求就会增加。谷氨酸能突触的激活会迅速增加线粒体中能量（ATP）的产生。随着时间的推移，神经元网络的活动甚至可以增加神经元中线粒体的数量，其发生机制类似于肌肉细胞对日常运动的反应。

“这确实令人惊叹。”法国生物学家弗朗索瓦·雅各布写道，“一个复杂的大脑（有机体），通过错综复杂的形态发生过程形成，却无法做好仅仅是维持现状这一简单得多的任务。”（Jacob 1982）这句话反映了我作为神经科学家40年职业生涯的主题。我和我的同事们一直致力于了解大脑发育过程中神经元网络形成的细胞和分子机制，以及为什么这些网络会在年龄相关疾病（如阿尔茨海默病和帕金森病）中丧失功能或遭到破坏。这项研究主要围绕谷氨酸能神经元在细胞培养物、大鼠和小鼠中的情况展开。

人们可能会像弗朗索瓦·雅各布一样，凭直觉认为维护一个已经存在的大脑应该比从头开始设计和建造一个新的大脑更容易；但不幸的是，现实并非如此。生物体会衰老和死亡。对动物个体而言，数百万年进化的成果迅速毁于一旦；而对物种来说，基因蓝图却得以延续，并通过自然选择不断改进。尽管一些研究人员认为，衰老过程是基因编程的结果，但大多数证据表明，衰老过程涉及有机分子及其所在细胞不可避免的退化。就大脑而言，谷氨酸扮演的角色决定衰老能优雅发生还是导致神经退行性变性疾病。我将在第7章、第8章和第9章介绍谷氨酸能神经递质异常是多种神经系统疾病的基本特征，包括癫痫、阿尔茨海默病、帕金森病、亨廷顿病、脑卒中、焦虑症、抑郁症和精神分裂症。在这些脑部疾病中，谷氨酸对神经元的兴奋作用和GABA对神经元的镇静作用之间的平衡受到了干扰。当平衡严重偏向谷氨酸时，神经元就会兴奋至死。这种情况常见于严重的癫痫发作和脑卒中，但在阿尔茨海默病、帕金森病和亨廷顿病中也会以较为隐蔽的方式出现。衰老过程本身会使神经元易受兴奋性毒性的影响，而遗传和环境因素都会影响神经元的易受性，无论好坏。

一些精神药物是通过改变谷氨酸能神经递质来产生“改变心智”的效果的。其中一些药物，如PCP（“天使尘埃”）和氯胺酮（“K粉”），直接作用于神经元膜上的谷氨酸受体蛋白。其他一些药物，如致幻剂LSD和裸盖菇素，则通过结合谷氨酸能神经元上的血清素受体来发挥作用。成瘾性药物，如阿片类和尼古丁等，也会作用于谷氨酸能神经元上各自的特定受体。减轻焦虑的药物通过激活GABA受体来抑制谷氨酸能神经元。我将在第10章介绍精神活性药物如何影响谷氨酸能神经元网络，从而导致行为改变。

这本书的最后章节积极但又警醒。在人的一生中，我们可以通过多种方式增强大脑的健康、功能和复原力。这些方法包括定期锻炼、间歇性禁食、参与智力挑战，以及社会交往。每一种生活方式都能通过谷氨酸能神经递质产生有益的影响，从而增加突触的数量和大小，以及神经元中线粒体的数量。这种增加是通过神经营养因子BDNF的增产机制实现的。运动、间歇性禁食和智力挑战也能刺激海马干细胞产生新的神经元，这一过程被称为“神经发生”。相比之下，久坐不动、不动脑、暴饮暴食的生活方式会使神经元网络容易出现功能障碍和加速退化，这是大脑能量代谢受损和兴奋失衡的结果。因此，谷氨酸可能是你的朋友，也可能是你的敌人，这取决于你的日常习惯。

谷氨酸的发现之旅

20世纪40年代，有新证据表明乙酰胆碱是运动神经元释放的神经递质，在脊椎动物身体中可引起肌肉收缩。但大多数人忽视了谷氨酸是神经递质的可能性，因为人们只知道谷氨酸是一种氨基酸，是蛋白质的基础组件。人们还知道，谷氨酸参与了多种新陈代谢途径，并在三羧酸循环中发挥着关键作用，这一循环使细胞线粒体产生ATP。作为一种参与蛋白质构建和能量代谢的氨基酸，它怎么可能同时也是一种神经递质呢?

当第二次世界大战席卷欧洲和太平洋地区时，东京庆应义塾大学的林高史教授通过实验首次证明了谷氨酸可以使神经元兴奋（Takagaki 1996）。林教授将谷氨酸钠注射到一只狗的大脑中，观察到这只狗出现了癫痫发作。考虑到日本帝国主义当时的社会环境，林教授一定有相当大的驱动力和毅力来坚持这样的实验。他还是一位诗人，也许他的诗歌创作和动物实验使他能够从战争的动荡中抽离出来。

在林教授发表他的实验结果时，杰弗里·沃特金斯还是一个读高中的澳大利亚男孩。沃特金斯对化学有着浓厚的兴趣，在澳大利亚上完大学后，他又获得了英国剑桥大学的博士学位。沃特金斯和生理学家戴维·柯蒂斯发现，谷氨酸可造成神经元的去极化和激发。他们发明了记录轻度麻醉的猫脊髓中大型运动神经元和小型中间神经元的电活动的方法，即把记录电极放置在中间神经元旁边或运动神经元内部，并发现谷氨酸可使这两种神经元兴奋（Curtis, Phillis, and Watkins 1960）。在其他实验中，他们使用了从一种原产于澳大利亚的蟾蜍身上切除的脊髓。脊髓被切成几段，以增加谷氨酸进入神经元的机会。一个记录电极被放置在“腹根”上，这是一大束运动神经元轴突；另一个记录电极——“接地”电极——被放置在浸泡脊髓的盐溶液中。他们发现谷氨酸增强了运动神经元的激发（Curtis, Phillis, and Watkins 1960）。根据沃特金斯的说法，他之所以决定研究谷氨酸是否对神经元有影响，只是因为实验室里正好有一瓶谷氨酸。

尽管沃特金斯确实发现谷氨酸可以使神经元去极化，但他依然对它是不是神经递质将信将疑。他当时的结论是，谷氨酸对不同类型的神经元具有“非特异性”兴奋作用。

> 在早年，L–谷氨酸的递质功能确实看起来不太可能存在。假想中的“受体”必须对许多与谷氨酸有某种相似性的氨基酸（L–或D–，“天然”或“非天然”）做出反应。此外，一系列谷氨酸酶抑制剂都无法影响作用的持续时间。而且，它通常需要高浓度才能起作用，例如，在乙酰胆碱或去甲肾上腺素的外周神经效应位点，浓度需要比预期高1 000倍。同样，我们预计中枢神经组织中实际存在的递质浓度也很低。相反，L–谷氨酸是大脑中含量最丰富的小分子成分之一。但对L–谷氨酸可能是递质的最严肃的反对意见是，L–谷氨酸诱导的运动神经元去极化的逆转电位显然不同于兴奋性突触反应的逆转电位。虽然这种差异可以有多种解释，但这一结果显然与我们的假说相悖，多年之后，谷氨酸的递质功能才得以确立。（Watkins and Jane 2006, S102）

沃特金斯对未来几乎一无所知，而未来的研究将证实，谷氨酸在控制着我们所有行为的整个大脑和脊髓的突触中发挥着非常特殊的作用。

一种化学物质要被确定为神经递质，必须满足几个条件。第一，它必须在突触处从神经元的突触前末梢释放出来。第二，它必须影响突触后神经元的兴奋性。第三，必须有一种机制将神经递质化学物质从突触中清除。第四，必须能证明选择性阻断该化学物质的作用会对神经元网络活动产生影响，导致一种或多种行为的改变。

墨西哥的医生和神经科学家里卡多·米勒迪在了解电化学神经传递的基本特征方面做出了重大贡献。1955 年，他参加了美国马萨诸塞州伍兹霍尔海洋生物学实验室的一个暑期研究项目，在那里他了解到乌贼喷射推进系统中的某一个巨大轴突的功能。该轴突直径约有 2 毫米，这为研究者用当时相对粗糙的电极记录其活动提供了机会。结束在伍兹霍尔的研究后，米勒迪获得了英国伦敦大学学院的职位，与伯纳德·卡茨共事。卡茨此前发现乙酰胆碱是运动神经元轴突末梢释放到蛙腿肌肉上的神经递质，而且乙酰胆碱是以离散的“量子”形式释放的。这一发现让卡茨获得了 1970 年的诺贝尔生理学或医学奖。在与米勒迪合作的其他实验中，卡茨提供的证据表明，乙酰胆碱的释放需要 Ca^{2+} 流入突触前末梢（Katz and Miledi 1965）。

米勒迪的早期实验利用了卡茨实验室原有的蛙神经肌肉制备和电生理方法。然而，乌贼星状神经节中巨大的轴突突触为我们提供了解答通过蛙类或大鼠无法解答的问题的可能性。刺激和记录电极可以分别放置在突触前末梢和突触后星状神经节细胞内，而不用放在脊椎动物的神经肌肉突触内。当米勒迪刺激突触前神经元时，突触后细胞会做出反应，激发动作电位。但是他注意到，在巨大轴突没有受到刺激的情况下，突触后神经节细胞往往会出现非常小的离散的去极化现象。这些“微型突触后电位”后来被证明是突触前末梢的单个囊泡自发释放“量子”神经递质的结果。根据卡茨的研究成果，米勒迪首先研究了乙酰胆碱是不是乌贼巨大轴突中的神经递质，但在他向突触后细胞施加乙酰胆碱之后，却没能引起反应。

米勒迪知道，电生理学家以前记录过谷氨酸会导致几种类型的可兴奋细胞去极化，包括小龙虾肌肉细胞（Robbins 1958）、哺乳动物大脑皮质神经元（Purpura et al. 1958）和脊髓神经元（Curtis, Phillis, and Watkins 1960）。米勒迪发现谷氨酸会导致乌贼星状神经节细胞去极化，并提供了证据证实，谷氨酸以定量方式从突触前末梢释放（Miledi 1967）。

20 世纪 70 年代初，约翰斯·霍普金斯大学的所罗门·斯奈德和他的学生发现，谷氨酸集中在大脑皮质的突触前末梢（Wofsey, Kuhar, and Snyder 1971）。研究要求将大鼠的大脑皮质组织磨碎，然后放入蔗糖浓度呈梯度分布的离心管中。当蔗糖达到一定浓度时，突触前末梢就会出现一条被称为“突触小体”的掐断带。研究者将突触小体取出，用两种不同的氨基酸加以培养，一种氨基酸标记有放射性氢，另一种标记有放射性碳，然后清洗突触小体，测定其中的放射物含量。在所研究的 17 种不同的氨基酸中，只有谷氨酸和天冬氨酸在突触前末梢聚集。这一结果表明，突触前末梢有一种主动吸收谷氨酸的方法，我们现在知道，这一过程需要突触前末梢膜上的一种特定的谷氨酸转运蛋白参与。

但要了解谷氨酸在大脑中作为神经递质的作用，找出能够选择性阻断假想中的谷氨酸受体的化学物质就变得非常重要。研究谷氨酸的科学家们再次参考了之前对乙酰胆碱的研究。原来，某些动物和植物已经进化出了产生可以阻断或拮抗特定类型的神经递质受体的化学物质的能力。

数千年来，中美洲和南美洲的原住民一直使用毒箭打猎。这种毒药被称为“箭毒”，是一种或多种植物的提取物。19 世纪中期，法国生理学家克劳德·贝尔纳开展的实验表明，箭毒会干扰神经冲动从运动神经元传导到骨骼肌的过程。随后在 20 世纪初，英国生理学家亨利·戴尔最终确定乙酰胆碱是神经肌肉突触的一种神经递质。后来的研究表明，神经肌肉接头处的乙酰胆碱受体——烟碱受体——与大脑中胆碱能突触处的受体相同。有些动物也会产生能使其他动物瘫痪的有毒物质。例如，银环蛇的毒液中含有一种名为“α-银环蛇毒素”的化学物质，它会结合并阻断烟碱型乙酰胆碱受体，且此过程不可逆。这种毒素现在被用作分子探针，使神经科学家能够观察到动物体内的胆碱能突触。

直到 20 世纪 70 年代末，研究者还没有找到一种能够阻断神经元对谷氨酸的反应的化学物质。然而，一些研究小组发现，天然存在的化学物质能以类似谷氨酸的方式使神经元兴奋，而且比谷氨酸更有效。事实上，正如我将在第 6 章介绍的，藻类产生的两种此类化学物质——红藻氨酸和软骨藻酸——能使神经元兴奋至死。沃特金斯、波夫尔·克罗斯高-拉森等人致力于合成谷氨酸类似物——能模拟谷氨酸的分子，并确定它们是否能选择性地激活假想中的谷氨酸受体（Krogsgaard-Larsen et al. 1980）。其中两种类似物——NMDA和α-氨基-3-羟基-5-甲基-4-异恶唑丙酸（AMPA）——具有特别强的兴奋作用。

就在沃特金斯与英国的蒂姆·比斯科合作确定谷氨酸受体拮抗剂（Biscoe et al. 1977）的同时，澳大利亚堪培拉的休·麦克伦南（Hugh McLennan 1974）也在研究相同的课题。他们最终合成了具有高度特异性的化学物质，既是NMDA受体，也是AMPA受体拮抗剂。这一重大突破促使更多相关实验人员加入，他们确定了谷氨酸在大脑发育、学习和记忆，以及各种神经系统疾病中的基本作用。

20 世纪 70 年代，德国海德堡大学出现了另一项重大的技术进步，埃尔温·内尔和伯特·萨克曼开发出一种记录离子穿过单个细胞的细胞膜的运动的方法（Neher and Sakmann 1976）。他们把这种技术称为“膜片钳”。这是神经科学领域一项极为重要的进步，内尔和萨克曼因此获得了 1991 年的诺贝尔生理学或医学奖。世界各地的神经科学家利用膜片钳方法证明，神经元细胞膜上有许多不同类型的离子通道。一些离子通道在膜去极化时打开，而其他一些离子通道，包括几种谷氨酸受体通道，则在神经递质与受体结合时打开。膜片钳法为研究这些不同离子通道的打开和关闭提供了一种方法。

膜片钳电极可以记录Na^+、Ca^{2+}、K^+和Cl^-穿过神经元细胞外膜时产生的电流。谷氨酸会令Na^+和Ca^{2+}进入神经元。谷氨酸受体蛋白位于细胞膜上，它们会在细胞膜上形成通道，让Na^+或Ca^{2+}通过。没有谷氨酸时，通道是关闭的。当谷氨酸与某些类型的受体，如AMPA或红藻氨酸受体结合时，通道就会打开，Na^+就会通过通道进入神经元。而当另一种谷氨酸受体，NMDA受体被激活时，Ca^{2+}会通过通道进入神经元。Na^+和Ca^{2+}会通过谷氨酸受体通道进入细胞，是因为这些离子在细胞外的浓度远远高于它们在细胞内的浓度。这些离子可溶于水，但不能溶于脂质，而细胞膜是由脂质构成的，这就形成了阻止离子移动的屏障。离子要从细胞外向细胞内移动，必须通过嵌入细胞膜的离子通道蛋白的孔隙。膜两侧的离子浓度差是膜上的离子泵蛋白活动的结果，它们将离子从细胞内挪到细胞外。离子泵需要能量，在非常活跃的神经元中，细胞的能量有多达50%用于泵的运转。这就是为什么大脑要消耗这么多能量。

下一个重要进展是确定了编码不同谷氨酸受体蛋白的基因。1990年，德国分子生物学家彼得·西伯格及其同事发现了编码AMPA谷氨酸受体蛋白亚基的4个基因（Keinanen et al. 1990）；同年，美国索尔克生物研究所的斯蒂芬·海涅曼称克隆出了编码红藻氨酸受体的基因（Boulter et al. 1990）；一年后，日本京都大学的中西重忠称克隆出了NMDA受体（Moriyoshi et al. 1991）。以上科学家为研究这些不同谷氨酸受体的离子传导特性，将受体基因编码的核糖核酸（RNA）注入蛙卵，然后使用膜片钳法确定谷氨酸如何影响离子穿过卵细胞膜。你可能会问：为什么他们使用的是蛙卵而不是神经元？原因有3个。首先，蛙卵表达的基因很少，且通常不会对谷氨酸产生反应。其次，蛙卵非常大，因此把电极放进去相对容易。最后，可以将RNA注入蛙卵，然后蛙卵中的蛋白质合成系统会产生大量由注入的RNA编码的蛋白质。当给卵细胞注入编码红藻氨酸或AMPA受体的RNA时，它们会对谷氨酸产生反应，因此Na^+能经过通道流入。相应地，NMDA受体会使Ca^{2+}流入。

人类至少有16个基因编码谷氨酸受体蛋白。单个受体由多个谷氨酸受体亚基组成。一些谷氨酸受体亚基能组装成红藻氨酸受体，另一些能组装成AMPA受体，还有一些能组装成NMDA受体。Na^+通过AMPA和红藻氨酸受体的通道，而Ca^{2+}则通过NMDA受体通道（图1–5）。

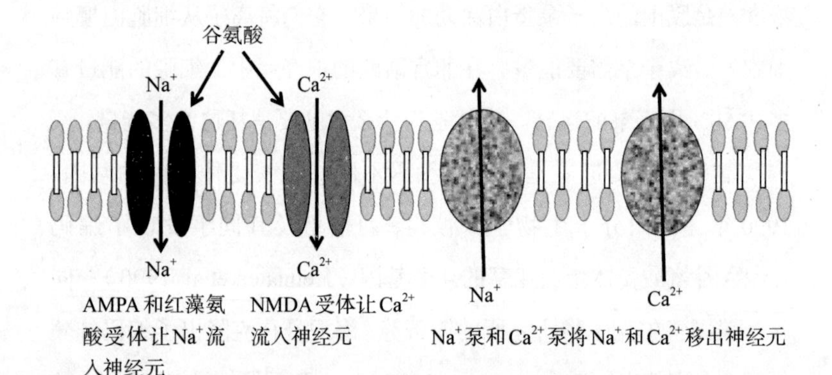

图1–5　Na^+和Ca^{2+}通过谷氨酸受体通道进入神经元，并被泵蛋白移出神经元。一般有两种离子型谷氨酸受体——流入Na^+的受体（AMPA和红藻氨酸受体）和流入Ca^{2+}的受体（NMDA受体）。谷氨酸激活AMPA和红藻氨酸受体会引起膜的去极化，这是NMDA受体开放的必要条件。Na^+和Ca^{2+}泵蛋白的活动会使膜电位复极化，并使细胞内的Ca^{2+}水平恢复到基础状态

除了AMPA、红藻氨酸和NMDA受体，还有另一种非离子通道的谷氨酸受体：代谢型谷氨酸受体。它的结构与多巴胺、血清素和去甲肾上腺素受体相似。代谢型谷氨酸受体蛋白在神经元膜上穿过 7 次——它有 7 个这样的“跨膜结构域”，将受体固定在细胞膜上。受体的一端位于神经元的膜外侧，另一端位于膜内侧。谷氨酸与代谢型受体的外侧结合，会导致细胞内那部分受体的形状发生变化。这种变化使“GTP结合蛋白质”（简称G蛋白）与膜内表面的代谢受体相互作用。这种相互作用又会激活一连串的酶，从而影响细胞中许多蛋白质的功能，以这种方式被影响的蛋白质就包括Ca^{2+}或K^{+}的膜离子通道。通过这种方式，代谢型谷氨酸受体可以微调神经元的兴奋性。

第 2 章

生命之树的古老信使

> 我们身体DNA中的氮元素、牙齿中的钙元素、血液中的铁元素及苹果派中的碳元素都是在坍缩恒星的内部产生的。我们是由星尘构成的。
>
> ——卡尔·萨根，《宇宙》

我们可能永远没法知道谷氨酸起源于宇宙何处。可能在地球上，也可能不在。确实，有迹象表明，谷氨酸可能存在于太阳系的其他行星及其卫星上。土星的卫星土卫六的体积与水星相当。土卫六的大气主要由氮气和少量的甲烷和乙烷构成，它的红色烟云被认为是由坠落到卫星表面的复杂有机分子形成的。实验证明，当与土卫六成分相似的大气暴露在紫外线辐射下，就可以形成复杂分子，包括核苷酸（DNA的基础组件）和氨基酸（蛋白质的基础组件）。谷氨酸就是这样一种氨基酸。

谷氨酸首次出现在地球上大约是40亿年前。斯坦利·米勒

1952年在芝加哥大学读研究生时所做的著名实验证实了这一点。米勒向氢、氨（NH_3）和甲烷（CH_4）的混合物中持续注入蒸汽。然后，他将气态混合物暴露在电击下，一周后使用“纸色谱”这种方法检测出了数种氨基酸。谷氨酸正是米勒“原始汤”实验中产生的氨基酸之一（D. Ring et al. 1972）。

地球上首批出现的细胞是大约35亿年前的细菌。这些微生物使用谷氨酸作为基本组分来合成蛋白质。尽管当今的蛋白质由20种不同的氨基酸合成，但研究人员认为，在生命的极早期进化中，最开始的几种蛋白质是由少数几种氨基酸构成的。在20种氨基酸中，谷氨酸是结构最简单的一种氨基酸，因此被认为是原始汤中产生的首批氨基酸之一。细菌除了用谷氨酸组成蛋白质，还用它生产维持生存并支持其功能和复制的ATP。

谷氨酸分子由5个碳原子、4个氧原子、8个氢原子和1个氮原子组成（图2–1）。氢是“创世大爆炸”之后产生的第一个元素，是宇宙中含量最丰富的元素。随着宇宙的膨胀和冷却，更大、更稳定的元素形成了，然后一个元素与其他一个或多个元素结合形成分子成为可能。但是，在100多种元素中，只有一部分能与其他元素形成稳定的键，这种键是维持它们结合为分子的必要条件。能够形成这种稳定连接的元素包括氢、碳、氧、氮、磷和硫。这6种元素是所有细胞中所有分子的基础组件。在元素周期表中的所有元素中，碳因为其特性在细胞中发挥了尤为重要的作用。碳原子一次可以形成4个键：它可以与其他碳原子或生命体的另5种元素结合。

谷氨酸

H：氢
C：碳
N：氮
O：氧

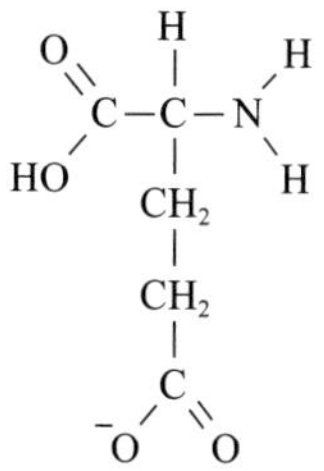

其他神经递质
GABA由谷氨酸产生
乙酰胆碱由胆碱产生
5-羟色胺由色氨酸产生
去甲肾上腺素由酪氨酸产生
多巴胺由酪氨酸产生

图 2-1　谷氨酸的化学结构。GABA由谷氨酸产生，其他神经递质如图中所述

我们目前还不知道地球上最早出现的细胞究竟是如何形成的，但证据表明它们主要由3种分子结构构成——RNA、蛋白质和脂质。当时，蛋白质的氨基酸序列由RNA编码。在进化的某个时刻，细胞合成了与RNA中的碱基序列互补的DNA。DNA的双链结构使得有性繁殖成为可能，这为物种在艰苦环境中更快速地进化提供了优势。在有性繁殖中，后代基因的两个拷贝分别来自两个亲代。几代之后，有性繁殖增加了基因的多样性，一些个体获得优势突变的可能性也大大增加。

蛋白质中的氨基酸序列现在由DNA编码。DNA位于细胞核内，并由核酸链组成，组成链的核酸有4种类型：腺嘌呤（A），胞嘧啶（C），鸟嘌呤（G），胸腺嘧啶（T）。每个氨基酸由一个或多个三碱基核酸序列编码，它们被称为“密码子”。谷氨酸有两个密码子：GAA和GAG。DNA密码子的核酸序列被用于制造信使RNA（mRNA）的模板。RNA中有3种核酸与DNA相同（A、C、G）。但是，在RNA中，T（胸腺嘧啶）被U（尿嘧啶）所代替。mRNA

产生后，它从细胞核移动到细胞的其他部位，在那里，氨基酸被用于生产由mRNA编码的特定蛋白质。大多数蛋白质中都含有谷氨酸。例如，胰岛素由51个氨基酸组成，其中3个是谷氨酸；神经营养因子BDNF由247个氨基酸组成，其中17个是谷氨酸。不同的蛋白质有不同的功能，它们可能是细胞代谢中的酶；或者激素、神经递质、生长因子的受体；或者转录因子；或者膜转运蛋白，负责转运离子、葡萄糖和其他物质进出细胞；或是由免疫系统的细胞产生的抗体。

在进化早期的某个时间点，谷氨酸开始执行在细胞之间传递信号的功能。因为谷氨酸可溶于水，但不溶于脂肪，所以它不能穿透细胞膜的脂质层扩散出去。相反，细胞会把它包裹起来，形成囊泡。然后，这些囊泡的膜可以与外层细胞膜融合，并将谷氨酸释放到外部。在神经元中，含有谷氨酸的囊泡集中在轴突的突触前末梢。当神经元被激活时，突触前末梢释放谷氨酸，并与突触后神经元的表面结合（图1–3）。谷氨酸通过与其受体的结合控制着整个大脑中的神经元网络活动。

朗·彼得拉利亚和他的同事最近回顾了突触的进化起源（Petralia et al. 2016）。在各种原始的多细胞生物，如海绵动物和浮游生物中，都可以看到类似突触的结构，但研究者尚未确定这些生物是否用谷氨酸作为其神经递质。然而，谷氨酸能神经元是所有高等动物，包括蜗牛、蠕虫、昆虫、鱼、鸟、爬行动物和哺乳动物的神经系统的主要组成部分。

谷氨酸遍布生命之树

有证据表明，细菌是最早的生物，这些单细胞生物一直在整个地球上的海洋、湖泊和土壤中繁衍生息。某些种类的细菌进化出了利用太阳能量产生糖分的能力，这一过程被称为“光合作用”。在大约20亿年前，植物进化并发展得多样化，形成了现在主宰地球景观的数百万个物种。至少还要再过10亿年，动物才会出现。在研究谷氨酸在大脑中的作用之前，我们应该从进化的角度来看看谷氨酸在低等生物中的作用，比如细菌、植物、黏菌、蠕虫和苍蝇。

值得注意的是，正是由于膜片钳技术的发展，以及发现谷氨酸是一种神经递质，人们才意识到细菌对谷氨酸有反应。细菌体积之小，给尝试使用膜片钳方法记录离子穿越膜的运动的科学家带来了挑战。但当科学家们克服了这一技术障碍后，他们记录下了Na^+、Ca^{2+}、K^+和Cl^-穿越细菌细胞膜的运动，并证明膜上存在这些离子的通道。细菌接触谷氨酸，会促发K^+的跨膜运动。细菌的这一过程与神经元不同，神经元在谷氨酸的作用下会使Na^+和Ca^{2+}向内流入。然而，细菌中的谷氨酸受体通道与神经元中的谷氨酸受体通道在氨基酸序列上有明显的相似之处。谷氨酸受体离子通道结构的这些相似性表明，人类大脑中所有神经元的谷氨酸受体都是由细菌中的谷氨酸受体进化而来的。虽然谷氨酸受体通道在细菌日常生活中的大部分功能还是未知的，但这些通道可能感知压力的变化，因此很可能帮助细菌适应了环境中盐浓度的变化。其他通道可能有助于细菌耐受酸性环境和其他压力条件。

一种名为网柄菌的黏菌生活在森林中的腐木上，主要以细菌为食。当细菌供应充足时，网柄菌以单细胞形式生活，像变形虫一样四处游动。这些变形虫样细胞是单倍体，这意味着它们的基因组中的每个基因都只有一个拷贝。它们可以交配形成二倍体细胞，这样每个基因就有两个拷贝。二倍体细胞可以融合形成大型细胞，称为“合胞体”。在饥饿状态下，合胞体移动到腐木表面，大约10万个单细胞聚集在一起，形成一个柄，或称为“子实体”。大部分细胞进行减数分裂（染色体减少），产生的单倍体细胞处于休眠孢子状态。当条件改善、细菌数量增多时，单个孢子细胞会变成单个变形虫样细胞。这就是黏菌的一个生命周期。

网柄菌的整个基因组已被测序。这种原始生物的一些基因编码的蛋白质与人类谷氨酸或GABA受体相似（Fountain 2010）。研究表明，黏菌细胞能够利用谷氨酸生成GABA，就像GABA能神经元一样。有趣的是，有证据表明GABA只在黏菌生命周期的某些阶段产生（Y. Wu and Janetopoulos 2013）。把编码GABA受体的基因从黏菌的基因组中删除后，变形虫样细胞的生长得到促进，孢子的形成受到抑制。这表明GABA可能在黏菌生命周期的早期和晚期阶段都起着信号作用。研究表明，谷氨酸可以拮抗GABA，从而抑制孢子的形成。因此，在进化的极早期，谷氨酸和GABA在“雕塑”多细胞生物的结构和功能方面发挥了重要作用。

在考虑带有神经系统的生物的进化时，黏菌中谷氨酸和GABA的作用颇有意思。在黏菌中，谷氨酸和GABA对子实体的形成具有相反的作用。神经系统中的谷氨酸和GABA对神经元的兴奋性也具有相反的作用。只有在黏菌的某些细胞和我们大脑的某些神经元中，GABA是由谷氨酸产生的。谷氨酸和GABA在黏菌多细胞子实体的形成过程中发挥着重要作用，这一点尤其令我好奇。为什么呢？因为我在职业生涯早期的重要发现之一，就是发现谷氨酸在大脑发育时神经元网络的构建过程中发挥着重要作用。我将在第3章专门讨论谷氨酸的“大脑雕塑”功能。

苔藓常见于森林中的岩石和原木上。这些生物是单倍体，没有种子。它们受精后会长出一根不分枝的茎，在茎的末梢形成一个带有孢子的“胶囊”。孢子被释放、发芽，长成我们熟悉的毛毡状植物。苔藓植物的性器官是在顶端形成的，精子游向卵细胞并使其受精。卡洛斯·奥尔蒂斯–拉米雷斯、何塞·费霍及其同事最近提供的证据表明，谷氨酸控制着藓类植物小立碗藓的有性生殖和早期发育（Ortiz-Ramirez et al. 2017）。被子植物拥有多达20个谷氨酸受体基因，而这种苔藓只有2个能编码谷氨酸受体的基因。在以上研究人员的实验中，当精子中的这些谷氨酸受体基因被剔除后，精子游得更快了，但使雌配子细胞受精的能力却降低了。对细胞内Ca^{2+}水平的测量显示，缺乏谷氨酸受体的精子中的Ca^{2+}水平较低，符合这些受体能让Ca^{2+}流入的事实。此外，进一步的实验表明，受精后，需要有Ca^{2+}通过谷氨酸受体流入，这是形成孢子的柄细胞正常生长所必需的。

沿着生命之树往上走，植物出现了。在某些方面，植物比人类更复杂。人类约有25 000个编码蛋白质的基因，但许多植物的基因数量更多。例如，大豆和藜麦各有大约45 000个基因，小麦和油菜各有超过100 000个基因。研究认为，植物拥有更多基因的主要原因是它们不能移动，因此必须能够应对恶劣的环境，如极端的温度、干旱及昆虫和食草动物或杂食动物的咀嚼。为了抵御昆虫和动物的攻击，植物会产生大量令人眼花缭乱的化学物质。因此，植物中的许多基因都致力于生产对潜在捕食者有害的化学物质，让捕食者知道它们有害，因为这些化学物质有苦味或有毒（Koul 2005; Mattson 2015）。

当基因测序研究发现许多植物拥有的谷氨酸受体基因比人类更多时，植物学家和神经科学家都大吃一惊（Price, Jelesko, and Okumoto 2012）。证据表明，与植物对压力的适应性反应有关的一些基因的表达是由谷氨酸控制的（Qiu et al. 2020）。例如，当植物的一片叶子受损时，其他未受损的叶子会增加防御性化学物质的生产，这些化学物质具有天然杀虫剂的功能。这种机制可以保护植物不被某只昆虫完全摧毁。谷氨酸受体参与了这种防御反应。

谷氨酸受体也被证明能介导植物叶片间的伤口愈合（Mousavi et al. 2013）。丰田正嗣和同事提供的证据表明，当昆虫破坏植物的一片叶子时，伤口部位细胞中的Ca^{2+}水平会升高（Toyota et al. 2018）。然后，同一叶片上远离伤口部位的细胞，甚至该植株上相邻叶片的细胞中，Ca^{2+}水平都会升高。据测定，谷氨酸和Ca^{2+}信号在植物体内的传播速度约为每秒1毫米，这一速度足以提醒远处的细胞，昆虫正在啃食植物的另一部分。通过操纵编码谷氨酸受体的基因，丰田正嗣及其同事发现，谷氨酸受体的活化与Ca^{2+}信号在叶片内部和叶片之间的传播有关。在谷氨酸的作用下，叶片细胞中的Ca^{2+}含量增加，导致细胞产生令昆虫避之不及的化学物质。通过这种方式，谷氨酸在植物对昆虫啃食的防御反应中发挥着重要作用。

谷氨酸的一个普遍功能出现在细胞和生物体对压力的适应性反应中，这在整个动植物王国中都得到了保留。与植物相比，动物能更快地对遭遇的险境做出反应。在动物体内，来自感觉器官的信号会迅速传递到大脑，大脑会根据以往的经验对这些信号做出评估。然后，大脑中的神经元网络会向肌肉和其他器官系统发送信号，从而引发对压力状况的行为反应。在动物体内，谷氨酸是在应激反应通路的神经元内部和神经元之间传递冲动的信号。从感知压力状况到做出反应的整个过程往往不到1秒钟。

动物最原始的神经系统介导对触觉的反射反应。这种“反射弧”只需要两种神经元——感觉神经元和运动神经元。感觉神经元和运动神经元之间的突触使用谷氨酸作为神经递质。这种反射反应机制在动物进化过程中一直被保留下来。在人类中，这种反射反应的典型例子是膝跳反射。在一般体格检查时，医生通常会测试这种反射反应。患者坐在检查台边缘，医生会用橡胶“锤子”敲击位于膝盖下方的膝腱。如果反射正常，腿会向前踢出，然后回到静止位置。这一反射的工作原理是，锤子敲击肌腱会导致肌腱拉伸，进而拉伸感觉神经细胞的末梢。感觉神经元会做出反应，沿着神经元发送神经冲动直至脊髓。在脊髓中，感觉神经元的轴突末梢向运动神经元的树突释放谷氨酸。运动神经元因此被激发，并沿其轴突发出冲动，从而在负责伸展腿部的肌肉上形成突触。这块肌肉——股四头肌——因此收缩，腿部前踢。膝跳反射和其他反射，比如用手触摸很热的东西时出现的缩手反射，都是独立于大脑发生的，不用大脑参与任何决策。

在昆虫体内，谷氨酸位于神经肌肉接头处，刺激肌肉收缩。肌肉细胞上的谷氨酸受体类似人脑神经元上的红藻氨酸受体。这些受体是Na^+通道，在谷氨酸的作用下打开，导致膜的去极化，从而使Na^+通过电压依赖性通道流入。Na^+通过刺激肌动蛋白对肌球蛋白的“牵拉”而引起肌肉收缩。

但是，昆虫神经系统的功能远不止简单的反射反应。不同种类昆虫的神经元总数各不相同。例如，果蝇约有 100 000 个神经元，而蜜蜂约有 900 000 个神经元。这些昆虫的大脑由相互连接的神经节组成。这些神经元中有许多以谷氨酸作为神经递质，而这些谷氨酸能神经元已被证明可以控制多种行为。例如，研究表明谷氨酸能控制果蝇的昼夜节律（Hamasaka et al. 2007）。蜜蜂也许最能说明昆虫大脑的能力——它们能准确地在蜂巢和遥远的食物源之间导航，并在蜂巢内表现出复杂的社会互动（Zayed and Robinson 2012）。

全世界的科学家都使用秀丽隐杆线虫来研究参与各种生物过程的基因的功能。这种线虫通常生活在土壤中，且易于在实验室的琼脂培养皿上生存和繁殖，以细菌为食。秀丽隐杆线虫的几个特点使它特别适合用于发现基因及其参与生物过程的机制。它是一种相对简单的生物，大约有 1 000 个细胞。由于线虫是透明的，因此我们可以用显微镜直接观察它们从受精卵到成虫的发育过程。事实上，这种线虫的每个细胞系都已被确定，而且每个细胞在成年线虫中的位置也已知晓。单个或多个基因可以轻而易举地被禁用。通过这种基因操控，研究者已经发现了数百个基因的功能。事实证明，许多秀丽隐杆线虫基因在进化过程中得到了保留，在人类身上也有同源基因。在许多研究中，发现了线虫基因的功能，也就发现了在人类身上具有相同功能的基因。例如，控制某些细胞在发育过程中程序性死亡的基因首先是在秀丽隐杆线虫中发现的。后来的研究证明，这些基因的人类同源基因突变也会导致人类患癌。

秀丽隐杆线虫的神经系统由 302 个神经元组成。这些神经元大多以谷氨酸或乙酰胆碱作为神经递质。大约 5% 的神经元是GABA能的，还有少数使用多巴胺或血清素。这些神经元共同作用，介导了广泛的行为，包括运动、寻找食物、躲避有害化学物质等。研究揭示了谷氨酸在学习、记忆和觅食等许多行为中的作用。加纳隆和他的同事发现了一种在秀丽隐杆线虫中编码一个NMDA受体蛋白的基因（Kano et al. 2008）。他们从线虫体内删除了这一基因，发现线虫无法学习简单的回避反应。线虫通常会被盐（NaCl）吸引；当盐与饥饿（没有食物）同时出现时，线虫就会避开有盐的区域，而缺乏NMDA受体的线虫无法避开盐。研究人员随后将NMDA受体基因导入缺乏该基因的线虫的单个神经元中。他们发现，当该基因仅在两个神经元中表达时，线虫就能避开盐。其中一个神经元使用谷氨酸作为神经递质，另一个使用乙酰胆碱。

秀丽隐杆线虫会通过不同的感觉神经元来对细菌食物的特定

特征，包括细菌释放或含有的化学物质及细菌的质地做出反应。这些感觉神经元与线虫大脑中的中间神经元相连，这些中间神经元又与控制运动的运动神经元相连。当从线虫的琼脂培养皿中移走食物时，线虫会表现出局部搜索行为，即通过前后移动和转动来探索一小块区域。大约 15 分钟后，线虫会开始更全面的搜索，向前移动更长的距离，然后再转动。最近的一项研究表明，这种局部搜索行为是由两组谷氨酸能化学感觉神经元和机械感觉神经元启动的（López-Cruz et al. 2019）。当线虫从局部搜索过渡到全局搜索时，谷氨酸能感觉神经元的活性会降低。这些发现表明，谷氨酸控制着对线虫生存至关重要的一些行为。

控制啮齿动物和人类进食行为的神经元网络要比线虫复杂得多。事实上，获取食物的过程从线虫的半随机觅食行为进化到了人类的工作赚钱、在杂货店换取食物并购买冰箱储存食物。有些读者可能会惊讶地发现，人类比其他动物大得多的脑区最初就是为了尽可能获取食物而进化的。正如我在《间歇性禁食》（2022）一书中指出的那样："使我们的人类祖先得以克服食物短缺的大脑能力中最突出的有三项：创造力，这使他们能够设计和制造狩猎工具、控制和利用火，以及驯化动植物；语言的发展，这使他们能够积累大量有价值的信息，并将信息代代相传；通过政府和宗教组成社会，确立分工和道德标准。"（8）

在大脑各区域中，前额叶皮质在人类进化过程中体积增长最大。约翰·皮尔逊、卡尔利·沃森和迈克尔·普拉特的研究表明，前额叶皮质中谷氨酸能神经元网络规模的扩大与人类获取高热量食物的新行为恰好吻合（Pearson, Watson, and Platt 2014）。这些行为库包括发明武器、群体合作狩猎及用火处理肉。这些认知能力是由多个脑区的神经元网络介导的，相关信息在这些脑区被存储、处理和调用，也在这些脑区做出决策和采取适当行动。

人类大脑的奇妙构造

对人类大脑进化的深入探讨远远超出了本书的范围。在互联网上可以很容易地找到大量关于这一主题的优秀书籍。在此，我想指出的是，人类大脑皮质中的绝大多数神经元都是谷氨酸能神经元，正是谷氨酸能神经元及其相关神经胶质细胞数量的增加促成了人类大脑体积的增大。在本书开始部分了解人脑的概况是非常有必要的。在下面的“大脑之旅”中，我将按照大脑进化的时间顺序讲述，从原始脑干开始，到大幅扩展的额叶皮质结束。

脑干位于脊髓正上方，在大脑其他部分的底部（图 2–2）。它有三个主要功能。第一个功能是，所有从身体传递到大脑高级区域——包括小脑、大脑皮质和海马——的信息都要经过脑干；反之亦然，所有从大脑高级区域下传到身体的信息也要经过脑干。传递身体感觉信息——疼痛、触觉、压力、温度——的神经元的轴突通过脊髓丘脑束到达脑干。来自大脑皮质上运动神经元的轴突穿过脑干到达脊髓，在脑干与下运动神经元形成突触。下运动神经元被上运动神经元激活后，其支配的肌肉得到收缩。

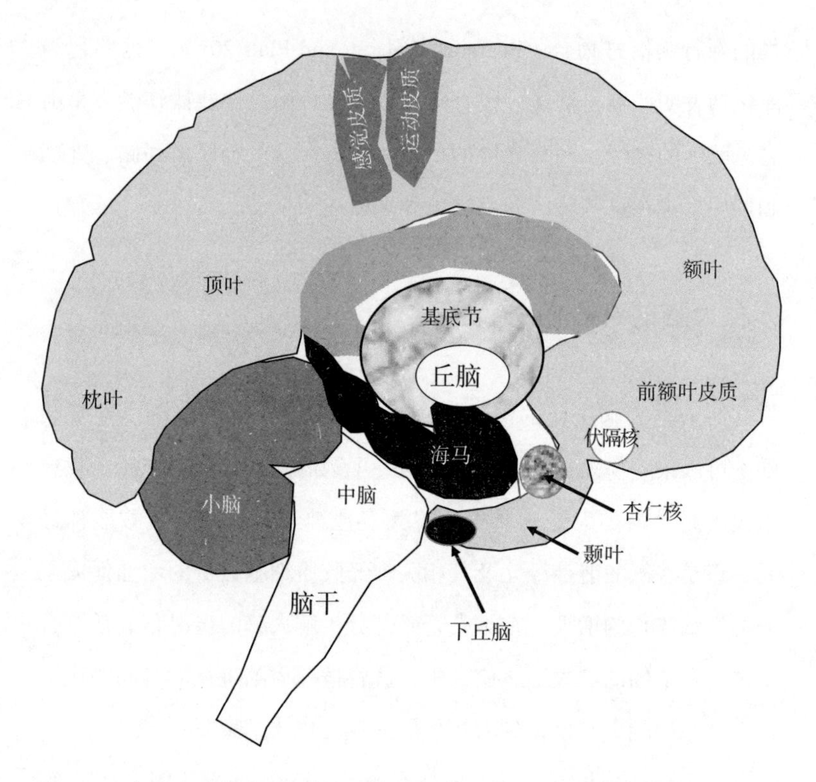

图 2–2　人类大脑的主要区域。此插图是大脑左半球的内侧视图

脑干的第二个功能涉及 10 条脑神经。每条脑神经的神经元细胞体都集中于散布在脑干不同区域的“神经核”中。从脑干发出的脑神经包括动眼神经、滑车神经、三叉神经、展神经、面神经、前庭蜗神经、迷走神经和舌下神经等。动眼神经、滑车神经和展神经控制眼球的运动。三叉神经传递面部的痛觉、触觉和温度觉，还控制下颌肌肉的收缩运动。面神经控制面部表情肌肉，还能接收来自舌头的味觉信息、刺激唾液腺和泪腺。前庭蜗神经支配耳朵，对声音的振动做出反应，它还包含对头部位置和运动做出反应的神经元，后者是前庭系统的一部分。迷走神经是最大的脑神经。迷走神经元的细胞体聚集在脑干下部，它们的轴突穿过大迷走神经，支配心脏、肠道和其他内脏器官。迷走神经元的激活会减慢心率，促进肠道蠕动。副神经控制颈部肌肉，舌下神经控制舌头的运动。

控制肌肉运动的脑神经细胞使用乙酰胆碱作为神经递质，而传递感觉信息的神经细胞则使用谷氨酸。每个脑神经元的树突上都有谷氨酸能突触，细胞体上则有GABA能突触。刺激眼部、面部、下颌和舌头肌肉的脑干神经元由位于运动皮质的谷氨酸能上运动神经元控制。

脑干的第三个功能是影响动机和对压力的反应。这一功能涉及分布在中缝核的一个神经元群（它们使用的神经递质是血清素），以及一个位于蓝斑核的神经元群（它们使用的神经递质是去甲肾上腺素）。后文将详细阐述谷氨酸能神经元与使用血清素或去甲肾上腺素的神经元之间的相互影响。

小脑位于脑干上方、大脑皮质枕叶下方。小脑分为前叶、后叶和绒球小结叶。脊髓小脑占据前叶和后叶的中间区域。脊髓小脑中的神经元对四肢和身体的运动做出微调。它们接收传递身体位置信息（本体感觉）的神经元的谷氨酸能输入，还接收视觉和听觉通路及三叉神经的输入。前叶和后叶的外侧区是皮层小脑，它接收大脑皮质多个区域（包括顶叶）的输入，并向丘脑和运动皮质输出。外侧区的神经元通过评估与运动相关的感觉信息，参与运动。绒球小结叶对身体在空间中的平衡和定向起着关键作用。

尽管小脑比大脑皮质小得多，但它含有的神经元占整个大脑神经元的一半以上。一种谷氨酸能神经元——颗粒细胞，占小脑神经元的 95% 以上（图 2–3）。颗粒细胞比其他脑区的谷氨酸能神经元小得多。每个颗粒细胞只有 4 个到 5 个短树突。颗粒细胞接受来自大脑皮质和脊髓的神经元谷氨酸能输入，它们还能从附近的 GABA 能中间神经元接收抑制性输入。颗粒细胞的轴突很长，并有多个短分支，能与小脑内最大的神经元——浦肯野细胞的树突形成突触。浦肯野细胞体挤在一个窄层中，其细长的树突一直延伸到小脑叶的外缘。浦肯野细胞是抑制性 GABA 能神经元，它们的轴突负责小脑的主要输出，其功能是抑制不参与特定运动的上运动神经元的下行活动。小脑在学习和记忆身体动作序列，如运动或演奏乐

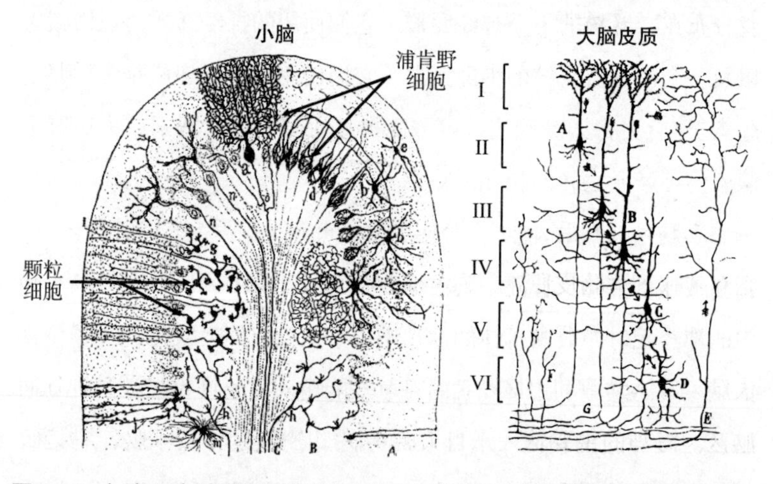

图 2–3　小脑和大脑皮质的细胞结构。图片是西班牙神经科学家圣地亚哥·拉蒙–卡哈尔在 1900 年前后绘制的。他只对一小块脑组织的一小部分神经元做了染色。然后，他在显微镜下观察这些组织，并画出了他所看到的东西。罗马数字表示大脑皮质的 6 个不同层次

器中的动作序列方面也发挥着重要作用。

基底节位于脑干和大脑皮质之间，其中的神经元与脑干、丘脑和大脑皮质中的神经元之间有重要的相互联系。基底节与运动皮质和前额叶皮质的神经元之间的相互联系尤为紧密。通过这些连接，基底节控制身体运动，并在学习、记忆、决策和情绪方面发挥重要作用。这个脑区对学习和执行重复性的身体动作序列至关重要，例如演奏乐器或体育运动。基底节的主要输入来自大脑皮质和丘脑的谷氨酸能神经元，还有上脑干的多巴胺能神经元。基底节的主要输出来自被称作“中型多棘神经元”的大型GABA能神经元。在这方面，基底节与小脑相似。这两个脑区的GABA能输出会抑制不必要的肢体动作和行为，从而只表现出适当的动作和行为。

丘脑位于大脑中部，毗邻基底节。与脑干和纹状体一样，丘脑也是一种在进化上相当古老的结构。它的功能是作为感觉信息的中继站。丘脑中的神经元接收来自眼睛（视觉）、耳朵（听觉）、舌头（味觉）和脊髓（触觉、痛觉、压力和温度）的谷氨酸能神经元的感觉输入。然后，丘脑中的谷氨酸能神经元将与感觉输入相关的信息传递到大脑皮质相应的感觉区域。

对海马（大脑两侧各有一个）的研究表明，这里的谷氨酸在大脑发育、学习和记忆及神经系统疾病中的重要性超过了其他任何脑区。海马的主要输入来自大脑皮质的感觉区域——视觉、听觉、躯体感觉、味觉和嗅觉。海马与涉及情绪（杏仁核）、决策（前额叶皮质）及压力反应、食物相关行为和性（下丘脑）的回路有着紧密的联系。海马对学习和记忆至关重要，我们目前对记忆如何被编码和回忆的理解大多来自对海马中谷氨酸能神经元的研究。因此，我在第 4 章专门讨论谷氨酸在学习和记忆中的基本作用时，重点就在海马。在多种脑部疾病，包括抑郁症、癫痫和阿尔茨海默病等中，都会发现海马神经元的功能障碍和损伤。我将在第 6 章至第 9 章讲述谷氨酸在这些脑部疾病中的作用。

大脑皮质是大脑中进化程度最高的神经元网络集合。在灵长类动物的进化过程中，大脑皮质相对于身体的体积不断增大，到人类时达到顶峰。在低等哺乳动物中，大脑皮质是由细胞组成的单层"薄片"，覆盖着其下的大脑结构。在灵长类动物的进化过程中，大脑皮质发生了折叠，使更多的神经元能够"装"进头骨。这种褶皱表现为脑回（脊）和脑沟（槽）。在整个大脑中，大脑皮质的厚度约为 3 毫米。在显微镜下，大脑皮质中的神经元呈现立体组织结构（图 2–3）。大型谷氨酸能锥体细胞排列成有明确区分的 5 层。与其他脑区一样，GABA 能神经元也分布在大脑皮质各处，与相邻的谷氨酸能神经元形成突触。因此，大脑皮质的神经元只有兴奋性的谷氨酸能神经元和抑制性的GABA 能神经元。

神经科学家根据大脑皮质的主要功能将它划分成不同的区域。体感皮质是一个很大的脑回，在大脑皮质中部垂直延伸。它处理来自感觉神经元的感觉信息，这些神经元分布在四肢和身体各处，对疼痛、触觉、压力和温度做出反应。对空气中的化学物质（气味）做出反应的化学感受器位于鼻子里，它们受嗅球神经元的支配。嗅球神经元将信息传递到大脑皮质中一个被称为"蝶窦"的区域。蝶窦位于额叶的下部，与大脑中对学习、记忆（海马）及恐惧反应

（杏仁核）至关重要的区域紧密相连。与其他感官不同，嗅觉信息直接进入嗅觉皮质，不经过丘脑。

枕叶或视觉皮质位于大脑皮质最靠后的区域，接收来自眼睛的信息。视网膜神经元的轴突通过视神经延伸到丘脑神经元，丘脑神经元将来自眼睛的信号传递给视觉皮质的神经元。这些信息由视觉皮质中的谷氨酸能神经元加以初步处理，然后传递给其他脑区的谷氨酸能神经元，包括顶叶皮质、额叶皮质和海马。

听觉皮质位于颞叶的上部，给它提供输入信号的神经元会对空气中声波引起的鼓膜振动做出反应。鼓膜振动传递到 3 块听小骨，进而引起名叫“耳蜗”的螺旋管中液体的运动。液体的运动刺激耳蜗中排列的毛细胞，毛细胞将信号传递给螺旋神经节中的神经元。谷氨酸能螺旋神经节神经元的轴突投射到丘脑，然后通过谷氨酸能神经元传递到听觉皮质。

大脑的“语言中枢”包括与视觉皮质、听觉皮质和运动皮质相毗邻的大脑皮质区域：与视觉皮质相邻的下顶叶皮质区、与听觉皮质相邻的上颞叶区域，以及与运动皮质紧密相邻的额叶区域。如我们所料，人类这些语言中枢的尺寸远远大于其他灵长类动物。

人类学家、行为学家、神经科学家和语言学家对语言的研究历史悠久。1861 年，法国神经学家和人类学家保罗·布罗卡描述了一位患者的症状，该患者额叶皮质上与运动皮质相邻的区域受损，只能正确发出一个单词“tan”。另一名患者的同一脑区受损，在发音方面也表现出严重的障碍。这个脑区被称为“布罗卡区”，现在被确定为语言中枢。布罗卡区的谷氨酸能神经元接收来自听觉和视觉皮质神经元的输入，并向控制喉部和舌头肌肉的运动神经元输出。1874 年，德国医生卡尔·韦尼克对失语症患者做了研究。失语症是指丧失了理解或表达口头或书面语言的能力。脑卒中患者会表现出失语症。韦尼克描述了位于颞上回后部的一个脑区，该区域一旦受损就会导致失语。此后，顶叶皮质的邻近区域也被证明与语言理解和表达有关。

除了语言区域，在灵长类进化的过程中，另一个体积急剧增大的区域是前额叶皮质。事实上，前额叶皮质体积的增大是人类与灵长类动物中亲缘关系最近的黑猩猩之间大脑总体积差异的主要原因。前额叶皮质位于额叶的最前端，对智力、创造力、语言处理和决策至关重要。它使人类善于高效地处理信息，帮助人类成功地实现目标。有趣的是，前额叶皮质要到 20 岁左右才发育完全，而其他脑区的发育则要早得多。神经科学家认为，这可能是大多数儿童和青少年决策能力差的原因。在研究改变心智的药物和精神疾病方面，前额叶皮质也很受关注。我将在第 9 章介绍前额叶皮质谷氨酸能神经元的改变如何导致精神分裂症的症状，在第 10 章解释前额叶皮质谷氨酸能神经递质的改变对致幻药物的精神改变作用。

谷氨酸的忠诚伙伴：多巴胺、血清素和其他物质

从进化的角度来看，大脑中所有主要的神经递质不是氨基酸就是氨基酸的代谢产物，这一点相当有意思。多巴胺和去甲肾上腺素由酪氨酸产生，血清素由色氨酸产生，合成乙酰胆碱的胆碱由丝

氨酸产生。天冬氨酸和丝氨酸也能影响神经元的活动，但一般不被视为神经递质，因为它们不集中在突触囊泡中，也不在突触局部释放。不过，天冬氨酸和丝氨酸可以强化谷氨酸受体的激活。

谷氨酸能神经元和GABA能神经元存在于大脑的所有区域，而产生多巴胺、血清素、去甲肾上腺素或乙酰胆碱的神经元仅由一个或少数几个脑区的神经元产生。多巴胺能神经元位于大脑中两个相对较小的区域，即黑质和位于脑干上方的腹侧被盖区（VTA）。产生血清素或去甲肾上腺素的神经元位于脊髓上方的脑干（图2–4）。胆碱能神经元，即使用乙酰胆碱的神经元，位于大脑皮质前部下方一个被称为“基底前脑”的区域。虽然胆碱能神经元、血清素能神经元、去甲肾上腺素能神经元和多巴胺能神经元的细胞体和树突都局限在大脑的不同区域，但这些神经元的轴突非常长且有分支，延伸到整个大脑皮质。它们的轴突与所有脑区的谷氨酸能神经元形成突触。

血清素、去甲肾上腺素、多巴胺、乙酰胆碱和GABA只有在作用于谷氨酸能神经元的情况下才能影响认知、情绪和行为（图1–4）。此外，所有使用其他神经递质的神经元的活动都受谷氨酸能神经元的控制，谷氨酸是它们的主人和指挥官。因此，我将这些其他神经递质称为“下属”。这并不是说这些下属神经递质不重要。恰恰相反，它们在调节谷氨酸能神经元的活动方面发挥着至关重要的作用，从而使大脑功能达到最佳状态，并使神经元网络适应环境挑战。

基底前脑的胆碱能神经元接受来自内嗅皮质、海马和嗅皮质

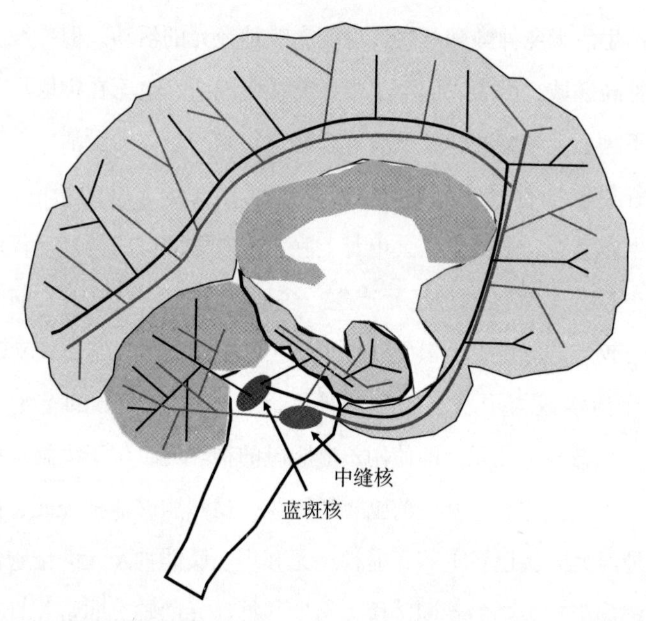

图 2–4　血清素能神经元和去甲肾上腺素能神经元位于脑干的不同区域，是能将轴突投射到整个大脑的神经元。产生血清素的神经元位于中缝核，产生去甲肾上腺素的神经元位于蓝斑核。这些神经元的轴突与整个大脑的谷氨酸能神经元形成突触

的谷氨酸能神经元的输入。胆碱能神经元的输出投射到海马和整个大脑皮质。基底前脑胆碱能神经元在觉醒、注意力、学习和记忆中发挥着重要作用。乙酰胆碱受体有两种类型：烟碱型乙酰胆碱受体是Na^{+}通道；毒蕈碱型胆碱受体与代谢型谷氨酸受体相似，激活后会刺激细胞内储存的Ca^{2+}释放，并激活某些蛋白激酶。

脑干中缝核中的血清素能神经元接受来自多个脑区的谷氨酸输入，包括脑干、前额叶皮质、扣带回皮质和下丘脑。通过这些连接，血清素能神经元受到调节睡眠、决策和激素分泌的回路活动的影响。血清素能神经元有很长的轴突，其中一些轴突向上伸展到大脑的更高区域，另一些则向下伸展到脊髓。向上投射的轴突基本上调节了大脑所有区域的谷氨酸能神经元和GABA能神经元。这些血清素能输入可以调节谷氨酸能神经元的活性和可塑性。例如，有证据表明，血清素能增强海马突触的可塑性，从而改善认知能力；影响杏仁核中的GABA能神经元和谷氨酸能神经元，从而减轻焦虑；调节下丘脑中控制昼夜节律和睡眠的神经元的活动。中缝核血清素能神经元还能投射到脊髓背侧区域的神经元。有证据表明，激活支配脊髓的血清素能神经元可以抑制疼痛。这或许可以解释为什么提高突触血清素水平的抗抑郁药物可以有效治疗慢性疼痛。

目前研究者已经发现了14种不同的血清素受体，它们都具有相似的结构，有7个跨膜结构。被激活的不同血清素受体主要通过3种方式影响谷氨酸能神经元。第一种方式是通过增加环腺苷酸（cAMP）的产量；第二种方式是通过减少cAMP的产量；第三种方式是让神经元中Ca^{2+}水平增加。能增加cAMP水平的受体也可以增强血清素对学习和记忆能力的作用。研究表明，血清素对古老、神经系统简单的动物（如蜗牛和水蛭）的行为具有重要作用。这些动物的血清素能神经元控制着它们的进食行为和实验中各种任务的学习。事实上，神经系统学家埃里克·坎德尔之所以于2000年获得了诺贝尔生理学或医学奖，就是因为他发现血清素在学习和记忆中起着关键作用，它能提高一种名为“海兔”的海蛞蝓体内某些神经元的cAMP水平。

许多读者可能对肾上腺素并不陌生。肾上腺素由位于肾上腺中心（髓质）的细胞产生。在压力条件下，肾上腺素会被释放到血液中并在全身循环，导致心率、血压升高，以及流向肌肉的血流量增加。由位于蓝斑核的神经元产生的神经递质——去甲肾上腺素——与肾上腺素密切相关。去甲肾上腺素在压力引起的行为和神经内分泌反应中发挥着重要作用。位于蓝斑核的去甲肾上腺素能神经元接受的谷氨酸能输入来自杏仁核、下丘脑，以及被称为“网状激活系统”的脑干回路和大脑皮质的多个区域。通过这些连接，去甲肾上腺素能神经元在压力条件下被激活，它们的激活会放大应激反应。去甲肾上腺素以增加交感神经元活性的方式影响自主神经系统，而交感神经元的功能是增加心率和血压。在大脑对压力的反应中特别重要的是去甲肾上腺素能输入参与逃跑反应、注意力、记忆和情绪的脑区，包括丘脑、小脑、杏仁核、海马、前额叶皮质和下丘脑。研究表明，去甲肾上腺素可以通过受体提高海马中谷氨酸能神经元的cAMP水平，从而增强对压力事件的记忆。

在流行文化中，多巴胺被认为与愉悦和成瘾有关。更广泛地说，多巴胺参与动机、愉悦体验的强化和奖赏。多巴胺能神经元网络通常被称为“奖赏回路”。这些奖赏回路进化的目的是使动物能够确定某种行为是自己想要的还是厌恶的。例如，是否要吃某种特定的浆果，是否要与某个特定的人发生性关系。为了更好地定义这种行为，神经科学家使用了“动机突显”这一术语，它可以被定义为对刺激的注意和认知处理，从而让行为接近或远离某个对象及感知到的结果或事件。多巴胺通过调节前额叶皮质、基底节和海马的谷氨酸能神经元的活动，对动机突显产生影响。

神经科学家和神经学家已经阐明了与动机行为、奖赏和成瘾有关的神经元回路（图 2–5）。这些回路中一个非常重要的组成部分是位于脑干上端的VTA中的多巴胺能神经元集合。这些多巴胺能神经元接受来自前额叶皮质、下丘脑和丘脑的谷氨酸能输入。它们还接受来自下丘脑和伏隔核（基底前脑的一个区域）的GABA能输入。VTA中的多巴胺能神经元主要支配伏隔核中的GABA能神经元。伏隔核中的谷氨酸能神经元和GABA能神经元接受来自多个脑区的谷氨酸能输入，包括前额叶皮质、海马和杏仁核。VTA中的多巴胺能神经元除了支配伏隔核，还向海马、基底节、杏仁核和前额叶皮质输出。

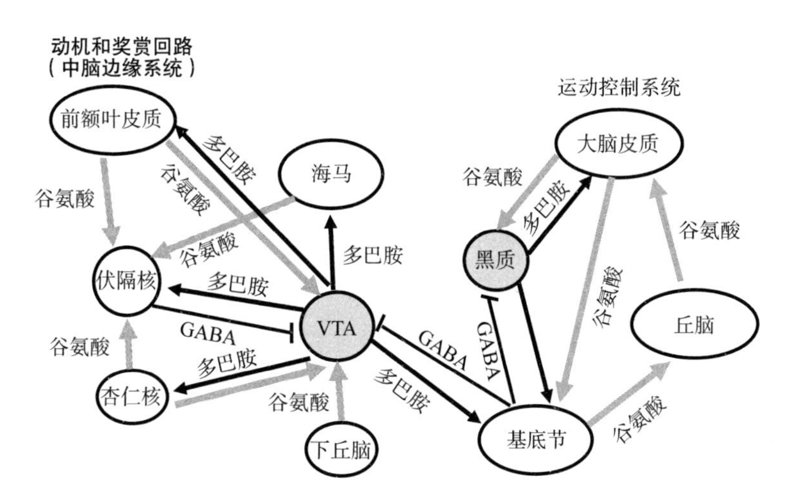

图 2–5 多巴胺能神经元与控制动机、奖赏和身体运动的脑区之间的相互联系示意图

是什么进化力量塑造了大脑的动机和奖赏回路？最明显的答案是，这些回路的进化是为了成功获得食物和性。享用美食和性行为不仅是生命中最愉悦的体验，也是生存和将自己的基因传递给下一代的重要行为。科技的进步使人们有更多的机会参与可能上瘾的行为。除了缺乏锻炼，对美食的无节制享用已成为慢性疾病的主要风险因素，也是心血管疾病、糖尿病和癌症导致早逝的重要原因。对加工食品的上瘾最常见的后果就是肥胖，因为加工食品中含有大量糖分和饱和脂肪。容易获得导致肥胖的食物，会增加人们对其上瘾的可能性；同样，在互联网上随时获得色情材料，也会增加对它们上瘾的可能性。

除了在动机和奖赏方面发挥重要作用，多巴胺还参与对身体运动的秒速控制。参与动机和奖赏的多巴胺能神经元位于VTA，而控制身体运动的多巴胺能神经元则位于中脑中的黑质区域。据估计，黑质中多巴胺能神经元的轴突会与纹状体中的靶神经元形成30多万个突触。黑质中的多巴胺能神经元表现出高度的自发活动。这种活动通常受到来自基底节GABA能中型多棘神经元的强大抑制性输入的限制。

在下属神经递质中，GABA尤为重要。GABA能神经元遍布大脑皮质、海马、小脑和其他脑区，主要功能是对谷氨酸能神经元做出快速反馈抑制，从而防止谷氨酸能回路出现异常的过度活跃。如果没有GABA能“制动器”，谷氨酸能神经元就会自己“爆炸”。这一事实是在监测细胞培养物中谷氨酸能神经元的活动时发现的。在啮齿动物身上培育出的人类大脑皮质或海马的神经元中，约90%

是谷氨酸能的，其余的则是GABA能。当谷氨酸能神经元建立突触连接时，它们会表现出自发的电活动，这种活动可以用微电极记录下来。使用分子探针可以使神经元细胞内Ca^{2+}成像，从而同时观察到数十个神经元的活动。这些研究表明，单个谷氨酸能神经元的活动会出现振荡，也就是说，网络中的神经元会出现重复的活动序列。当在浸泡神经元的培养基中加入阻断谷氨酸受体的药物时，所有这些活动都会停止。相反，如果在培养基中加入阻断GABA受体的药物，谷氨酸能神经元的活动会急剧增加并出现混乱，这就是癫痫发作时的情况。我将在第 7 章和第 8 章着眼于研究谷氨酸在神经元网络过度兴奋中的作用，这不仅会发生在癫痫中，也会发生在阿尔茨海默病、ALS和其他神经系统疾病中。

第 3 章

婴儿大脑的雕塑师

人脑神经元网络令人困惑的复杂性，是由错综复杂的细胞形态发生过程建立起来的。这些过程以母亲体内卵子经过卵巢和子宫之间的输卵管被受精作为开始。受精卵在移动到子宫的过程中会发生多次分裂，细胞数量在子宫中呈指数级增长。妊娠第一个月末，我们就能用肉眼看到胎儿初生的大脑。到 3 个月时，发育中的大脑皮质明显可见，表面光滑。在余下的妊娠期里，大脑皮质逐渐增大，并形成成人大脑特有的褶皱。这种褶皱使更多的神经元能够“装”进头骨。从出生到死亡，一个人的大脑将包含大约 900 亿个神经元，其中大约 200 亿个神经元在大脑皮质，500 亿个神经元在小脑。大脑中总共有超过 800 亿个神经元和 90 万亿个突触是谷氨酸能的。

随着大脑的发育，神经元干细胞不断增殖，然后停止分裂，成为神经元。干细胞呈球形，从干细胞中诞生的神经元最初也是球形的，但在短短几小时内，它们开始延伸出多个“神经突”。在

24~48 小时内，其中一个神经突加快了增长，成为轴突（图 1–2）。其他神经突的生长速度较慢，并出现大量分支，形成“树突树”。轴突继续生长，直到遇到其他神经元，准备形成突触。轴突的这些“目标神经元”可能在同一脑区，也可能在不同脑区或脊髓。在大脑发育过程中，神经元要想存活，就必须找到目标神经元并同目标神经元形成突触。不能成功形成突触的神经元会死亡，而在大脑发育过程中确实有很多神经元死亡。一般认为，最初神经元的过量生产可确保大脑含有足够数量的神经元，以形成支持大脑众多功能所需的全部神经元网络。生产得更多总是更好。

神经元并不是大脑中唯一的细胞类型。事实上，星形胶质细胞与神经元一样丰富。星形胶质细胞来自与神经元不同类型的干细胞。在大脑发育过程中，神经元先于星形胶质细胞诞生，因此在妊娠的前几个月，人脑中大部分是神经元。此后，星形胶质细胞成为大脑中增加的主要细胞类型。星形胶质细胞有许多重要功能，包括帮助维持神经元的能量水平、神经递质的新陈代谢，以及产生促进神经元生长和突触形成的蛋白质。另一种脑细胞是少突胶质细胞。少突胶质细胞将其脂肪膜层层包裹在神经元轴突周围，这一过程被称为“髓鞘形成”。通过这种方式对轴突加以绝缘，少突胶质细胞提高了沿轴突下行的电脉冲速度。少突胶质细胞大量存在于大脑的白质中，在这里，一束束长轴突在脑区之间穿行在大脑的同侧或对侧，或向下延伸至脊髓。

本章讲述谷氨酸在大脑发育过程中参与神经元网络形成的故事。我要回答的问题包括：谷氨酸以何种方式影响树突和轴突的生长？突触是如何形成的，谷氨酸在这一过程中的作用是什么？在大脑发育过程中，谷氨酸在神经元生长因子的产生和某些神经元的死亡中起什么作用？星形胶质细胞和帮助邻近神经元的谷氨酸之间发生了什么？谷氨酸会影响轴突的髓鞘形成吗？了解大脑神经元网络的细胞结构在发育过程中是如何被谷氨酸雕塑的，为我们深入了解这种结构在成年后是如何调整的，以及它在衰老和疾病过程中的脆弱性提供了宝贵的视角。

寻找合作伙伴

当轴突和树突在发育中的大脑中生长时，它们会探测周围的环境。为了帮助自己找到能形成突触的神经元，它们拥有被称为“生长锥”的运动能力很强的末梢（图 3–1）。轴突或树突的轴是圆柱形的，而生长锥则以类似变形虫的方式伸展活动。用手臂来比喻，典型的生长锥的形状有点儿像手，从手掌边缘延伸出的手指状的突起称为“丝状伪足”，前臂就是轴突或树突的轴。丝状伪足可以伸长和缩回，并能吸附或脱离其他细胞表面的分子。

轴突或树突的伸长及生长锥的形状和运动都受蛋白质链状聚合物的控制。在轴突或树突的轴内有微管蛋白的聚合物，形成了直径约为 25 纳米的空心小管。生长锥的丝状伪足没有微管，但有肌动蛋白聚合物组成的微丝。微丝的直径约为 6 纳米，微管和微丝的长度可以增加或减少。微管具有极性，从而使微管蛋白被添加到最靠近生长锥的微管末梢。因此，轴突或树突的延伸需要在最靠近生

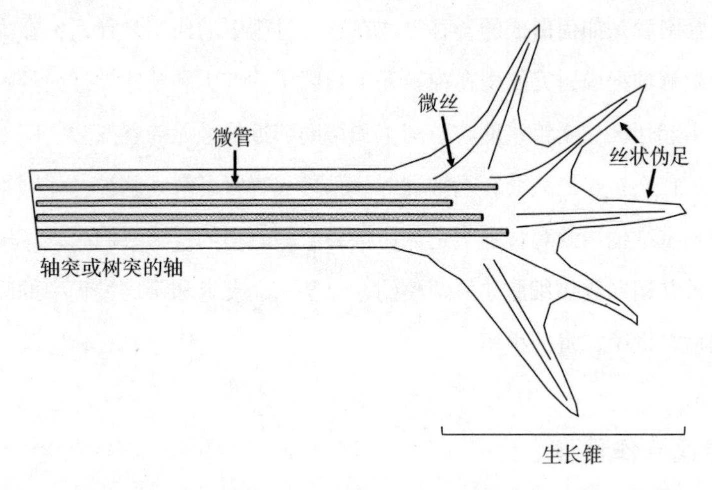

图 3–1　生长锥的基本结构。生长锥位于生长中的轴突或树突的远端。它的形状像一只手，有一个像手掌的基部，从这里伸出“丝状伪足”的手指状结构。有两种蛋白质动态聚合物控制着轴突和树突的生长。由肌动蛋白聚合物组成的微丝控制着丝状伪足的伸缩，及其与其他细胞表面的黏附。生长锥与其他细胞或细胞外基质的相互作用决定了轴突或树突在生长过程中是转向还是形成分支。微管由微管蛋白聚合物构成，控制轴突或树突的伸长或缩短

长锥的微管末梢加入微管蛋白，而另一端的微管蛋白则极少或不被移除。微丝的情况也是如此，它的延伸依靠在丝状伪足的顶端添加肌动蛋白。

生长锥负责确定轴突或树突的生长方向、生长速度及在何处形成分支。生长锥膜上的蛋白质可以吸附或脱离其他细胞表面或细胞外基质上的锚蛋白。生长锥膜上的一些细胞黏附蛋白与生长锥内部的肌动蛋白微丝相连。神经元细胞黏附蛋白与生长锥表面的锚定蛋白结合，可促使生长锥向该方向生长。生长锥两侧的丝状伪足可

能会附着在锚蛋白上，从而形成分支。生长锥遇到的黏附蛋白不仅会影响轴突或树突的生长方向，还会影响它们的生长速度。

20 世纪 50 年代初，丽塔 · 莱维–蒙塔尔奇尼与维克多 · 汉伯格在圣路易斯华盛顿大学工作时观察到，当将小鼠的癌细胞植入还在鸡蛋中生长的鸡胚胎时，发育中的小鸡体内的神经细胞生长得更快，并朝向肿瘤细胞生长。于是，莱维–蒙塔尔奇尼开发了一种细胞培养系统，将一小块背根神经节组织放在培养皿中。背根神经节中的神经元是感觉神经元，它们的轴突支配着全身的皮肤、肌肉、肌腱和其他组织。莱维–蒙塔尔奇尼和汉伯格发现，肿瘤细胞和某些正常细胞释放的一种扩散性物质可以刺激被培养的感觉神经元的轴突生长（Cowan 2001）。莱维–蒙塔尔奇尼将这种物质命名为“神经生长因子”（NGF）。研究者后来确定，NGF 是一种蛋白质。

明尼苏达大学的保罗 · 莱图尔诺和他的同事们发现，被培养的感觉神经元的生长锥会向NGF的焦点源移动（Gallo, Lefcourt, and Letourneau 1997）。当生长锥的一侧暴露于NGF时，轴突就会转向该方向。他们发现，由于生长锥中的微丝聚合度增加，NGF 导致了丝状伪足的形成。NGF还可能增强生长锥丝状伪足与细胞外基质中蛋白质的黏附力。

莱维–蒙塔尔奇尼发现唾液腺能产生大量的NGF。从进化的角度来看，这一点非常有趣，因为众所周知，许多动物都会舔自己的伤口。如果一只小鼠身上有伤口，其他小鼠甚至会帮它舔伤口。这种舔伤口的行为加快了小鼠伤口的愈合，有证据表明，这是因为唾液中的NGF在起作用（A. Li et al. 1980）。

自NGF被发现以来，其他蛋白质也被证明能够促进神经元的生长和存活。BDNF就是一种对大脑尤为重要的神经营养因子。BDNF等蛋白质由细胞核中染色体上的基因编码。编码BDNF的基因有两个拷贝，一个遗传自母亲，另一个遗传自父亲。为了确定BDNF是否影响及如何影响大脑的发育，科学家利用基因编辑技术使小鼠体内编码BDNF的一个或两个基因失效（被“敲除”）。当两个BDNF基因都被“敲除”时，发育中的胚胎就会死亡，只剩下一个初级大脑。当一个BDNF基因被“敲除”从而使小鼠的BDNF水平降低50%时，小鼠虽然能存活下来，但表现出行为异常，包括学习和记忆能力受损及过度焦虑。研究人员在检查这类小鼠的大脑后发现，大脑中多个区域的突触减少，海马的神经发生减少。有趣的是，BDNF水平降低的小鼠会暴饮暴食并变得肥胖，这是因为BDNF作用于下丘脑的神经元以抑制食欲。总之，来自小鼠的证据表明，BDNF对大脑发育至关重要，BDNF水平降低50%会对神经元网络的发育产生不利影响，导致行为异常（Vanevski and Xu 2013）。

细胞黏附分子和神经营养因子能帮助引导轴突寻找可以形成突触的神经元。那神经递质在大脑发育中起作用吗？

20世纪80年代，我在科罗拉多州立大学从事博士后研究时，发现谷氨酸在海马神经元网络的形成过程中扮演着重要角色。在我开展实验的时候，神经科学家们认为谷氨酸只是神经元之间突触的信号。为了弄清谷氨酸是否会在突触形成之前影响树突或轴突的生长，我从发育中的大鼠胚胎的海马中提取了神经元加以培养。在培养的前两天，这些神经元长出了一条长轴突和数个较短的树突（图 1–2）。让神经元再生长几天后，我给它们拍照记录，然后在培养基中加入谷氨酸。在暴露于谷氨酸 4 小时、8 小时和 24 小时后，我再次拍照记录。为了对比，我还拍摄了未接触谷氨酸的培养基中神经元的照片。

我做实验的时候数码相机还没有问世，因此我使用的是 35 毫米相机和黑白胶片。我会写下图片的顺序，冲洗胶片，然后使用放大机将神经元的图像投影到一张纸上。我描下了投射的神经元图像，还拍摄了一张“微型尺”的照片，用来计算轴突和树突的实际长度。总之，这是一个烦琐的过程，结果表明谷氨酸抑制了树突的生长，但对轴突的生长没有影响（Mattson, Dou, and Kater 1988）。当我在高倍放大镜下观察树突的生长锥时，我发现，在接触谷氨酸的前几分钟，丝状伪足会延伸。在随后的几个小时里，丝状伪足缩回，生长锥的顶端呈圆形，很像突触的树突棘。问题随之而来：谷氨酸如何影响树突的生长，又为什么不影响轴突的生长？

20 世纪 80 年代中期，钱永健开发出荧光分子探针，使科学家们能够实时观察活细胞中的各种化学物质，他因此获得 2008 年的诺贝尔化学奖。他将其中一种分子探针命名为“Fura-2”，它能使细胞内的 Ca^{2+} 水平可视化（Grynkiewicz, Poenie, and Tsien 1985）。因为电生理学家已经证明，谷氨酸会让 Ca^{2+} 通过膜上的通道流入神经元，所以我决定使用 Fura-2 来观察海马神经元暴露于谷氨酸时，树突和轴突中的 Ca^{2+} 水平会发生什么变化。结果是，树突中的 Ca^{2+} 水平迅速增加，但轴突中的 Ca^{2+} 水平却没有增加。这可能是因为谷氨酸的受体位于树突膜中，而轴突中没有。Ca^{2+}的流入是谷氨酸影响树突生长的原因，因为使用药物阻断Ca^{2+}流入时，谷氨酸就不再影响树突生长（Mattson, Dou, and Kater 1988）。于是问题就变成：Ca^{2+}是如何对树突的生长产生影响的？其他实验表明，Ca^{2+}的流入会导致丝状伪足中的微丝快速聚合，随后抑制树突轴中微管的聚合。

谷氨酸影响树突生长的能力，促使我想知道它是否在大脑发育时神经元回路的形成过程中发挥了作用。为了回答这个问题，我采用了与丽塔·莱维-蒙塔尔奇尼类似的培养方法。我从一个被称为“内嗅皮质”的脑区中取出一小块组织（外植体）。内嗅皮质的谷氨酸能神经元轴突通常与海马的神经元形成突触。我想知道，这些轴突释放的谷氨酸是否会影响它们与海马神经元之间突触的形成（Mattson, Lee, et al. 1988）。我首先制造出了内嗅皮质外植体培养物，让神经元的轴突在外植体的细胞体向外径方向生长。然后，我将海马神经元放入培养物中，其中一些神经元长在内嗅皮质外植体中神经元的轴突上，另一些则附着在培养皿表面，离内嗅皮质轴突较远。我发现，生长在内嗅皮质神经元轴突上的海马神经元的树突比生长在培养皿表面的短。为了确定从轴突释放的谷氨酸是不是树突生长减少的原因，我用一种能阻断谷氨酸受体的药物处理了培养物。这种处理导致树突生长增加，证明轴突释放的谷氨酸会导致树突生长减少。

下一个问题是：从内嗅皮质神经元轴突释放的谷氨酸，是否会影响这些轴突与海马神经元树突之间突触的形成。我使用了一种染色方法，这种方法使我能够沿着树突纵向对突触加以观察和计数。结果显示，轴突释放的谷氨酸会促使突触形成。因此，谷氨酸不仅作用于突触，还在大脑发育过程中对这些突触的建立起作用。耶鲁大学的霍利斯·克莱因发现，谷氨酸在发育中的蝌蚪视觉系统神经元回路的组织中也起着关键作用（Cline and Constantine-Paton 1990）。因此，谷氨酸很可能在所有动物的神经系统中都发挥着雕塑神经元回路的作用。

克莱因和我的研究证明谷氨酸在大脑发育过程中对神经元网络的形成起着关键作用，在这之后，斯坦福大学的卡拉·沙茨等人证明，在感官输入大脑之前，啮齿动物的神经元回路中会出现自发活动。阻断谷氨酸受体和阻止神经元之间形成突触连接的药物则可以阻止这种自发活动。拉里·卡茨和卡拉·沙茨于 1996 年发表的一篇文章中总结了谷氨酸能神经元网络活动在实验动物大脑皮质中构建回路的机制："在发育早期，内部产生的自发活动会根据大脑对功能和生存所必需连接的初始配置的'最佳猜测'来雕塑回路。随着感觉器官的成熟，发育中的大脑对自发活动的依赖减少，对感官经验的依赖增加。自发产生的神经活动和依赖经验的神经活动依次结合，使大脑在发育和整个人生中不断适应动态变化的输入。"（Katz and Shatz 1996, 1133）

支持谷氨酸在大脑发育过程中对建立功能性神经元网络发挥作用的经验证据主要依赖于对小鼠和大鼠的研究数据，但彼得·柯万和他的同事们提供的证据表明，同样的机制也发生在人类身上（Kirwan et al. 2015）。他们用多能干细胞制造了人类大脑皮质神经元培养物，结果表明，神经元形成了大规模网络，其结构和功能特征与发育中的人类大脑皮质相似。具有振荡活动模式的谷氨酸能神经元网络在数周内形成。振荡的频率最初会增加，然后减少，最后呈现出组织化的活动模式。当谷氨酸受体（AMPA和NMDA受体）被阻断时，这些回路的构建及其持续的自发活动就会消失。事实证明，少数神经元接受的谷氨酸能输入量是其他神经元的4倍多。柯万等人认为，突触较多的神经元代表了协调大脑皮质持续活动模式的中枢神经元。这种由谷氨酸突触活动驱动的活动模式可能是使用头皮上的电极做脑电图（EEG）记录时所看到的电活动模式的细胞基础。人们认为，这些振荡是加强和微调整个大脑突触连接的一种机制。

对谷氨酸能神经元网络建立机制的发现，引发了一个令人困惑的问题。如果Ca^{2+}的流入是启动兴奋性谷氨酸能突触形成的信号，那么抑制性GABA能突触形成的信号又是什么呢？耶海兹克尔·本·阿里及其同事（2012）提供了一个可能的答案。在成熟的大脑中，GABA会使神经元超极化，因此不仅不会增加，甚至会降低突触后神经元中的Ca^{2+}水平。研究人员利用电生理技术记录了胚胎和出生后大鼠脑切片中海马锥体细胞对GABA的反应。他们发现，在胚胎和新生大鼠的脑切片中，GABA可使锥体细胞去极化。然后，在大鼠出生后第一周，神经元对GABA的反应从去极化变为超极化。进一步的实验为这一惊人的结果提供了解释。大鼠胚胎期神经元细胞内的Cl^-浓度较高，而在出生后早期大脑发育过程中，随着对GABA反应的转变，细胞内的Cl^-浓度随之降低。因此，在大鼠胚胎发育期间，当GABA能突触正在建立时，GABA具有去极化作用（即导致Cl^-从神经元流出），预计会导致Ca^{2+}流入。所以，钙可能是大脑发育过程中启动GABA能突触形成的细胞内信号。

神经元的生死抉择

你我还在妈妈子宫里的时候，大脑中的神经元比现在要多。事实上，据估计，在某些脑区，近一半的神经元在出生前就已经死亡。神经科学家发现，神经元的死亡有两波（Wong and Marin 2019）。第一波神经元死亡发生在干细胞产生神经元后不久，当时它们还没有长出轴突或形成突触。第二波神经元死亡发生在它们的轴突在试图形成突触，从而接触到其他神经元时。在这两种情况下，神经元都会经历一个被称为"细胞凋亡"的程序性细胞死亡过程。凋亡的英文apoptosis来自希腊语，指树叶从树上掉落。当神经元凋亡时，它会缩小，但同时保持外膜完整。然后，垂死的神经元会被小胶质细胞识别，后者是一种会吞噬凋亡神经元的免疫细胞。小胶质细胞能够辨别神经元是否正在凋亡，是因为它们外膜上的分子能识别垂死神经元表面发生的特定分子变化。

细胞凋亡的一个重要特征是，它能使细胞在死亡时不会"内脏外溢"。人体的众多组织中每天都有成千上万的细胞发生凋亡。然后，它们会被产生自组织中干细胞的新细胞取代。上皮细胞的凋亡率特别高，比如皮肤和肠道内壁；与之相匹配的是，新上皮细胞的生成率也很高。这种细胞更替确保了衰老、"磨损"的细胞被功能良好的年轻细胞取代。但神经元并非如此。神经元通常不会在成年后死亡，即使死亡也没有替代，只有极少数情况例外。

在大脑发育过程中的第二波神经元死亡中，谷氨酸被认为在决定哪些神经元存活、哪些神经元死亡方面起着重要作用。所有神经元都有谷氨酸受体，它们的激活会让Ca^{2+}流入细胞。当生长中的轴突将谷氨酸释放到潜在目标神经元的树突上时，随之而来的Ca^{2+}流入会让细胞产生数种神经营养因子。然后，神经营养因子从树突中释放出来，激活轴突表面的受体。神经营养因子受体的激活反过来又会刺激防止细胞凋亡的蛋白质的产生（Burek and Oppenheim 1996）。

在已发现的各种神经营养因子中，BDNF是大脑在谷氨酸受体激活后产生的最强大的神经营养因子。在发育中的神经系统中，谷氨酸受体激活导致的BDNF产量增加有两大功能：一是促进突触的形成和稳定，二是支持神经元的存活。BDNF的作用是增加突触的大小，并增加与突触相关的线粒体的数量。这样，BDNF就可以增加局部可用的能量，以支持突触的维持和功能（A. Cheng, Wan, et al. 2012）。BDNF可能会通过增加抗凋亡蛋白，如B细胞淋巴瘤2（Bcl-2）、抗氧化酶和修复受损DNA的蛋白的分泌，来防止细胞凋亡。

谷氨酸促进突触形成和维持突触的能力只有在特定水平和模式的突触活动中才会出现。如果突触活动过少，神经营养因子的产量就不足；而突触活动过多又会导致突触消失。1998年，我首次用"突触凋亡"一词来描述单个突触的消失。我发现，突触因为谷氨酸受体激活而发生的变化，与之前细胞凋亡过程中的变化相同（Mattson, Keller, and Begley 1998）。第一个变化是半胱氨酸天冬蛋白酶被激活。这些酶可以在不破坏细胞膜的情况下咀嚼细胞内多种不同的蛋白质。第二个变化发生在向小胶质细胞发出吞噬和“吃掉”凋亡细胞信号的细胞外膜上。在细胞膜发生变化时，一种名为“磷脂酰丝氨酸”的脂质分子从细胞膜内部移动到细胞膜外表面。利用荧光分子探针，我得以证明，当海马神经元暴露于应激条件（如神经元缺乏神经营养因子或暴露于过量谷氨酸）下时，突触表面将出现磷脂酰丝氨酸。这一发现表明，单个突触如果接受过少神经营养因子或过多谷氨酸，可能会被小胶质细胞清除。

大脑发育时，在神经元网络中建立连接的神经元通常会在动物的一生中存活并发挥作用。谷氨酸受体的激活及随之而来的BDNF、成纤维细胞生长因子2（FGF2）和NGF等神经营养因子的分泌，使神经元保持存活并运行良好。然而，正如下一章所述，这些神经元网络的结构并非一成不变。树突和轴突可能生长，也可能退化。新的突触可能形成，而其他突触则可能消失。

神经胶质细胞：大脑建设的幕后英雄

除了神经元，大脑还包含3种类型的神经胶质细胞：星形胶质细胞、少突胶质细胞和小胶质细胞（图3–2）。星形胶质细胞是迄今为止发现的数量最多的胶质细胞类型。事实上，据估计，人脑中的星形胶质细胞数量至少与神经元数量相当（von Bartheld, Bahney, and Herculano-Houzel 2016）。星形胶质细胞广泛分布于整个大脑，在灰质和白质中都很丰富。少突胶质细胞主要分布在白质中，它们层层包裹轴突，从而使轴突绝缘。这样，少突胶质细胞就能提高电脉冲沿轴突下行的速度。小胶质细胞具有高度活动性，是免疫系统的一部分，它们在大脑中行监视之责，寻找病原微生物，如细菌和病毒；它们还会吞噬正在凋亡的细胞和突触。

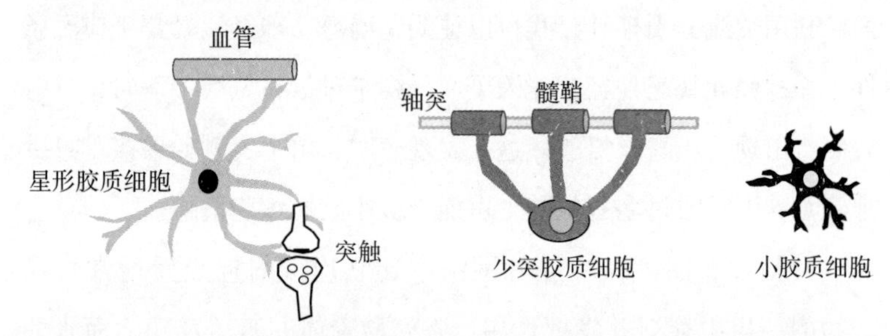

图 3–2　大脑中的 3 种神经胶质细胞。星形胶质细胞的数量与神经元的数量相当，具有多种功能，包括在突触处吸收谷氨酸，以及将神经元活动与脑血流匹配起来。少突胶质细胞包裹轴突，通过“髓鞘形成”过程让轴突绝缘。小胶质细胞是一种免疫细胞，负责监视大脑，寻找病原体，并修剪不需要的突触

直到 19 世纪中期，人们还不知道人体是由一个个细胞组成的。后来，德国科学家鲁道夫·魏尔肖、特奥多尔·施旺和马蒂亚斯·施莱登提出了“细胞理论”，认为动物是由许多个活细胞组成的，所有细胞都来自其他细胞。魏尔肖对大脑的研究使他得出结论：神经胶质细胞的功能就像一种“胶水”，将大脑粘在一起。一个多世纪后，神经胶质细胞在神经元网络的形成和功能中的重要性才被重视起来。我们现在知道，神经胶质细胞不仅支持神经元的功能和存活，还在发育中和成熟大脑的神经元网络的雕塑过程中发挥作用。

星形胶质细胞的功能之一是清除细胞外空间的谷氨酸和K^+。星形胶质细胞的外膜中含有一种名叫“谷氨酸转运体”的蛋白质，它将谷氨酸从细胞外转移到细胞内。星形胶质细胞与突触密切相关，在谷氨酸能神经元被激发后，星形胶质细胞会从突触中清除谷氨酸。这样，星形胶质细胞就能防止突触后神经元中的谷氨酸受体被过度激活。当神经元不活跃时，细胞内的K^+浓度高，细胞外的K^+浓度低。当神经元被谷氨酸激活时，Na^+进入细胞，让细胞膜去极化。为了帮助恢复膜电位，K^+从神经元被释放到细胞外空间。要使神经元从谷氨酸的刺激中恢复过来，必须清除细胞外空间中的K^+。研究表明，星形胶质细胞在清除K^+方面起着关键作用。如果星形胶质细胞的这一功能受损，神经元网络就容易过度兴奋。

星形胶质细胞的另一个功能是为神经元提供能量。星形胶质细胞利用一种名为“糖酵解”的代谢途径，在葡萄糖中产生ATP。而神经元则主要通过线粒体电子传递链——氧化磷酸化——在葡萄糖中产生ATP。在糖酵解过程中，星形胶质细胞会产生乳酸。乳酸被移出星形胶质细胞，进入神经元，用于产生ATP。乳酸也是神经元中的一种信号分子，通过影响基因表达增加参与神经元树突生长和突触形成的蛋白质的生成。BDNF就属于这类蛋白质。

星形胶质细胞能产生多种对支持神经元的功能和存活尤为重要的神经营养因子。FGF2 和胰岛素样生长因子 1（IGF1）是其中两种。在发现谷氨酸控制着发育中的海马树突的生长并促进突触形成后不久，我想进一步知道神经营养因子是否会调整谷氨酸的这些作用。星形胶质细胞产生并释放 FGF2，然后，FGF2 与星形胶质细胞表面结合。我发现它能刺激树突的生长，抵消谷氨酸对树突生长的抑制作用（图 3–3）。当正在生长的轴突或树突的生长锥遇到星形胶质细胞时，星形胶质细胞表面的FGF2 会刺激轴突或树突沿星形胶质细胞表面生长。通过这种方式，星形胶质细胞会加速轴突和树突的生长，推动它们朝着与之形成突触的神经元方向移动。钙成像研究表明，FGF2 对神经元的这种影响涉及谷氨酸引起的细胞内 Ca^{2+} 水平的升高（Mattson, Murrain, et al. 1989）。

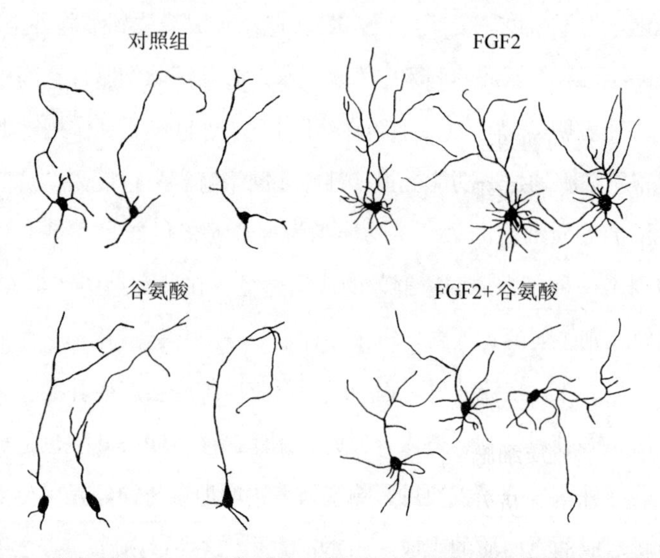

图 3–3　谷氨酸和FGF2 对胚胎海马神经元生长的影响截然不同。谷氨酸抑制树突的生长而不影响轴突，而FGF2 则促进树突和轴突的生长。FGF2 可抵消谷氨酸对树突生长的抑制作用（改编自Mattson，Murrain，et al. 1989 的图 5）

典型的星形胶质细胞像章鱼一样，有许多“腕”，可以伸出来包裹突触。单个星形胶质细胞占据的区域与另一个星形胶质细胞占据的区域部分重叠。近期的研究结果表明，星形胶质细胞网络可以协调位于一个神经元树突上的多个突触，甚至不同神经元上的突触的活动。1990 年，安·康奈尔–贝尔和斯蒂芬·史密斯发现，当他们将培养的星形胶质细胞接触谷氨酸时，细胞内的 Ca^{2+} 水平出现了急速升高。当时，这种现象令人惊讶，因为学界普遍认为星形胶质细胞没有谷氨酸受体。但两位神经科学家观察到了一个更令人着迷的现象：谷氨酸导致 Ca^{2+} 增加的“波”在相互接触的星形胶质细胞之间传播。原来，星形胶质细胞有一种叫作“缝隙连接”的结构，它横跨相邻星形胶质细胞的细胞膜，允许离子和 ATP 等其他小分子在细胞之间通过。康奈尔–贝尔及其同事提出，“这些钙的传播波表明，星形胶质细胞网络可能构成了大脑内的长跨度信号系统”（1990, 470）。

为了确定星形胶质细胞中的 Ca^{2+} 波是否确实会出现在大脑中，并阐明其功能，约翰·达尼及其同事对幼年大鼠大脑的海马切片做了研究（Dani, Chernjavsky, and Smith 1992）。这种海马切片中的神经元和星形胶质细胞在培养条件下可存活数周，并保留神经元网络的功能。研究人员发现，用电极刺激单个神经元会引发星形胶质细胞中的 Ca^{2+} 波，并在整个海马切片中扩散。进一步的实验证明，星形胶质细胞的 Ca^{2+} 波会影响谷氨酸能神经元的活动。由于星形胶质细胞在胚胎发育后期和出生后早期才出现，Ca^{2+} 波很可能在神经细胞回路的巩固过程中起到了完善突触连接的作用。

在大脑发育过程中最后出现的胶质细胞类型是少突胶质细胞。少突胶质细胞由少突胶质细胞前体细胞（OPC）产生。少突胶质细胞包裹着神经元的轴突，形成了一个被称为“髓鞘”的绝缘鞘。在人类大脑中，最后发生轴突髓鞘形成的区域是前额叶皮质。前额叶皮质的神经元网络在决策、规划和调节社会行为方面发挥着重要作用。这一脑区的髓鞘形成要到青春期后才完成。人们认为，青少年的决策能力差和易出现冒险行为至少部分是由于他们前额叶皮质的神经元网络的髓鞘尚未完全形成。

少突胶质细胞以有趣的方式对谷氨酸做出反应。约翰斯·霍普金斯大学的德怀特·伯格尔斯发现，对海马轴突的电刺激会激活OPC上的谷氨酸受体（Bergles et al. 2000）。他用电子显微镜仔细观察OPC，发现轴突末梢与OPC形成了突触。谷氨酸显然能促进OPC分化为少突胶质细胞，然后使轴突髓鞘形成（Gautier et al. 2015）。其他研究表明，像运动和迷宫学习等会增加谷氨酸能神经元网络活性的活动，也能促进啮齿动物大脑的髓鞘形成（Tomlinson, Leiton, and Colognato 2016）。然而，社会性隔绝会导致前额叶皮质的髓鞘形成减少。来自动物研究的证据表明，OPC的少突胶质细胞生产会受到早期生活经历的影响，而谷氨酸在这一过程中发挥着重要作用，不过这一点仍有待在人类身上证实。

小胶质细胞是大脑抵御病原体入侵的第一道防线，是免疫系统中的捕食者和垃圾收集者。小胶质细胞通过一系列被称为“补体级联”的分子相互作用来完成识别和吞噬微生物的任务。补体C1q和C3是补体级联中的两种关键蛋白。C1q参与识别微生物，C3参与消灭微生物。除了消灭和清除病原体，小胶质细胞还能在大脑发育过程中调整神经元网络的结构。我发现，单个突触可以通过细胞凋亡消除，贝丝·史蒂文斯及其同事在此基础上发现了补体级联在大脑发育过程中可以消除不需要的突触（Stephan, Barres, and Stevens 2012）。在大脑发育过程中的这种“突触修剪”发生在许多脑区，目的是完善神经元网络内的连接，从而优化它们的功能。已知C1q和C3蛋白存在于大脑中，但一般认为只有在涉及病理时，如感染或脑损伤，它们才会发挥作用。

为了验证补体级联参与健康大脑的突触修剪这一假设，史蒂文斯及其同事研究了小鼠视觉系统神经元之间的连接。眼睛中被称为“视网膜神经节细胞”的神经元通过视神经向位于大脑丘脑的外侧膝状体核发送轴突。外侧膝状体核是一个中继站，负责接收来自视网膜神经节神经元的信息，并将其传递给大脑后部视觉皮质的神经元。神经科学家已经证明，外侧膝状体核的突触呈柱状排列，其中一列被左眼视网膜神经节细胞的轴突末梢支配，相邻的一列由右眼视网膜神经节细胞的轴突末梢支配。在小鼠中，这种突触的眼优势柱分离发生在出生后的两周内。如果一只眼睛失明，突触的分离就不会发生。原因是双眼的神经元最初会形成许多突触，然后每只眼睛的活动会导致一些突触消失，另一些突触得到加强。这些突触是谷氨酸能突触，因此谷氨酸和神经营养因子之间的相互影响很可能解释了眼优势柱的形成。

史蒂文斯和她的实验室成员决定试着“敲除”C1q的基因，观察这会不会影响小鼠外侧膝状体核突触的分离。他们记录了大脑切片中外侧膝状体核突触的激活情况，并使用位于突触的蛋白质的抗体让突触可视化。他们发现，在缺乏C1q的小鼠中，突触修剪大大减少，而且外侧膝状体核中的突触没有发生分离。总之，这些证据表明，被消除的突触会被补体蛋白标记。在该区域巡视的小胶质细胞会检测到补体蛋白，并“吞噬”不需要的突触。因此，正如在大脑发育过程中细胞凋亡会消灭那些没有整合到神经元网络中的神经元一样，“突触凋亡”也会消灭神经元网络功能不需要的单个突触。

总之，研究人员越来越强烈地认识到，星形胶质细胞、少突胶质细胞和小胶质细胞在大脑发育时构建神经元回路的过程中发挥着重要作用。星形胶质细胞能产生神经营养因子，促进轴突和树突的生长。神经元被激活后，星形胶质细胞还会清除谷氨酸和K^+，使神经元恢复膜电位，从而再次被激活。少突胶质细胞使轴突完成髓鞘形成，从而使轴突能够更快地传导冲动。而小胶质细胞作为大脑免疫细胞，会清除多余的神经元和突触，从而促进神经细胞网络的完善。谷氨酸能突触的激活会影响全部3种神经胶质细胞，反之亦然。

第 4 章

记忆大师

想象一下，如果有可能从零开始，一个原子一个原子地制造出一个与你的大脑分子结构完全相同的大脑，这个大脑会不会编码所有与你相同的记忆，能不能拥有与你完全相同的个性、行为怪癖和信仰？换句话说，合成大脑会不会拥有与你的一生完全相同的经历，即便它并没有真正经历过？如果答案是肯定的，那么记忆、信仰和行为道德特征就是完全由大脑的分子结构决定的。如果答案是否定的，那么大脑中记忆的编码方式一定有另一种解释。

加拿大心理学家唐纳德·赫布在 1949 年指出，“我们假设，一种回响活动的持续或重复（或称‘痕迹’）往往会诱发持久的细胞变化，并增加其稳定性……如果细胞A的轴突距离细胞B足够近，得以激发细胞B，并反复或持续地参与细胞B的激发，那么在其中一个或全部两个细胞中就会发生某种生长过程或代谢变化，比如提高了细胞A激发细胞B的效率”（62），从而将大脑编码记忆的过程概念化。当时，还没有实际的实验数据能够证明，学习和记忆涉及突触的生长或独立于生长的分子的持久变化。但事实证明，赫布的预感是正确的。

关于学习与记忆的研究是神经科学领域最大的分支学科之一。因此，有关学习和记忆各个方面的著作层出不穷，从分子和细胞层面到行为层面。目前，只有一种记忆编码方式的机制得到了证据证明，就是基于神经元网络分子组织的变化。自赫布时代以来，神经科学家在了解学习和记忆中的一些分子变化方面取得了长足进步。然而，神经元网络究竟是如何编码这些记忆的，仍然是一个谜。不过，谷氨酸显然在学习和记忆中扮演着重要角色，并协调着编码记忆的神经元网络的结构和功能变化。

强化记忆的艺术

一个影响深远的研究出现在 1966 年。在挪威奥斯陆大学佩尔·安德森的实验室里，泰耶·洛莫正在研究兔子海马中的神经元如何对支配它们的轴突刺激做出反应。洛莫在支配齿状回颗粒细胞（图 4–1）的神经元轴突束中放置了一个刺激电极，并在齿状回中放置了一个记录电极。他发现，当他以高频率（每秒 100 次）刺激轴突 2 秒钟后，突触后神经元对随后的单次刺激的反应强度就会增加，这种效应会持续超过 1 小时。洛莫、安德森与蒂姆·布利斯一起，进一步确定了这种现象的特征，这种现象现在被称为“长时程增强”，简称LTP（Lomo 2003）。他们发现，LTP只发生在特定频率的刺激下。例如，每秒 100 次的刺激频率会产生LTP，而每秒 10

次的刺激频率则不会产生。随后的研究表明，LTP也发生在活体大鼠和小鼠的海马和其他脑区。LTP现在被认为是学习和记忆的基础。

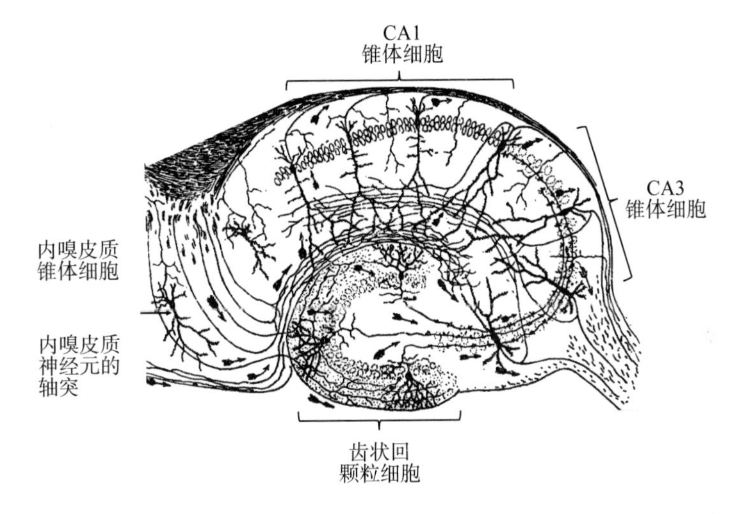

图 4–1　圣地亚哥 · 拉蒙–卡哈尔在 20 世纪初绘制的海马神经元图。海马的 3 个主要区域是根据其位置和连接区分的——齿状回、CA3 区和CA1 区。信息从内嗅皮质的锥体细胞流入海马齿状回。齿状回颗粒细胞投射到CA3 锥体细胞，CA3 锥体细胞又投射到CA1 锥体细胞。所有这些神经元——内嗅皮质锥体细胞、齿状回颗粒细胞、CA3 和CA1 锥体细胞——都是谷氨酸能神经元

接下来的问题是，突触前或突触后神经元发生了什么变化，才导致LTP中突触传递的增强？有个线索是，在洛莫的实验中，突触前和突触后神经元都是谷氨酸能神经元。在过去 40 年里，许多实验室的有力证据表明，LTP涉及AMPA受体的激活、膜去极化和 Ca^{2+} 通过NMDA受体通道的流入，它还被认为涉及在突触后膜中添加新的AMPA受体和扩大突触。

20世纪80年代初，在不列颠哥伦比亚大学工作的格雷厄姆·科林里奇、史蒂文·克尔和休·麦克伦南首次证明激活NMDA受体是LTP的必要条件（Collingridge, Kehl, and McLennan 1983）。他们从成年大鼠身上取出海马，切成约1/3毫米厚的切片。他们放置好电极，刺激海马CA1区域锥体细胞上形成谷氨酸能突触的神经元的轴突。他们还放置了一个记录电极，以记录CA1锥体细胞的反应。实验表明，当用一种能够选择性阻断NMDA受体的药物溶液浸泡海马切片时，LTP就消失了。其他神经科学家的后续研究确定了Ca^{2+}通过NMDA受体流入在LTP中的关键作用。

短期记忆指持续几秒到几分钟的记忆，而长期记忆则可持续几小时、几天甚至几年。短期记忆是由局部发生在突触的事件产生的，而长期记忆则需要信息从突触流向细胞核，在细胞核中，某些对长期记忆至关重要的基因会被激活。

短期记忆的发生过程可能如下。Ca^{2+}通过NMDA受体流入突触后树突，导致钙/钙调蛋白依赖性蛋白激酶II（CaMKII）被激活。这种激酶类型的蛋白质会将ATP中的磷酸原子（P）转移到蛋白质的某些氨基酸（丝氨酸、苏氨酸或酪氨酸）上。加入磷酸后，蛋白质的功能就会发生改变，这一过程被称为“磷酸化”。突触中的几种蛋白质的磷酸化与短期记忆有关，其中包括谷氨酸受体蛋白和控制细胞骨架微丝的蛋白。Ca^{2+}流入和CaMKII激活的一个特别重要的作用，是将谷氨酸受体快速插入树突的突触后膜。膜上的谷氨酸受体越多，突触后神经元对突触前末梢释放的谷氨酸的反应就越强烈。

在长期记忆中，CaMKII会激活一种名为“cAMP应答元件结合蛋白质”（CREB）的转录因子。被激活的CREB随后移动到神经元的细胞核，在那里激活负责编码构成突触的蛋白质的基因。这样，突触就会增大。此外，长期记忆也与突触数量的增加有关。延时成像研究表明，谷氨酸受体被激活后几分钟内，谷氨酸可以诱导树突轴形成丝状伪足，这些丝状伪足有可能成为树突棘。经过很久后，这些丝状伪足可发展成为棘突。这些棘突最初可能没有轴突的支配。对新皮质的研究表明，棘突需要数天时间才能发育成熟，并接受神经支配，形成功能性突触。这一系列事件与我发现的大脑发育过程中突触最初形成时发生的一系列事件非常相似，甚至完全相同（见第 3 章）。

除了Ca^{2+}，cAMP在学习和记忆中也发挥着重要作用。20 世纪 50 年代，生物化学家厄尔·萨瑟兰在研究肾上腺素如何使肝脏糖原分解成葡萄糖时发现了cAMP。他认为cAMP是一种“第二信使”，它能将第一信使肾上腺素的信号转导到细胞内，引起生化反应。cAMP激活蛋白激酶A，使突触内的许多不同蛋白质磷酸化。蛋白激酶A还能激活CREB。

彼得·格思里在斯坦利·本·卡特实验室做博士后的时候，我正在使用对Ca^{2+}敏感的探针Fura-2 研究Ca^{2+}流入如何影响谷氨酸对树突生长和突触形成的作用。格思里在膜片钳电极中注入Fura-2，并将其注入海马切片中的单个CA1 锥体细胞。Fura-2 扩散到整个注入的神经元，使树突及其上的棘突得以显现。当格思里在神经元上添加一种能在膜上形成可渗透Ca^{2+}的孔的化学物质时，整个树突中的Ca^{2+}浓度会增加，但各个树突棘内的Ca^{2+}浓度存在明显差异

（Guthrie, Segal, and Kater 1991）。这些发现表明，各个棘突在Ca^{2+}流入后降低其水平的能力不同，这说明各个棘突对相同数量的谷氨酸受体激活的反应不同。也就是说，相同数量的谷氨酸受体激活可能在一个突触会诱发LTP，而在另一个突触则不会诱发LTP。

早期LTP研究的一个潜在问题是，最常用于诱导LTP的高频刺激通常不会发生在大脑的神经元网络中。放置在行为自由的大鼠海马中的电极和人类大脑活动的脑电图记录都持续显示出频率为每秒4~8个周期的电振荡。这些振荡被称为“θ节律”。在大鼠身上，θ节律出现在动物学习、行走和嗅探时。θ节律在大鼠和人类的快速眼动睡眠（REM）中也会出现。因此，它被认为与做梦有关。

θ节律刺激可在海马突触诱发强烈的LTP，有证据表明，θ节律在LTP和记忆中起着关键作用。有研究认为，θ频率是LTP的最佳频率，它的作用是将当前感觉输入的编码及与当前感觉输入相关的情景记忆的检索分开。这样，θ节律可以在当前感觉输入的编码和相关记忆的检索同时发生时，防止产生干扰。

θ节律这样的突触活动模式可以加强突触，也有其他模式会削弱突触，后者被称为“长时程抑制”（LTD）。一般认为，LTD通过阻止突触达到电位的上限水平，在记忆编码过程中发挥着重要作用。也就是说，如果突触的LTP达到最高水平，那么该突触就无法再编码新信息。在海马的谷氨酸能突触中，LTD对持续微弱刺激有反应；而在小脑浦肯野细胞的谷氨酸能突触中，LTD则是对强刺激有反应。有证据表明，LTD是突触后树突棘中AMPA受体数量减少的结果（Ito 2001）。与LTP一样，LTD也涉及通过NMDA受体的

Ca^{2+}流入。然而，与LTP中Ca^{2+}激活某些令蛋白质磷酸化的激酶不同，在LTD中，Ca^{2+}会激活从相同蛋白质中去除磷酸盐的磷酸酶。

大脑中的大多数神经元都有数千个谷氨酸能突触。神经元是否会在这些突触激活后激发动作电位，取决于有多少个相邻的突触被激活。目前有几种理论来解释这些突触的LTP或LTD如何决定神经元的最终反应。突触再可塑性理论假定，突触后神经元的反应有一个阈值，低于阈值的反应会导致LTD，而高于阈值的反应会导致LTP（Abraham and Tate 1997）。阈值取决于神经元上所有突触的平均活动。有趣的是，LTD对记忆编码的影响可能因神经元的不同而不同。早期的证据表明，LTD参与了海马回路记忆的衰减，但对小脑回路编码的运动序列的学习至关重要。然而，随后的研究表明，海马突触的LTD对空间导航相关记忆的编码非常重要。最近的研究结果表明，LTP对编码一个人身体在特定空间（如森林或城市）中的位置非常重要，而LTD则负责编码在空间中遇到的物体和事件。

我们的脑细胞会产生可能致命的气体，这一事实也许会让很多人震惊。神经元在它们的谷氨酸突触被激活后会产生一氧化氮、硫化氢和一氧化碳。有证据表明，这些气体与学习和记忆有关。

大多数人可能都听说过在密闭空间内燃烧燃料导致一氧化碳中毒死亡的事例。吸入大量闻起来像臭鸡蛋的硫化氢也会致命。事实上，硫化氢气体曾在第一次世界大战中被用作化学武器。一氧化氮的浓度达到百万分之一百或更高时，也会对健康和生存造成直接威胁。这三种气体在高浓度时都有毒，但脑细胞产生的浓度极低。

除了二氧化碳，人们首先发现的动物细胞中产生的气体是一氧化氮。1998年，费里德·穆拉德、罗伯特·佛契哥特和路易斯·伊格纳罗因发现“一氧化氮是心血管系统中的信号分子”而荣获诺贝尔生理学或医学奖（Smith 1998, 1215）。他们发现，动脉内皮细胞释放出一氧化氮，然后扩散到周围的平滑肌细胞，使它们放松。这样，一氧化氮就会增加动脉的直径，从而增加通过动脉的血流量。这就是为什么硝酸甘油对因冠状动脉疾病而胸痛的患者有益：硝酸甘油会转化为一氧化氮，一氧化氮会放松动脉周围的肌肉细胞，从而增加血流量并减轻疼痛。

一氧化氮被认为在大脑中也具有重要功能。约翰斯·霍普金斯大学的神经科学家戴维·布雷特和所罗门·斯奈德（1990）发现，当谷氨酸受体被激活时，神经元中会产生一氧化氮。一氧化氮的产生源自Ca^{2+}的流入。Ca^{2+}与蛋白质钙调蛋白结合，然后促使钙调蛋白激活一氧化氮合酶。这种酶以释放一氧化氮的方式作用于精氨酸。一氧化氮随后在整个细胞内扩散，并激活鸟苷酸环化酶，从而产生环鸟苷酸（cGMP）。与cAMP类似，cGMP也会激活激酶，将鸟苷–磷酸（GMP）中的磷酸基团转移到离子通道和转录因子等蛋白质上。

在斯坦福大学工作的埃林·舒曼和戴维·麦迪逊（1991）提供的证据表明，突触后神经元中因谷氨酸受体激活而产生的一氧化氮会扩散到突触前轴突，并在那里引起能影响谷氨酸释放的变化。此后，许多其他研究表明，一氧化氮作为一种细胞间信号，不仅影响激活的突触的结构和功能，还影响邻近突触的结构和功能。这是一氧化氮等“气体递质”的独特之处。不同于受膜限制的谷氨酸等神经递质，一氧化氮等气体则可以自由地跨膜扩散。

在发现一氧化氮可以通过cGMP影响血压和神经元网络的活动后，人们开发出了能提高cGMP水平的临床药物。例如，西地那非（万艾可）和他达拉非（希爱力）被广泛用于治疗男性勃起功能障碍。西地那非和他达拉非能提高阴茎血管周围肌肉细胞中的cGMP水平，从而放松血管，增加阴茎中的血液量，使阴茎相应增大。

古川胜敏在我位于肯塔基大学的实验室工作时，发现cGMP可以通过激活海马神经元膜上的K^+通道来降低海马神经元的兴奋性（Furukawa et al. 1996）。cGMP的这种作用可以防止神经元过度兴奋，从而避免神经元因为谷氨酸受体的过度激活而受损和死亡。我将在第6章和第7章详细描述的证据表明，谷氨酸过度兴奋出现在多种神经系统疾病中，包括癫痫、脑卒中和阿尔茨海默病。目前研究者正在评估提高cGMP水平的药物对这些疾病患者的潜在益处。哥伦比亚大学的奥塔维奥·阿兰乔及其同事发现，西地那非可以改善阿尔茨海默病小鼠模型的学习和记忆（Puzzo et al. 2009）。西地那非促进了转录因子CREB的激活，这表明药物激活了能加强突触的基因。其他研究表明，西地那非可以改善动物模型的创伤性脑损伤的转归。在遭受创伤性脑损伤的人类患者身上开展的一项小型临床试验结果表明，西地那非可能会改善患者的恢复情况（Kenney et al. 2018）。

一氧化氮是一种自由基，也就是说，它有一个未配对的电子，因此有“攻击”蛋白质的倾向。研究表明，酪氨酸特别容易受到一氧化氮的攻击。当攻击发生时，一氧化氮中的氮会紧紧地附着在酪氨酸上，这一过程被称为“硝基化”。根据谷氨酸受体激活时产生的一氧化氮量不同，蛋白质硝基化在突触可塑性中可能发挥生理作用，也可能发挥病理作用。在θ节律活动中，一氧化氮的产量和蛋白质的硝基化量相对较低，这可能有助于调节突触的可塑性。然而，癫痫发作或脑卒中后神经元中产生的过量一氧化氮和蛋白质硝基化可能会损伤神经元。

所罗门 · 斯奈德在对一氧化氮加以研究后，又提出了其他气体是否也能在大脑中发挥信使作用的问题。他和同事发现，脑细胞中会产生一氧化碳和硫化氢。与一氧化氮一样，一氧化碳和硫化氢都是在突触被谷氨酸激活时产生的（Mustafa, Gadalla, and Snyder 2009; Paul and Snyder 2018）。当血红素加氧酶 2（HO2）作用于铁结合蛋白血红素时，就会产生一氧化碳。血红素最广为人知的角色是作为红细胞血红蛋白中的铁结合蛋白，但血红素也存在于包括神经元在内的其他细胞中。谷氨酸受体激活引起的Ca^{2+}流入会刺激HO2，使其产生一氧化碳。与一氧化氮一样，一氧化碳也会弥散到邻近的神经元，从而增加cGMP水平并激活K^{+}通道。通过这种方式，一氧化碳就能影响神经元网络的活动。

早在生命出现之前，硫化氢就已经存在于地球上。它存在于火山气体、温泉和天然气中。现在，细胞利用半胱氨酸中的硫来产生硫化氢。硫化氢是通过酶促反应产生的，而酶促反应会被维生素B_6、维生素B_{12}和叶酸促进。硫化氢产生后，它会在细胞内外扩散。虽然对硫化氢在大脑中功能的研究还处于起步阶段，但其硫原子可以与许多蛋白质中的半胱氨酸结合，这一过程被称为“巯基化”。目前还不知道有多少蛋白质会受到硫化氢的这种影响，也不知道它们的巯基化是否会影响学习和记忆能力。不过，对小鼠海马神经元的电生理学研究表明，硫化氢可能在突触可塑性中发挥了作用（Abe and Kimura 1996）。

海马：学习和记忆的枢纽

大脑最重要的功能或许就是让生物体在环境中活动时，能够学习、记住和回忆周围环境及经历的细节。能否活下去取决于记住食物来源、危险、敌人和朋友位置的能力。假如我们没有把注意力集中在手机上，我们的大脑就会将我们所处的环境编码成“认知地图”。我们虽然记不住旅途中每一个物体的每一个细节，但是能记住关键地标——溪口、岩层、路标或餐厅。

海马对这种空间导航尤为重要。海马有两个，分别位于大脑的两侧，是大脑学习和记忆的枢纽。英语中“海马”一词hippocampus来自古希腊语*hippokampos*，*hippos*的意思是“马”，*kampos*的意思是“海怪”。人类大脑中海马的形状就像海马，位于大脑皮质的深处。哺乳动物、鸟类和蜥蜴都有海马。虽然小鼠、鹅和鬣蜥可能没有人类那么高的认知能力，但它们很擅长导航。

对海马受损的人类和海马受到实验性损伤的动物实验开展的研究，证实了海马在学习和记忆中的重要作用。一个名叫亨利·莫莱森的年轻人的故事就很能说明问题（Augustinack et al. 2014）。莫莱森深受癫痫发作的折磨。1953 年，他接受了手术，切除了被认为是癫痫发作源头的脑组织。他的左右两个海马各被切除了 2/3。手术成功地减少了莫莱森的癫痫发作，却出现了一个重大的并发症——他再也无法形成新的记忆。他很难学习和记住新的路线，此后的生活在很大程度上需要依赖他人。但有趣的是，他在手术 5 年后搬进新房子时，却记住了新家里的布局，甚至还能画出房间的布局图。人们认为，这可能是由于海马并没有被全部切除，而且其他脑区也能够弥补海马的大部分损失。

外伤造成脑损伤的实例也提供了关于不同脑区功能的宝贵信息。然而，这类患者往往不止一个脑区受损。要想更精确地研究大脑结构与功能之间的关系，可以给实验用啮齿动物或猴子大脑特定区域造成控制性损伤。损伤可以通过手术切除来实现，但更精确的病变可以通过局部注射毒素来达成，毒素通过过度激活谷氨酸受体破坏神经元。我将在第 6 章介绍几种此类“兴奋性毒素”，包括红藻氨酸、鹅膏蕈氨酸和软骨藻酸的发现和使用。在注射兴奋性毒素前，研究者先麻醉实验动物，然后将其放置在一个立体定向装置中，用来固定动物的头部，并能精确定位注射针头的位置。研究者会在实验动物头骨上钻一个小孔，将针头放至注射部位，然后注入几纳升含有高浓度兴奋性毒素的生理盐水。

这类动物脑损伤研究证实了海马及其他密切相关的脑区在学习和记忆复杂路线方面的重要性。如果大鼠和小鼠的海马锥体细胞因兴奋性毒性损伤而死亡，它们将无法在迷宫中导航。但只有当左右海马都受到损伤时才会如此。后一个事实表明，大脑进化为双侧器官的部分原因是为了实现冗余，以便在一侧失效时，另一侧可以继续工作。

100 多年前，西班牙神经解剖学家圣地亚哥·拉蒙–卡哈尔使用一种新的组织染色法，揭示了海马内神经元网络惊人的组织结构。这种染色方法由卡米洛·高尔基开发，你可以用这种方法看到单个神经元。拉蒙–卡哈尔像切黄瓜一样，将海马纵向切片。他用高尔基染色法将切片染色，然后将显微镜下看到的情况绘制成图，图 4–1 就是他画的一个例子。拉蒙–卡哈尔看到了两排C形神经元，其中一排的细胞体呈大的金字塔形，另一排较小，呈圆形。这两排神经元现在分别被称为“锥体细胞层”和“齿状回”。拉蒙–卡哈尔认为，信息是从邻近区域——内嗅皮质——的神经元流入齿状回的。然后，信息从齿状回的神经元流向锥体细胞层的神经元。锥体细胞的轴突投射到许多不同的脑区，包括前额叶皮质、杏仁核和下丘脑。我们现在知道，所有齿状回颗粒细胞和所有锥体细胞都将谷氨酸作为神经递质。

基本上，所有进入大脑的信息都会找到去往海马的通路。例如，在视觉系统中，通往各个海马的路径是：眼睛中的视网膜神经节细胞、丘脑中的外侧膝状体核、初级视觉皮质、视觉联合皮质、内嗅皮质、海马。这一感官通路和其他感官通路中的所有神经元都使用谷氨酸作为神经递质。由于我们所有感官的输入最终都会到达海马，因此海马被视为学习和记忆不同感官输入之间联系的中心（图 4–2）。例如，将咆哮声与狗联系起来，将恶臭与腐烂的食物联系起来，将某种味道与香草冰激凌联系起来，或将声音与特定的人联系起来。

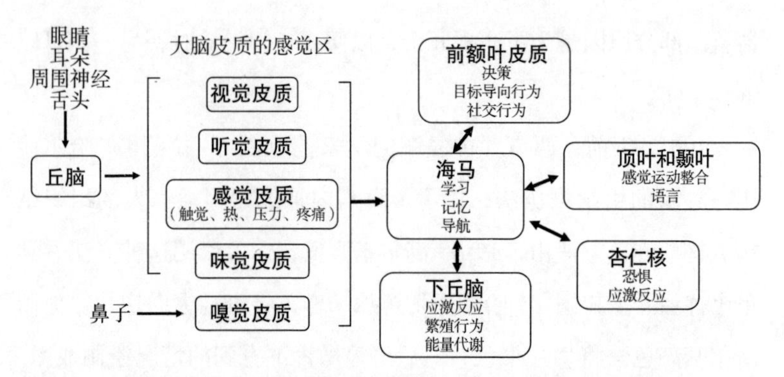

图 4–2　获取和处理感觉信息的神经通路。眼睛、耳朵、舌头和脊髓（周围神经）的感觉神经元与丘脑的谷氨酸能神经元形成突触。丘脑神经元投射到大脑皮质的相应感觉区域。通往大脑皮质的嗅觉输入会绕过丘脑。来自所有感觉器官的信息“倾倒”入海马，在那里，谷氨酸能神经元回路在学习、记忆、空间导航和认知地图构建中发挥着关键作用。通过谷氨酸能通路，海马与前额叶皮质、顶叶、颞叶、杏仁核和下丘脑相互连接。图中展示了这些不同脑区的部分功能

想象一下，你是两万年前生活在东非高原维多利亚湖北边的狩猎采集者。每天，你和部落里的其他人带上弓箭，穿过森林，追踪大小猎物。你们学会了根据足迹和其他线索追踪动物。你们还了解到，动物每天的作息存在一定的规律，因此会在一天中特定的时间出现在特定的地点。每次外出狩猎时，你和同伴们都在大脑神经元网络中构建并更新“认知地图”。这张认知地图能让你记住水坑、动物巢穴、果树等的位置。海马就是这种认知地图构建的地方。

海马中的神经元是如何实现精确导航的？通过记录大鼠在笼子里移动时海马中单个神经元的活动，神经科学家发现，一些神经元只有当大鼠移动到笼子的一个角落时才会活跃，另一些神经元只有当大鼠位于笼子中间时才会活跃，还有一些神经元只有当大鼠位于笼子的另一个区域时才会活跃。这些神经元被称为“位置细胞”，因为它们被认为参与对动物当前位置的记忆。但是，光凭认识当前位置并不足以导航到目标位置。必须有神经元充当坐标系的一部分，在动物向目标位置移动的过程中不断评估自身的方位。2005年，科学家在内嗅皮质中发现了一种神经元，当动物需要导航时，这种神经元会被有规律地激发。这种神经元被称为“网格细胞”，它能将其他位置的方向和距离信息与其当前位置结合，使动物能够感知自己在环境中的当前位置。在内嗅皮质中，每个网格细胞与其邻近细胞的距离相等。

发现海马位置细胞和内嗅皮质中的网格细胞，是科学家在了解单个神经元如何共同构建动态认知地图方面取得的重大进展。美国研究人员约翰·奥基夫发现了位置细胞，挪威科学家梅–布里特·莫泽和爱德华·莫泽发现了网格细胞（Hartley, Burgess, and O'Keefe 2013; Moser, Rowland, and Moser 2015）。由于在大脑工作原理方面做出的贡献，这三位神经科学家于2014年获得了诺贝尔生理学或医学奖。此后，约翰斯·霍普金斯大学的詹姆斯·尼里姆阐明了认知地图的细胞基础，证明海马位置细胞可以“测量”从先前位置出发的距离和方向。他使用了一种“增强现实系统”，其中大鼠视野中的地标会随着大鼠在环形轨道上的移动而移动（Jayakumar et al. 2019）。当地标停止移动时，位置细胞会“重新校准”路径，以更新大鼠与视觉地标相关的位置。这一结果表明，位置细胞参与了认知地图的快速更新。认知地图快速更新在人类身上的一个例子是，人类在踢足球时，本队球员和对方球员在场上的位置不断变化，要想打好配合，需要每个球员相应地调整自己的认知地图。

关于位置细胞和网格细胞的研究是在大鼠身上开展的，研究者通过手术将电极植入大鼠的海马和内嗅皮质。在人类身上开展类似实验是违反伦理的，不过，神经科学家已经利用无创fMRI技术，观察了人类受试者在虚拟环境中“导航”时，海马或内嗅皮质的神经元回路是否活跃。在一项研究中，伦敦大学学院的神经科学家艾丹·霍纳和尼尔·伯吉斯让受试者想象自己在一个空间中移动，空间中的物体都是受试者在成像之前就熟悉的，然后为受试者做了fMRI成像（Horner et al. 2016）。他们的数据证明，当你在想象中的空间里移动时，内嗅皮质中的神经元会以六边形模式发射信号。这种网格细胞会不断更新位置和方向信息，从而参与位置的动态计算。失去网格细胞，你就失去了方位感。

对位置细胞和网格细胞的了解可能对阐明神经系统疾病的原因有很大价值。事实上，有证据表明，一些网格细胞在生命晚年会发生退化，而众所周知，阿尔茨海默病患者会大量丧失网格细胞。这是有道理的，因为阿尔茨海默病的症状之一就是记忆能力受损，记不起自己去过哪里，在那里做了什么。失去网格细胞，你就无法在商场停车场找到自己的车。

通过分析大脑扫描图像，我们也可以准确测量活人海马的大小。一项有趣的研究表明，伦敦出租车司机的海马大于其他行业的伦敦人（Maguire et al. 2000）。这是有道理的，海马的一个主要功能是空间导航，而出租车司机的神经元网络中一定储存着伦敦的详细认知地图。在空间导航过程中，编码当前位置和计划路线的神经元活动会增加。这些神经元的谷氨酸受体被激活后，会刺激现有突触的加强和新突触的形成。因此，海马的整体体积会增大。由于对出租车司机的研究是在带有全球定位系统的手机出现之前开展的，与“旧时代”的出租车司机相比，现在的出租车司机脑中无须地图，因此，他们的海马是否会缩小将是一个有趣的课题。

海马与内嗅皮质和下顶叶皮质等脑区密切合作，编码三维空间中的物体及其相互关系的识别。人脸识别是大脑快速学习和回忆复杂物体特征能力的一个显著例子。我们遇到某个人一次，几个月后还能认出对方，但我们可能记不住他的名字。虽然海马对学习人脸的特征是必要的，但光凭它并不足以充当记忆和回忆面部的神经表征。对人类和猴子开展的fMRI研究发现，在颞叶靠近海马的地方有一个被称为“前面孔区”的区域，面部特征就储存在这里。然而，如果大脑两侧的海马发生病变，面部特征就无法在前面孔区编码。这是所有类型记忆的共同点——它们最初被编码在海马中，但长期储存在大脑皮质的神经元回路中。

海马与额叶之间有很强的谷氨酸能联系。额叶中的回路在工作记忆、情景记忆、执行功能和决策中发挥着关键作用。工作记忆是一种暂时保存信息的认知系统，是一种能够对存储的信息做加工的记忆类型。工作记忆的一个例子就是使用没有提前记住的菜谱来烹饪一道菜。在做这道菜时，你需要在烹饪的过程中短时记忆一个或几个步骤。与此相反，情景记忆是一种长期记忆，通过它，你可以记住事件的细节，如地点、时间、对象和人物。例如，你会在晚上回忆起这天早上和一整天你在哪里、看到什么、做了什么。执行功能是一种认知过程，我们通过它以目标为导向调整自己的行为，包括推理、计划和解决问题。

还有推导。“推导可被视为一种逻辑过程，通过这一过程，现有记忆中的单个元素被检索和重组，以回答新问题。这种灵活的检索由海马辅助完成，研究者认为需要有专门的海马编码机制对事件做离散编码，这样事件元素就可以从记忆中单独获取。在新的经历中回忆旧事件，可以在新形成的记忆和已有记忆之间建立联系”（Zeithamova, Schlichting, and Preson 2012, 70）。例如，假设你最近刚搬进新社区的新房子。当你走过几个街区外的一个公园时，你看到一个十几岁的女孩正在和一只戴着鲜红色项圈的金毛猎犬玩耍。3天后，你看到一个中年男子在你家门前的人行道上遛着同一条狗。这个男人和他的狗走进了街区拐角处的房子。你会断定那个少女是中年男子的女儿，并且住在同一栋房子里。第二天，你在两个街区外的街道上看到同一个女孩和一名中年女性在骑自行车。通过推导，你得出结论：这位女性是住在街区拐角处房子里那位男子的妻子。

推导过程要求对事件中原本不相关的元素之间的关系加以编码。在上一段的例子中，这些元素是：少女—金毛猎犬，中年男子—金毛猎犬，少女—中年女性。在这个推导例子中，我们必须首先回忆起这3个二元关联，然后加工、重组和重新编码。海马是谷氨酸能信号传递的枢纽，对推导至关重要。这些谷氨酸能回路建立的记忆会被用于做出关于未来的决定。

大脑中许多神经元网络的工作本质是产生编码图像和声音的神经元活动模式。语言也许是大脑处理传入模式的能力的最佳例证，大脑利用这种能力使这些模式能被准确地重新组合和加工处理，从而产生新的模式。正如我提过的："以语言为基础的信息传递促进了科学、技术和医学的快速发展。然而，尽管语言在进化过程中是一次显著的飞跃，但语言可能并不涉及任何新的细胞或分子机制；相反，语言是由新进化的神经回路与旧回路整合而成的，所有这些回路都利用通用的模式处理机制。"（Mattson 2014, 265）书面语言基于代表物体、情感、动作等的符号序列，口语基于与书面语言中的符号序列相对应的声音序列。

语言涉及许多脑区的协同工作。感官通路接收字词的图像和声音，并将信息传递到海马。图像和声音的模式在海马中编码，然后传递到大脑皮质中整合这些模式的区域。这些脑区的神经元回路在处理信息时会处理这些模式的各种属性，包括它们的意义、显著性和情感价值。基于神经元网络的符号和声音序列表征被存储在短期和长期记忆中。对语言尤为重要的是大脑左侧额叶下部的布罗卡区和相邻颞叶的韦尼克区。布罗卡区对语言至关重要，因此与运动皮质的联系非常密切。韦尼克区的功能是理解语言，并通过口语或书写完成准确交流。这些脑区的神经元回路通过谷氨酸能神经元与前额叶皮质的回路沟通，共同完成创造和决策过程。

海马不仅与大脑长期存储和回忆信息的区域关联，还与对信息施加情绪化处理的区域连接，其中就有杏仁核。杏仁核因其在恐惧经历记忆中的重要性而闻名，它是位于海马前方的一个相对较小的结构。在危及生命或其他可怕的情况下，海马会编码具体细节的初始记忆，然后转移到杏仁核的回路中，从而产生记忆相关的恐惧的联想。这些细节可能包括地点、声音、枪或刀等危险物体，或另一个处于困境中的人。海马和杏仁核之间的这种交流的进化目的是增加动物在野外生存的机会，例如躲避捕食者。但是，反复暴露在恐惧情境中会导致对这些情境的反复回忆，形成PTSD，使人衰弱。恐惧情境会让海马中的谷氨酸能神经元强力激活杏仁核中的谷氨酸能神经元。杏仁核神经元上的谷氨酸受体被激活，Ca^{2+}流入这些神经元，CREB等转录因子被激活，从而产生恐惧记忆。通过这些机制，杏仁核中“恐惧突触”的大小和强度都会增加。

海马对下丘脑也有重要影响。下丘脑是控制激素分泌的脑区，而激素可以调节生育能力，对压力环境、生长、体温、水平衡和泌乳产生反应（图 4–3）。下丘脑的神经元会产生直接或间接影响身体机能的小分子蛋白质（肽）激素。一些下丘脑神经元会产生促性腺激素释放激素（GnRH），这种激素会释放到血液中，并局部作用于相邻的垂体前叶的细胞，使它们向血液中释放黄体生成素（LH）和促卵泡激素（FSH）。LH和FSH会作用于卵巢细胞，增加雌激素的分泌，或作用于睾丸细胞，增加睾酮的分泌。下丘脑的其他神经元会分泌促肾上腺皮质激素释放激素（CRH），从而刺激促肾上腺皮质激素（ACTH）的分泌。ACTH在血液中循环，刺激肾上腺细胞分泌皮质醇。下丘脑中的神经元还会刺激垂体分泌生长激素（GH），然后GH刺激肝细胞分泌IGF1。IGF1 可以促进许多

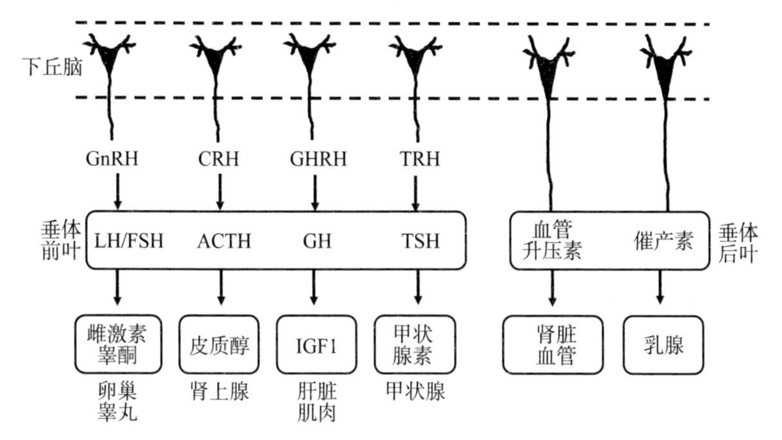

图 4–3　下丘脑–垂体神经内分泌系统。下丘脑中的神经元将轴突投射到垂体。垂体分为前叶和后叶。垂体前叶的分泌细胞对下丘脑神经元轴突末梢释放的肽做出反应。下丘脑神经元可分为分泌GnRH的、分泌CRH的、分泌生长激素释放激素（GHRH）的和分泌促甲状腺激素释放激素（TRH）的。GnRH刺激垂体细胞向血液中释放LH和FSH。CRH刺激垂体细胞释放ACTH，而TRH则刺激垂体细胞释放促甲状腺激素（TSH）。垂体后叶由下丘脑神经元的轴突末梢组成，可直接向血液中释放血管升压素和催产素。从垂体前叶或垂体后叶释放到血液中的激素会对外周器官产生影响。LH和FSH刺激卵巢或睾丸产生和释放雌激素或睾酮；ACTH刺激肾上腺的内分泌细胞释放皮质醇；GH刺激肝脏和肌肉细胞释放IGF1；TSH刺激甲状腺释放甲状腺素。血管升压素作用于肾脏细胞，促进水分吸收，并作用于血管平滑肌细胞，让血管收缩。催产素作用于乳腺，刺激乳汁分泌，在分娩过程中刺激子宫收缩，并参与社会关系的建立

不同组织中细胞的生长，包括肌肉和大脑。下丘脑神经元和垂体细胞还控制甲状腺激素的分泌，后者可以调节能量代谢和体温。最后，下丘脑的大型分泌神经元会释放血管升压素或催产素。血管升压素作用于肾脏细胞，从而促进水分吸收；而催产素则作用于乳腺

细胞，刺激乳汁分泌。

海马在控制下丘脑肽类激素的释放方面发挥着重要作用。这方面被研究得最彻底的是神经元在压力条件下释放CRH的过程。海马中的谷氨酸能神经元会激活下丘脑中的GABA能神经元，进而抑制CRH的分泌。因此，在危险过去后，海马对关闭应激反应非常重要。有证据表明，在PTSD和慢性焦虑症中，海马区关闭应激反应的这一重要功能受到了损害。我会在第 9 章探讨谷氨酸在这类疾病中的作用。

追寻记忆的印迹

对人类大脑皮质的某些区域施加电刺激，可以勾起回忆。20 世纪 30 年代和 40 年代，神经外科医生怀尔德·彭菲尔德在蒙特利尔神经研究所工作时开展的一系列研究证明了这一点（Leblanc 2021）。当时，治疗重度癫痫患者的方式通常是手术切除部分脑组织，这些脑组织被认为是不受控的神经元网络的兴奋源。癫痫活动的“病灶”通常位于颞叶和海马。在移除脑组织之前，彭菲尔德在患者仅接受局部麻醉、仍有意识的情况下，在患者脑部放置了一个刺激电极。之所以能这么做，是因为大脑与全身其他组织不同，没有疼痛受体。彭菲尔德发现，刺激颞叶可使人回忆起通常相当生动的记忆。有些患者不仅能回忆起过去的事情，还能回忆起梦境，或者出现视觉或听觉幻觉。有时患者会有似曾相识感或“灵魂出窍”的体验。彭菲尔德的发现证明，人类的全部体验都被编码在电兴奋脑细胞中。

但是，视觉、听觉或其他感觉信息的表征在神经元网络中是如何编码的呢？理查德·塞蒙于1859年出生于德国柏林，他接受了进化生物学的专门训练，后来主要关注经验记忆如何在大脑中持续存在并能被忆起这一问题。

塞蒙创造了“engram”一词来描述这种记忆印迹（Josselyn, Kohler, and Frankland 2017），他将其定义为“刺激产生的易激物质中持久但潜在的变化”（Semon 1921, 12）。当时，神经科学还是一个新兴领域，人们还不知道大脑拥有由单个神经细胞组成的网络，能够在突触处通过电化学传输交流。因为不知道这些知识，塞蒙未能推测“印迹”的化学本质，只在1923年的一份出版物中指出，“就我们现阶段的知识而言，这是一项毫无希望的事业，就我个人而言，我放弃了这项任务”（154）。尽管自1923年以来，人们在了解记忆的细胞和分子机制方面取得了巨大进步，但“印迹”的确切性质仍然难以捉摸。

20世纪30年代，在美国，心理学家卡尔·拉什利在大鼠身上开展了一项实验，旨在确定大脑中“印迹”的位置。他用迷宫训练大鼠，然后去除大鼠大脑皮质不同区域的组织，再让大鼠重新接受迷宫测试。他发现，随着去除的大脑皮质越来越多，大鼠对迷宫的记忆能力逐渐减弱。但他也发现，无论去除哪个区域的大脑皮质，大鼠在迷宫中的表现多少都会受到影响。这些发现表明，“印迹”分布于整个大脑皮质。

在过去的30年里，技术进步加速了人们对“印迹”的理解。

希娜·乔斯林和利根川进描述了旨在确定“印迹”性质的实验数据应满足的四项标准：第一，“能显示相同或重叠的细胞群同时被经验和对经验的检索激活，并在这些细胞中引起持久的改变”；第二，能证明“在经验发生后损害印迹细胞的功能会损害随后的记忆检索”；第三，表明“在没有任何自然感官检索线索的情况下，人为激活印迹细胞可以诱导记忆检索”；第四，“人为地将从未发生过的经历的印迹导入大脑，并显示啮齿动物利用人工印迹的信息指导其行为”（2020）。

在记忆机制和“印迹”性质的研究中，有一项技术进步是能够通过Fos蛋白质的抗体来识别最近被激活的神经元。Fos的水平在神经元受到刺激后几分钟内就会升高，并维持几个小时。Fos抗体会与这些神经元中的Fos结合。然后，研究人员就可以使用免疫组化的方法来观察Fos抗体在脑组织切片中的位置，其中的Fos抗体是被荧光探针标记的。例如，这种方法可用于两组大鼠的实验。实验第一天，一组大鼠接受迷宫训练，另一组大鼠（对照组）被放在迷宫的起点，但不允许穿越迷宫。第二天，两组大鼠都被放在迷宫中间的一个隔间里10分钟。随后，研究人员对大鼠实施安乐死，取出大鼠的大脑并使用Fos抗体做免疫组化处理。检查脑组织切片后，研究者很清楚地发现，经过迷宫训练的大鼠海马中的某些神经元被Fos抗体标记，而没有经过迷宫训练的大鼠神经元则没有标记。这一结果与一个可能性吻合：被Fos抗体标记的海马神经元是“印迹细胞”，它们参与了大鼠对自己在迷宫中位置的记忆。

Fos免疫染色法的一个主要局限是它无法用于活体动物。因此，它只能提供动物被安乐死时神经元活动的快照。理想的状态是，神经科学家能够实时观察自由活动的活体动物脑中单个神经元的活动。最近的两项技术进步使得此类研究成为可能，并揭示了活体小鼠神经元网络活动的起伏。进展之一是开发出了对Ca^{2+}有反应的荧光蛋白。通过基因编辑方法，Ca^{2+}传感器蛋白可被引入小鼠的所有神经元或特定的神经元亚群，如GABA能神经元或胆碱能神经元。由于谷氨酸受体的激活是Ca^{2+}流入神经元的触发器，Ca^{2+}传感器蛋白荧光的增加就是谷氨酸能突触激活的衡量标准。

但是，让活体小鼠大脑中的Ca^{2+}传感器荧光成像并非易事。首批此类研究需要从被麻醉的小鼠身上取下一块头骨，然后把小鼠放在显微镜下，将物镜调整在暴露的脑区的上方。这种方法的一个主要局限是只能观察到位于大脑表面1毫米范围内的神经元。为了突破这一限制，神经科学家开发了一种光纤技术，将光导纤维插入所需的脑区，然后就可以使荧光Ca^{2+}传感器成像。使用这种方法开展的实验加深了人们对神经元网络中的信息流，以及谷氨酸和Ca^{2+}如何控制信息流的理解。例如，日本研究人员使用一种名为“黄变色龙”的荧光Ca^{2+}传感器来监测顶叶皮质脑区的神经元网络的活动。这一脑区参与视觉和听觉信息的整合。研究人员在谷氨酸能神经元或GABA能神经元中表达了黄变色龙蛋白，发现Ca^{2+}的自发慢波会组织成具有广泛活跃兴奋回路和局部抑制回路的中枢（Kuroki et al. 2018）。

直到最近，神经科学家研究单个神经元电活动的唯一方法是在神经元膜内或神经元膜上放置记录用的微电极。然而，要记录神经元网络中众多神经元的电活动是不可能的。对后者来说，需要一种能在显微镜下成像的电压传感器。艾哈迈德·阿卜杜勒法塔赫、埃里克·施赖特尔及其同事最近开发出了一种混合分子，由两种蛋白质的其中一部分和一种荧光分子组成，能插入细胞膜，对跨膜电压的变化高度敏感。他们将这种分子命名为“伏特子”（Voltron）。他们利用伏特子对清醒小鼠初级视觉皮质中数十个神经元的活动做了成像。当他们在小鼠面前移动一张带有明暗条纹的卡片时，一些神经元会激发轴突电位，而另一些则不会。神经元之间还存在明显的相关活动模式，这表明这些模式是呈现给小鼠的视觉模式的神经表征。

伏特子还被应用于了解神经元回路如何相互作用来控制身体运动的研究中。在这一应用中，科学家们利用了斑马鱼，因为斑马鱼皮肤透明，因此可以对其全身和大脑的细胞成像，而不需要任何侵入性探针。由于斑马鱼也可以被基因编辑，神经科学家利用伏特子研究了斑马鱼大脑神经元的活动。他们监测了在视觉活动诱导的游泳动作中控制身体运动的脑区的神经元活动，发现了神经元群与鱼尾运动相关的活动模式。有些神经元的活动在鱼开始游动前一秒增加，有些神经元的活动在鱼每次游动时减少，还有些神经元在鱼游动过程中一直保持活跃。

最近一项变革型技术进步阐明了“印迹”的本质：光遗传学（C. Kim, Adhikar, and Deisseroth 2017）。光遗传学利用光来控制神经元的活动，这些神经元经过基因编辑，产生了对光敏感的离子通道。最常用的光敏蛋白是通道视紫红质蛋白和嗜盐菌视紫红质。通道视紫红质蛋白是一种离子通道，在光的作用下让Na^+流入细胞，而嗜盐菌视紫红质则让Cl^-穿过膜进入细胞。用光照射含有通道视紫红质蛋白的神经元会使神经元去极化，类似谷氨酸的作用；而用光照射含有嗜盐菌视紫红质的神经元则会抑制神经元，类似GABA的作用。这些方法最初是利用培养的神经元研究出来的，这些神经元可以在显微镜下直接成像，用光照射的同时，用电生理学方法或通过成像神经元中的Ca^{2+}水平来监测其活动。虽然光遗传学的原理相对直接，但将其应用于活体动物却是一项重大的技术挑战。研究者首先要设计转基因小鼠品系，以便在所有神经元或所需神经元亚型中表达嗜盐菌视紫红质或通道视紫红质蛋白。然后，我们将导光玻璃纤维放置在想要研究的脑区。通过玻璃纤维照射光线，可以激发或抑制纤维尖端邻近的神经元，从而确定光线对小鼠行为的影响。

一种特定转基因小鼠的出现对“印迹”研究尤为重要，这种小鼠的神经元在激活后只表达通道视紫红质蛋白或只表达嗜盐菌视紫红质。例如，在迷宫训练过程中表现活跃的海马中的谷氨酸能神经元可以被“标记为”通道视紫红质蛋白或嗜盐菌视紫红质。

我们可以对小鼠学习和记忆能力做一个叫作“恐惧条件反射”的简单测试，方法是将声音与足部电击关联，足部电击发生在声音发出后一秒左右。这种关联在测试的第一天执行多次。第二天，小鼠会听到声音，但不会受到电击。记得声音与足部电击关联的小鼠会僵住——它听到声音时会停住不动并绷紧肌肉。麻省理工学院的刘旭、利根川进及其同事使用经过基因编辑从而在恐惧条件反射中激活的神经元只表达通道视紫红质蛋白的小鼠，成功令小鼠找回了对足部电击的记忆（X. Liu et al. 2012）。当光线照射到海马的某些神经元时，小鼠会僵住。他们的结论是，这些神经元是特定记忆的“印迹神经元”。

神经科学家利用光遗传学方法刺激大脑嗅觉系统中的厌恶（坏气味）或吸引（好气味）神经通路，在小鼠体内植入了虚假记忆（Ramirez et al. 2013）。这是一项令人毛骨悚然的技术进步。在小鼠从未接触过某种气味的情况下，研究者将对这种气味的记忆植入了小鼠的大脑。从进化的角度来看，神经元通路介导的对潜在危险（如恶臭或异味）的反应是“硬连接”的，这是有道理的。然而，似乎不太可能将以前从未接触过的特定个人、物体或事件的虚假记忆以物理方式（而不是心理方式）植入大脑。

大脑的信息处理既有数码系统的特征，也有模拟系统的特征。全或无的动作电位可被视为类似于计算机编码中使用的二进制数字系统。但是，神经元是否发射动作电位是由多种上游机制决定的，而这些机制在本质上是不断变化的。单个神经元接收数百或数千个突触输入，这些突触可能是兴奋性的谷氨酸能突触，也可能是抑制性的GABA能突触，还可能是调节性的单胺能突触和胆碱能突触。这些单个突触激活状态的总和决定了神经元是否激发动作电位。此外，兴奋性、抑制性和调节性突触输入的激活时间也增加了对神经元激活的控制。大脑中每个神经元的结构都是独一无二的，并影响着其电学特性的各个方面。神经元网络结构的动态特性也增加了其复杂性。这种神经可塑性被认为对信息的存储和回忆非常重要。除了神经元本身，神经胶质细胞在控制神经元兴奋度方面的作用也日益得到认可。例如，星形胶质细胞能迅速清除突触中的谷氨酸，少突胶质细胞能加速冲动沿轴突的传播。

由于对神经元兴奋性的控制有如此多的层次，也难怪你很难从宏观上理解大脑是如何工作的。有一种认知理论认为，大脑是通过分层提取和并行结合来运作的。普林斯顿大学的钱卓及其同事描述了大脑信息处理的这一观点："这些独特的设计原则使大脑能够通过一次或多次接触提取共性，并生成更为抽象的知识和概括的经验。这种对行为经验的概括和抽象表征使人类和其他动物避免了记忆和存储每个助记细节的负担。更重要的是，通过提取基本要素和抽象知识，动物可以将过去的经验应用于未来遇到的具有相同基本特征但物理细节不同的状况。这些高级认知功能显然对动物物种的存活和繁衍至关重要。"（L. Lin, Osan, and Tsien 2006, 54）

记忆编码的神经机制无疑是为了优化存活和繁衍的成功率而进化的。但是，外部经验的内部表征并不需要记录外部经验的确切细节。相反，大脑的神经元网络会提取对成功适应最重要的特征。例如，想象你在打猎时看到了一头鹿。鹿的耳朵是朝后还是朝前，鹿头是朝左还是朝右，这些都不重要。重要的是，它是一头鹿，而且离你足够近，你的箭很可能射中它。或者，想象你是一名正在做心脏移植手术的外科医生。你的注意力完全集中在手术上，视野中的外部特征和进入你听觉系统的声音都会被忽略，只有涉及手术顺序细节和实时决策的神经元网络参与其中，以根据患者胸部解剖结构的特征调整这些记忆。

编程得当的计算机在准确性和多任务处理能力方面都能大大超过人类大脑。当计算机被赋予基于规则的算法时，它在决策过程中的表现也能超越人类，击败世界最强国际象棋选手的计算机“深蓝”就证明了这一点。但迄今为止，计算机在适应新环境和学习新事物方面的能力还远不及人类。在最近一篇关于人工智能的评论文章中，法比安·辛兹及其同事描述了该领域的这一根本问题：“虽然符号化人工智能中的规则为非常狭义的‘任务’中的泛化提供了很多结构，但我们发现自己无法为日常任务定义规则——这些任务看似微不足道，只是因为生物智能可以毫不费力地完成它们。”（2019, 967）

人工智能的范式转变源于将模拟计算方法纳入机器学习，其中涉及多层人工神经网络。在这种“深度学习”的人工智能算法中，单个人工神经元对来自其他神经元的多个输入加以汇总。从本质上讲，深度学习利用的是这样一个事实，即单个神经元有许多兴奋性谷氨酸能突触，它们的激活可以集合达到一个激发阈值。如果人工智能领域希望迈出这一步，那么将真实神经元中运行的许多其他控制系统整合到算法中，将是一项艰巨的任务。

最近，在阐明记忆编码的细胞和分子特性，以及大脑神经元网络的功能组织方面取得的进展令人振奋。然而，这些研究还远没有达到清楚地了解“印迹”的分子和细胞特性，以及多个“印迹”是如何组织起来实现单个记忆印迹序列的存储和回忆的。

第 5 章

能量的追寻者

成功获取并高效利用能量，促进生长和确保生存，被认为是生命进化的根本动力。人体储存的能量足以使我们在不吃东西的情况下生活很长一段时间——数日、数周甚至数月。在这种缺乏食物或禁食期间，大脑仍能保持良好的功能，因为能量会优先供神经元使用。事实上，当实验动物或人类处于饥饿状态时，所有器官都会萎缩，除了大脑。我在《间歇性禁食》（2022）一书中描述了大脑是如何进化从而应对食物供应变化的。

《科学美国人》2011 年 11 月刊上一篇题为《计算机与大脑》的文章（Fischetti 2020）引起了我的注意。文章比较了 iPad2（苹果平板电脑的一种型号）、最快的超级计算机、人脑和猫脑在数据存储容量、处理速度和能耗方面的不同。据估计，人脑的数据存储容量是 iPad2 的 100 万倍，仅略低于最大的超级计算机。更引人注目的是，有证据表明人脑的处理速度与超级计算机相似，比 iPad 快得多。据估计，猫脑的数据存储容量和处理速度与 iPad2 相似。

文章还比较了人脑和超级计算机的能效，得出的结论是人脑的能效是超级计算机能效的约 50 万倍！

大脑 24 小时会消耗约 400 大卡的能量。因此，3 把杏仁或 1 罐豆子所包含的能量足以让大脑中多达 900 亿个神经元和不少于此数量的神经胶质细胞保持一整天的活力。那么问题来了：在脑细胞内部和脑细胞之间分配能量的机制是什么？简而言之，这些机制基于简单的原理，但用分子和细胞动力学来解释却十分复杂。本章将探讨谷氨酸如何在大脑“生物能量学”——脑细胞对能量的分配和利用——中发挥重要作用。

神经元为什么像树

神经科学家经常思考树枝和神经元树突之间的相似之处。事实上，神经科学家的词汇表中就包含“树突棘”和“树突树”。我认为，树枝和神经元树突的结构都是由分子和细胞机制决定的，这些机制能够最大限度地获取能量并提高效率，这也解释了两者之间的相似性。

树木和血管的分支模式呈现出所谓的“分形几何”。波兰数学家贝努瓦·曼德尔布罗特在发展自然界自相似性理论时创造了“分形”一词。树枝和血管的结构被认为是分形的，因为它们可以通过简单的递归分支规则产生（Glenny 2011）。就血管而言，它们最初是由心脏长出的单根主干；就树木而言，它们则是由地面长出的单根树干。对人类肺部血管的分析表明，肺动脉分支有约 7 000 万个毛细血管前小动脉和 2 800 亿个毛细血管段。随着分叉，血管直径逐渐变小。这种模式类似于树枝。不同种类的树木有不同的分枝模式，能把不同树种区分开。不过，所有的分枝模式都呈现出分形几何。与树一样，不同类型的神经元也有不同的分支模式。例如，小脑中的浦肯野细胞具有精心设计的“树干”，看起来非常像树；而海马中的锥体细胞则表现出类似分形的灌木状分支（图 5–1）。

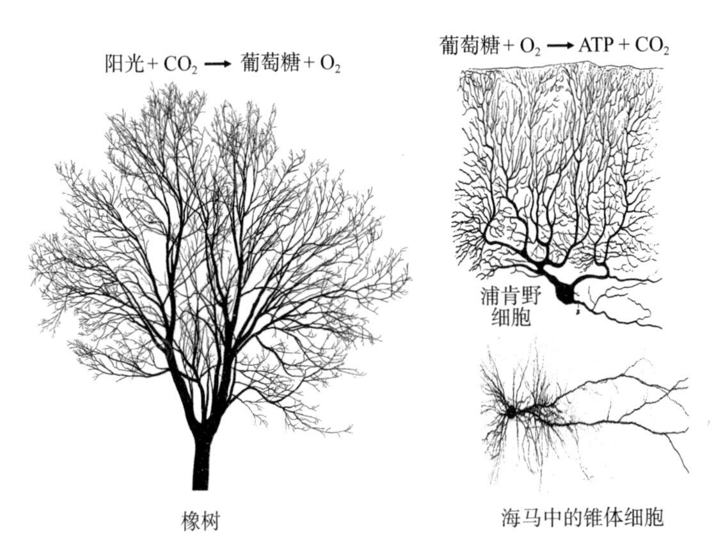

图 5–1　橡树、小脑中的浦肯野细胞和海马中的锥体细胞的分支模式示例。树枝顶端叶片上的细胞利用阳光中紫外线的能量，通过光合作用将二氧化碳转化为葡萄糖。动物细胞利用葡萄糖中的能量与氧气，在氧化磷酸化过程中产生 ATP。光合作用的结果是向空气中释放氧气，而氧化磷酸化的结果是释放二氧化碳。这就是碳循环。无论是树枝还是树突，分形几何形状最大限度地提高了二者获取能量的能力

树木及其他植物枝条的生长方式能最大限度地提高它们从阳

光中获取能量的能力，它们会朝向阳光照射最充足的地方生长，这个过程被称为“向光性”。树枝末梢的叶子利用阳光中的紫外线，从空气中获取二氧化碳来制造葡萄糖，并在这个过程中产生氧气。整个植物的细胞利用光合作用产生的葡萄糖来生产所有细胞的能量货币——ATP。植物可以将葡萄糖储存在复合碳水化合物和脂肪中。食草动物利用碳水化合物和脂肪在线粒体中产生ATP，生产ATP的过程是用氧气中的电子驱动的。因此，植物和动物之间存在着一个碳循环，植物利用二氧化碳生产葡萄糖，动物利用植物产生的氧气和葡萄糖生产ATP。

美国亚利桑那大学的生物学家布赖恩·恩奎斯特和卡尔·尼克拉斯精心测定了森林中不同树木的分枝模式（Enquist and Niklas 2001）。二人发现，所有树木的分枝都遵循相同的数学规则。例如，在所有树木中，母枝与其子枝的长度和直径之比相同。这些规则还决定了新枝的形成位置及枝条的大小和形状。恩奎斯特认为，分枝规则可以最大限度地提高植物接受阳光和消耗空气中二氧化碳的能力。分枝规则也适用于树木的根系，可以使根最大限度地获取水分和养分。森林中的所有树木都在相互竞争，争夺有限的阳光、二氧化碳、水和土壤中的养分。

我在第3章介绍了谷氨酸受体激活如何导致Ca^{2+}流入，又在大脑发育过程中雕塑了神经元结构。植物学家最近发现，谷氨酸也会影响植物形态发生的许多方面。这项研究的开展主要利用拟南芥。英国兰卡斯特大学的植物生物学家布赖恩·福德发现，对生长中的根施用谷氨酸会抑制根的伸长，同时又会刺激根的分枝（Forde

2014)。谷氨酸会抑制根尖分生组织细胞的分裂，同时促进侧根的萌发和生长。这样，谷氨酸就能使根的表面积最大化，以便吸收水分和养分。与谷氨酸对树突生长的影响一样，Ca^{2+}介导了谷氨酸对根生长的影响。分子生物学家米丽娅姆·沙彭蒂耶及其同事进一步阐明了Ca^{2+}如何控制植物根系的生长。他们的研究表明，根的生长是由Ca^{2+}通过根细胞核膜上的离子通道来控制的。“钙(Ca^{2+})是一种普遍的调节元素，它将关键的生物和非生物信号与许多细胞过程紧密联系在一起，使植物和动物能够发育并适应环境刺激”(Leitao et al. 2019, 2)。我完全同意沙彭蒂耶的说法。

我认为，与植物枝条上的叶片最大限度地获取阳光类似，树突和轴突末梢的生长锥和突触也在寻求最大限度地获取能量。但就树突和轴突而言，能量的获取是间接的。树突和轴突要最大限度获取的不是阳光，而是神经营养因子(如BDNF)。然后，BDNF会激活树突或轴突内部的受体和信号通路，从而增加线粒体的数量，以增加局部的ATP供应，支持轴突和树突的生长和分支。

我在巴尔的摩美国国家老龄化研究所有个实验室，神经科学家程爱武在那儿工作的时候发现，BDNF为了促进海马谷氨酸能神经元之间新突触的形成，需要增加树突中线粒体的数量。程爱武的实验借鉴了之前研究肌肉细胞的科学家的研究成果。这些肌肉细胞的研究表明，定期锻炼可以增加肌肉细胞内线粒体的数量，这一过程称为“线粒体生物合成”，在这个过程中，单个线粒体会分裂并增大。研究发现，肌肉细胞在运动时会激活转录因子过氧化物酶体增殖物激活受体γ辅激活因子α(PGC-1α)，由此被激活的基因会编码对线粒体分裂和生长至关重要的蛋白质。分子生物学家已经确定了PGC-1α诱导的几种不同基因，这些基因会编码线粒体生长和分裂所需的蛋白质。这些蛋白质包括被称为“外膜转运酶”（TOM）的蛋白质，它能将蛋白质移入线粒体；线粒体转录因子A（TFAM），它能诱导电子传递链蛋白质的表达；以及蛋白质去乙酰化酶3（SIRT3），它能改善线粒体对压力的抗性。

为了确定线粒体生物合成是否对发育过程中突触的形成和维持具有重要作用，程爱武首先对培养的海马神经元做了实验（A. Cheng, Wan, et al. 2012），她使用了一种标记线粒体的荧光探针，结果显示神经元中的线粒体数量随着神经元的生长和与其他神经元形成突触的过程而急剧增加。随后，她利用一种被称为“RNA干扰”的最新技术，选择性地阻止任何蛋白质的产生。第一步是制造一种小型合成RNA，其序列与mRNA中编码目标蛋白质的序列互补。在程爱武的实验中，小干扰RNA的目标是编码PGC-1α的mRNA。

为了将小干扰RNA导入培养的海马神经元，程爱武利用了腺病毒，这种病毒可以通过基因编辑产生大量小干扰RNA。腺病毒很容易感染神经元，而不会产生不良影响。程爱武发现，当PGC-1α水平降低时，线粒体生物合成减少，海马神经元之间形成的谷氨酸能突触数量减少。我们已经知道，谷氨酸和BDNF在突触的形成过程中起着至关重要的作用。不出所料，程爱武发现，当她让培养的神经元接触BDNF时，突触的数量增加了。然而，当她从神经元中去除PGC-1α后，BDNF就不再能促进突触的形成了。在另一项实验中，程爱武将带有PGC-1α小干扰RNA的腺病毒注射到成年小鼠的海马中。几周后，海马神经元上的突触数量减少，这表明线粒体生物合成对维持已经形成的突触至关重要。

层出不穷的研究结果表明，人们有可能通过三种方式来增加大脑神经元中线粒体的数量，即参与智力挑战、定期锻炼和间歇性禁食。这三种提高神经元产生ATP能力的方式有一个共同点，那就是它们都是间歇性的生物能挑战。我将在第11章专门讨论这三种方式的调整如何改善整个大脑中谷氨酸能和GABA能神经元回路的功能和复原力。

星形胶质细胞：大脑能量的调配师

GABA能中间神经元与谷氨酸能神经元密切相关。事实上，谷氨酸和GABA是由葡萄糖产生的，这是神经元能量代谢与谷氨酸之间的另一种联系。谷氨酸能神经元和GABA能神经元依赖星形胶质细胞产生它们的神经递质。这一过程如下（图5–2）：星形胶质细胞利用葡萄糖产生谷氨酰胺。然后，谷氨酰胺从星形胶质细胞中释放出来，并被输送到毗邻神经元中。谷氨酸能神经元和GABA能神经元都包含一种酶，能将谷氨酰胺转化为谷氨酸。GABA能神经元还有一种酶，即谷氨酸脱羧酶，可以将谷氨酸转化为GABA。谷氨酸和GABA一旦产生，就会集中在突触前末梢的突触囊泡中。当谷氨酸和GABA在突触处释放时，紧密贴合的星形胶质细胞就会吸收二者，并将它们转化回谷氨酰胺。

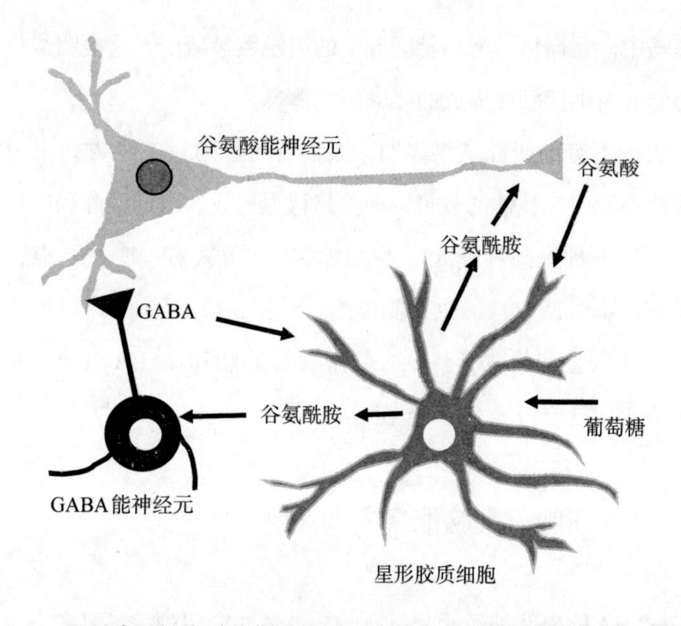

图 5–2　星形胶质细胞对谷氨酸和GABA的生产与代谢至关重要。星形胶质细胞利用葡萄糖产生谷氨酰胺。谷氨酰胺从星形胶质细胞中释放出来，并被输送到毗邻神经元中，用于产生神经递质谷氨酸和GABA。谷氨酸和GABA在突触处释放后，星形胶质细胞会吸收它们并将其转化回谷氨酰胺

谷氨酰胺从星形胶质细胞到神经元的转移，以及谷氨酸和GABA从神经元到星形胶质细胞的转移，体现了一种高效的循环机制，确保神经元始终有充足的谷氨酸或GABA用作神经递质（Hertz 2013）。由于星形胶质细胞的细胞膜与谷氨酸能神经元和GABA能神经元突触前末梢的细胞膜并置，因此氨基酸在神经元和星形胶质细胞之间的穿梭距离非常小，通常不到万分之一毫米。这意味着谷氨酰胺–谷氨酸/GABA的转换会在活跃的突触处加速，在不活跃的突触处减速。

神经元需要大量能量来支持其电化学活动，其中大部分能量消耗在突触处。神经元的能量来源主要有三种——葡萄糖、酮体和乳酸。葡萄糖主要来自食物中的碳水化合物，酮体则来自脂肪。乙酰乙酸和β–羟丁酸是神经元可以用来产生ATP（细胞的分子能量货币）的两种酮体。神经元膜上有可以将这些能量源输送到细胞内的蛋白质：葡萄糖转运蛋白3（GLUT3）将葡萄糖转运到神经元中，单羧酸转运蛋白2（MCT2）将酮体转运到神经元中。突触处的星形胶质细胞和神经元之间的密切关系，旨在最大限度地提高神经元的细胞能量效率。星形胶质细胞将葡萄糖分解成乳酸分子。乳酸从星形胶质细胞中释放出来，并被输送到毗邻的神经元中。与酮体一样，乳酸随后被输送到神经元的线粒体中，用于产生ATP。

由于星形胶质细胞与神经突触密切相关，因此，从星形胶质细胞输送到神经元的乳酸可能是对毗邻突触的能量需求的反应。然而，我们并不能确定这一点，因为目前还没有办法监测乳酸从星形胶质细胞到神经元这么短距离的移动。

神经元网络的活动需要消耗大量能量。大脑虽然只占人体总重量的2%，但它消耗的能量却高达人体静息能量的20%。大脑消耗的绝大部分能量来自谷氨酸能神经元的活动。当某一脑区的神经元网络活动增加时，流向该脑区的血流量也会增加，以便为神经元提供更多的氧气和能量。事实上，fMRI脑部扫描检测到的正是血流量，而由于整个大脑中超过90%的神经元都是谷氨酸能的，因此fMRI信号可被视为谷氨酸能神经元活动的反映。

事实证明，星形胶质细胞在神经元活动与脑血流的耦合中也起着关键作用。19世纪末，意大利神经科学家卡米洛·高尔基使用一种新开发的染色方法将脑组织切片染色，观察到星形胶质细胞与脑血管密切相关（图5–3）。单个星形胶质细胞与突触和脑血管都有广泛的连接。每个星形胶质细胞都包裹着多个突触，并将它们与毗邻的血管偶联。谷氨酸在突触处释放时，毗邻的星形胶质细胞会做出反应，使细胞内Ca^{2+}水平升高。Ca^{2+}会刺激星形胶质细胞产生一氧化氮。然后，一氧化氮从星形胶质细胞扩散到毗邻的血管，使血管周围的平滑肌松弛，从而增加通过该血管的血流量。因此，谷氨酸通过作用于星形胶质细胞，增加了脑血流量，进而增加了对活跃的神经元网络的营养供应。

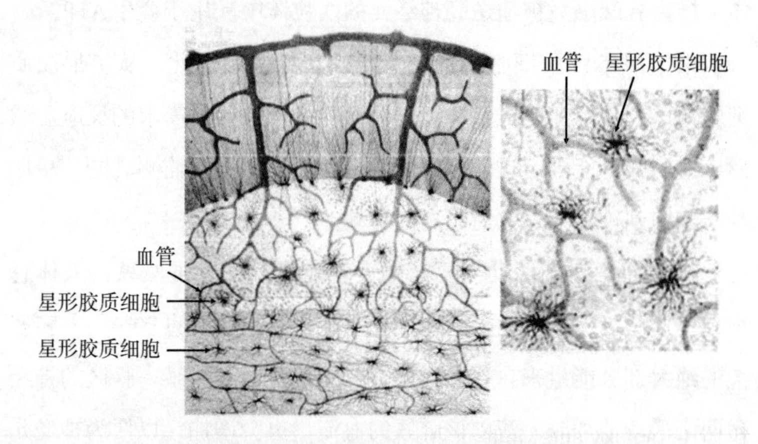

图5–3　星形胶质细胞与脑血管密切相关。这些图片是卡米洛·高尔基绘制的，于1886年发表在他的《中枢神经系统的精细解剖》（表12）一书中。图片中的人类小脑切片采用了高尔基开发的一种能将星形胶质细胞强染色的组织学方法来染色。高尔基注意到，血管经常与星形胶质细胞末梢的膨大部分接触，这种结构现在被称为星形胶质细胞“终足”

谷氨酸和BDNF：大脑能量的黄金搭档

谷氨酸能突触的活动是整个大脑能量需求的主要驱动力。神经元越活跃，它们就需要越多的能量来支持活动。在几秒至几分钟内，谷氨酸受体的激活会导致位于突触附近的线粒体内的ATP迅速增加。谷氨酸刺激神经元产生能量的方式，就像运动增强肌肉力量和耐力的方式一样：谷氨酸会使Ca^{2+}流入神经元，而乙酰胆碱会使Ca^{2+}流入肌肉细胞。在神经元和肌肉细胞中，Ca^{2+}都会迅速进入线粒体，在那儿刺激电子传递链的活动，增加ATP的产量。

美国麻省理工学院的李铮（音译）、沈华智及其同事发现，线粒体会从树突轴移动到被电刺激激活的谷氨酸能突触的树突棘基部（Z. Li et al. 2014），这发生在刺激后几分钟内，需要激活NMDA受体。据推测，线粒体向活跃突触的这种快速移动会增加它们可用的ATP。

在认知任务或体力活动中，神经元网络中的谷氨酸受体会被反复激活，从而导致这些神经元产生能量的能力长期增强。与肌肉细胞一样，更活跃的神经元需要更多能量来支持其功能。因此，与不太活跃的神经元相比，经常被谷氨酸激活的神经元拥有更多的线粒体（Raefsky and Mattson 2017）。

谷氨酸受体被激活后产生的BDNF在随后的线粒体生物合成过程中发挥着重要作用（Marosi and Mattson 2014）。在大脑发育过程中，当神经元生长并形成突触时，BDNF会刺激神经元中线粒体数量的增加。BDNF启动了一系列促进神经元能量生成的事件，其与细胞膜上名为“酪氨酸蛋白激酶B”（TrkB）的受体蛋白的外侧相结合（图 5–4），导致膜内侧受体的形状发生变化，进而激活几种“激酶”。激酶随后激活转录因子CREB。CREB被激活后进入细胞核，激活许多基因，其中一些基因有助于提高细胞能量水平。BDNF还可以刺激葡萄糖向神经元运输，并增加线粒体电子传递链的活性，从而增加ATP的产量。

随着时间的推移，线粒体会受损并出现功能障碍，这是因为它们大量暴露于自由基中，而自由基会损伤线粒体中的DNA、蛋白质和膜。这种损害的后果之一是线粒体无法在其膜上维持正常的蛋白质梯度。细胞进化出了一个被称为“线粒体自噬”的复杂过程，可以识别并清除功能失调的线粒体。功能失调的线粒体被转移到溶酶体中，这是细胞膜上的一个区室。溶酶体的酸碱度较低。当功能失调的线粒体进入溶酶体的酸浴后，其成分会被酶水解。线粒体中的蛋白质被分解成氨基酸后加以回收利用，生成新的蛋白质。线粒体自噬是一种特殊类型的自噬，而自噬是一种更为普遍的细胞垃圾处理和回收系统。

BDNF对自噬和线粒体自噬的影响已有记录（Jin et al. 2019），但这些过程是否影响及如何影响神经元网络的结构和功能尚不清楚。众所周知，谷氨酸能神经元正常运作时，自噬和线粒体自噬是高效的过程。我们还知道，受阿尔茨海默病和帕金森病影响的神经元，其线粒体自噬功能是受损的，这种异常导致了这些疾病中神经元的死亡（见第 8 章）。功能失调的线粒体的积累会导致神经元能量不足，并增加自由基的数量。这些异常会导致神经元过度兴奋，

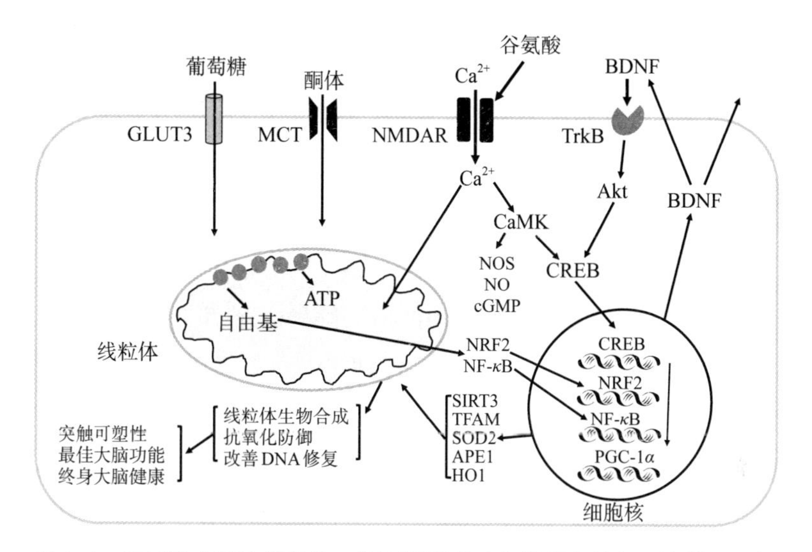

图 5–4　谷氨酸会影响线粒体，从而增强其功能并提高神经可塑性。谷氨酸通过NMDA受体（NMDAR）和电压依赖性钙离子通道导致Ca^{2+}流入。Ca^{2+}直接作用于线粒体，增加ATP的数量，同时增加超氧化物和其他自由基的数量。自由基的增加，造成转录因子核红细胞2相关因子（NRF2）与活化B细胞κ轻链增强子核因子（NF-κB）被激活。通过CaMK，Ca^{2+}可激活转录因子CREB。BDNF是被CREB激活的一个基因编码，它被释放并激活同一神经元或毗邻神经元上的TrkB受体，导致蛋白激酶B（Akt）和CREB被激活。通过Ca^{2+}介导的过程，包括CREB的激活和自由基的生成，谷氨酸激活了转录因子PGC-1α，后者是线粒体生物合成的主调节因子，而线粒体生物合成是细胞增加线粒体数量的过程。谷氨酸能突触激活所诱导的许多基因都参与了线粒体功能和复原力的增强。这些基因编码的蛋白质包括SIRT3、TFAM、线粒体抗氧化酶超氧化物歧化酶2（SOD2）和血红素加氧酶1（HO1），以及DNA修复酶人脱嘌呤/脱嘧啶核酸内切酶1（APE1）。研究人员越来越认识到，谷氨酸能神经元网络活动对线粒体的有益影响对突触可塑性、最佳大脑功能和大脑终身健康至关重要。图中的NO是一氧化氮，NOS是一氧化氮合酶

造成神经元网络活动失常。我将在下一章介绍兴奋性中毒过程，在这一过程中，神经元因受到谷氨酸的过度刺激而受损和死亡。事实上，这种兴奋性毒性被认为发生在所有表现为神经元退化的脑部疾病中，包括癫痫、脑卒中、阿尔茨海默病、帕金森病、ALS和亨廷顿病。

线粒体在产生ATP的过程中会消耗氧气，产生自由基。简而言之，能量的增加会导致自由基的同步增加。自由基只要得到有效处理，就不会对细胞产生不利影响，但事实上，情况恰恰相反。自由基通常对肌肉和神经细胞有好处，它们会刺激多种转录因子的活性，然后启动多种适应性反应，从而使细胞更抗压，能更好地发挥功能。自由基激活的两个转录因子是NRF2和NF-κB。这两个转录因子会诱导一些基因的表达，而这些基因负责编码SOD、HO和谷胱甘肽过氧化物酶（GSH-Px）等抗氧化酶。因此，锻炼肌肉和脑细胞就能使它们更好地应对氧化压力。这是“兴奋效应”的一个典型例子，是细胞和生物体对适度间歇性压力的一种有益的适应性反应。

智力挑战和运动就是对神经元产生有益影响的适度压力的例子。细胞在激活过程中，会面临适度的代谢和氧化压力，它们会做出适应性反应，即增强其可塑性（增加突触强度和突触数量）与抗压力。谷氨酸受体的激活被认为参与了这种适应性反应。事实上，安·马里尼在30年前就发现，将培养的神经元暴露于低浓度的谷氨酸中可以保护它们不被神经毒素1–甲基–4–苯基吡啶离子（MPP^+）杀死（Marini and Paul 1992）。有证据表明，神经元活动时产生的BDNF能增强神经元的内在抗氧化防御能力。例如，当培养的海马神经元暴露于BDNF中时，神经元会产生数种抗氧化酶（Mattson, Lovell, et al. 1995）。

除了增强抗氧化防御能力，谷氨酸受体激活引起的Ca^{2+}流入和自由基产生还可能增强神经元对自由基造成的分子损伤的修复能力。细胞呼吸过程中产生的自由基经常会损坏DNA中的核酸。由于谷氨酸受体的激活会增加自由基的数量，因此也会增加DNA的损伤。如果损伤得不到修复，就会导致基因突变，而基因突变又会导致受影响基因所编码的蛋白质的氨基酸序列发生变化，这通常会对蛋白质的功能产生不利影响。研究表明，当神经元受到谷氨酸刺激时，其修复DNA的能力会得到加强。谷氨酸引起的Ca^{2+}流入和自由基产生导致 DNA 损伤的暂时增加，但同时启动了信号事件，会增强神经元修复损伤（包括未来损伤）的能力（J. Yang et al. 2010）。这些事件之一就是BDNF的增产。BDNF能诱导一种可以清除受损的DNA碱基的酶的表达，用原始碱基将其取代。

我在第 4 章指出，一氧化氮是一种自由基，在神经元受到谷氨酸刺激时产生，一氧化氮在学习和记忆及相关的突触结构变化中发挥重要作用。超氧化物和过氧化氢是激活谷氨酸受体时产生的另外两种活性氧分子，它们与突触可塑性和认知有关。超氧化物是一种线粒体在产生ATP的电子传递过程中产生的游离自由基。过氧化氢由超氧化物产生，它不是自由基，但会导致羟自由基生成，如果不迅速抑制，就会损害细胞。神经科学家埃里克·克兰等人研究了超氧化物和过氧化氢在实验性操纵水平下对小鼠LTP和认知能力的影响。这项研究得出的结论是，这些活性分子只有在一定浓度范围内才能实现最佳的突触可塑性（Serrano and Klann 2004）。如果这些活性分子过少或过多，LTP就会降低，认知能力就会受损。超氧化物和过氧化氢的最佳含量很可能是神经元网络“运动”时产生的，例如一个人参与智力挑战时。

第 6 章

兴奋至死

到目前为止，我们已经看到，谷氨酸如何在大脑发育过程中雕塑神经元网络的形成，以及如何根据日常生活中施加在神经元网络上的需求对其加以适应性修改。但谷氨酸也有可能破坏神经元。谷氨酸受体的过度激活会杀死大脑中的神经元。观察暴露在高浓度谷氨酸中的培养神经元，可以直接发现谷氨酸的兴奋性毒性现象。在检查严重癫痫发作患者的大脑和癫痫实验模型中实验动物的大脑时，这种兴奋性毒性神经元死亡现象也很明显。不过，在深入探讨神经元受到谷氨酸过度刺激时会发生什么之前，我有几个故事，可以说明兴奋性毒性对大脑造成的破坏。

毒素的故事：贝类、甘蔗与杀虫剂

大气中二氧化碳含量的增加主要来自人类燃烧化石燃料和砍伐森林；带来的后患则是过去 50 年来，我们的地球正在迅速变暖。

全球变暖导致极地冰雪融化，海平面上升，飓风和森林火灾的频率和严重程度都在增加。有害藻类“水华”的发生频率也在增加，这种现象在海洋中被称为“赤潮”。

1987年，在加拿大爱德华王子岛的一家餐馆，有100多人因食用紫贻贝而生病，其中许多人经历了癫痫发作和持续性的记忆丧失，3人死亡。对紫贻贝的分析显示，它们含有高浓度的软骨藻酸（Todd 1993）。软骨藻酸不是紫贻贝产生的，而是因为紫贻贝在“赤潮年”摄入了产生软骨藻酸的藻类。软骨藻酸激活了谷氨酸的红藻氨酸受体。细胞外基质的谷氨酸从突触前端释放后被迅速清除，软骨藻酸则没有被清除。软骨藻酸会导致谷氨酸受体被持续激活，这可能导致了癫痫发作和神经元死亡。因此，软骨藻酸被认为是一种兴奋性毒素。海马中的锥体细胞特别容易被癫痫和兴奋性毒性损伤，这是由于海马中谷氨酸受体的组成和海马神经元连接的特殊性。在爱德华王子岛食用紫贻贝的顾客之所以出现了癫痫发作和记忆丧失，就是由于海马中神经元因兴奋性毒性而变性造成的。

1961年，在美国加利福尼亚州圣克鲁斯，发生了一起引发狂乱的海鸟袭击路人的事件。据说，这些鸟类食用了含有高浓度软骨藻酸的贝类。这一事件是惊悚电影《群鸟》中一幕的灵感来源，电视剧（如《福尔摩斯：基本演绎法》）中甚至有用软骨藻酸下毒害人的情节。

除了软骨藻酸，世界各地的各种生物也会产生其他兴奋性毒素。20世纪50年代，从海藻中分离出了红藻氨酸。彼时谷氨酸受体尚未被确认，红藻氨酸便被用来确认谷氨酸受体，我们现在称其为“红藻氨酸受体”。红藻氨酸受体会令大量Na^+流通，导致神经元细胞膜去极化，并通过NMDA谷氨酸受体通道令Ca^{2+}流入。另一种天然存在的兴奋性毒素是鹅膏蕈氨酸，它是由鹅膏菌属中某些种类的毒蘑菇产生的。与软骨藻酸和红藻氨酸一样，摄入鹅膏蕈氨酸会损害海马神经元，导致失忆。我和其他神经科学家都曾用红藻氨酸和鹅膏蕈氨酸在大鼠和小鼠的癫痫和阿尔茨海默病模型中引起神经元网络的过度兴奋和兴奋性毒性。

软骨藻酸、红藻氨酸和鹅膏蕈氨酸会直接激活谷氨酸受体，其他天然毒素也会间接导致兴奋性毒性。已经有两种间接兴奋性毒素被证明有助于我们理解亨廷顿病和帕金森病患者大脑的变化。第一个故事发生于20世纪中期的中国北方，报告称有800多人，主要是儿童，陆续出现了严重的神经症状，包括癫痫发作和昏迷。患者从昏迷中恢复后，表现出与亨廷顿病（或称“亨廷顿舞蹈症”）非常相似的症状：无法控制肢体运动，表现出连续的身体活动。调查发现，他们都吃过甘蔗。这些甘蔗是在中国南方收获后运到北方的，并在当地存放了数月。原来是甘蔗发霉了，由霉菌细胞产生的神经毒素损害了食用过甘蔗的人的大脑。研究人员确定霉菌中的罪魁祸首为3–硝基丙酸（3-NPA）。

对一些霉变甘蔗受害者的大脑加以检查研究后发现，亨廷顿病患者的大脑纹状体受到了广泛损伤。要了解纹状体神经元的退化如何导致亨廷顿病患者的“舞蹈”症状，就必须了解大脑是如何控制身体运动的。运动是由位于运动皮质的大型神经元的活动启动的。这些上运动神经元不断发出信号，刺激脊髓中的下运动神经元，引起肌肉收缩。纹状体中的神经元的功能是抑制上运动神经元发出的信号，否则这些信号会导致不必要的身体运动。纹状体中的抑制性神经元被称为“中型多棘神经元”，它们使用GABA神经递质。但亨廷顿病患者的中型多棘神经元退化，从而导致不受控制的肢体运动。

那么问题来了：为什么在摄入霉变甘蔗的人中，纹状体中的GABA能中型多棘神经元会被选择性地破坏？神经科学家发现，接触3-NPA后，大鼠会因为中型多棘神经元死亡而表现出不受控制的肢体运动（Ludolph et al. 1991）。进一步的研究表明，3-NPA会抑制线粒体中产生ATP所必需的一种酶。通过这种抑制作用，3-NPA会导致神经元的能量不足。中型多棘神经元因为具有高激发率和来自谷氨酸能神经元的强输入，所以需要大量的ATP来支持它们的活动，也因此可能特别容易受到3-NPA的影响。神经科学家的研究表明，阻断谷氨酸能受体的药物能阻止暴露在3-NPA中的大鼠的中型多棘神经元发生变性。因此，3-NPA显然是通过兴奋性毒性机制杀死神经元的。

神经病学史上有一个知名的故事发生于1982年。J. 威廉·兰斯顿在美国加利福尼亚州圣何塞的圣克拉拉谷医疗中心工作时，接到住院总医师的电话，对方说他正在接诊一位不寻常的患者。据兰斯顿的描述：

> 患者的情况确实非同寻常。他显然是清醒的，但几乎没

> 有自发的运动，而且表现出蜡样屈曲（他的手臂会不由自主地抬起，并长时间保持这个姿势）。答案呼之欲出。根据我的经验，当你被动屈曲紧张性昏迷患者的手腕或肘部时，会明显感觉到不规则的自发阻力。这位患者表现出帕金森病的铅管样强直和齿轮样强直。事实上，在左旋多巴出现前，他看起来就像一个教科书般典型的进展性帕金森病患者。但这个病例不符合以上的所有答案。患者才 40 岁出头，各种症状是一夜之间出现的。我们遇到了一个医学谜团。（Langston 2017, S12)

在接下来的几天里，又有 6 名症状相同的年轻患者来到当地医院就诊。这些患者在接受左旋多巴治疗后，症状得到了显著改善。左旋多巴是一种能提高多巴胺水平的药物，被广泛用于治疗帕金森病患者。问题也随之而来：这 7 个人有什么共同点？他们互不相识，但都吸食海洛因，且在最近获得了一批特制海洛因。兰斯顿拿到了警方在突袭行动中没收的各种合成海洛因样本，对样本的分析表明，虽然大多数成分确实是海洛因，但“帕金森病患者”使用的那批海洛因几乎完全由化学物质 1–甲基–4–苯基–1,2,3,6–四氢吡啶组成（MPTP）。

兰斯顿的下一步是观察给实验动物施用MPTP是否会导致类似帕金森病的症状（Langston 2017）。只需使用一剂MPTP，一天内，大鼠和小鼠控制身体运动的能力就出现了严重损伤。对它们大脑的检查显示，黑质中的多巴胺能神经元遭到了广泛的破坏，但其他类型的神经元并未受损。进一步的研究揭示了多巴胺能神经元为何及如何被MPTP选择性杀死，答案令人震惊。MPTP进入大脑后被星形胶质细胞摄取。星形胶质细胞中有一种名为“单胺氧化酶B”的酶，其正常功能是降解多巴胺。这种酶会氧化MPTP（即从MPTP中移除电子），形成MPP^+。然后，MPP^+被从星形胶质细胞中排出，并选择性地只转运到多巴胺能神经元中。产生这种选择性的原因是，多巴胺能神经元的轴突膜上有一个多巴胺转运体，其功能是在突触处释放多巴胺后将其带回轴突。该转运体会将MPP^+移入多巴胺能神经元，使MPP^+在其中高浓度积聚。

MPTP会改变多巴胺能神经元的能量代谢及损害线粒体的功能，从而损伤和杀死多巴胺能神经元。多巴胺能神经元与大脑中的所有神经元一样，也是被谷氨酸激活的。当多巴胺能神经元的能量水平被MPP^+耗尽时，它们排出Na^+和Ca^{2+}的能力就会受损。多巴胺能神经元具有高水平的谷氨酸受体，因此当它们的线粒体被MPP^+失活时，就会因为兴奋性毒性损伤而死亡。

流行病学研究表明，因职业接触某些杀虫剂和除草剂会增加患帕金森病的风险。鱼藤酮就是一种可能导致帕金森病的杀虫剂（Cicchetti, Drouin-Ouellet, and Gross 2009），可从生长在东南亚的豆科鱼藤属植物根部分离出来。许多人至今仍在购买鱼藤酮，并将其施用在花园植物上。这种杀虫剂能很好地防止虫子啃食蔬菜，但当人吃下这些蔬菜时，也会摄入鱼藤酮。与MPP^+一样，鱼藤酮会损害线粒体的电子传递链，从而减少细胞中ATP的产量。高剂量的鱼藤酮反而不会产生急性毒性，因为它们会引起呕吐，不会在血液中蓄积。然而，大鼠若反复口服中等剂量的鱼藤酮，会导致大脑中的多巴胺能神经元退化，使大鼠难以控制自己的身体运动。

起初，研究者认为，足够的鱼藤酮进入大脑后，会直接导致多巴胺能神经元退化。但进一步的研究发现了一个令人惊讶的现象：鱼藤酮首先影响支配肠道和控制食物在肠道中运动的神经元。这很有趣，因为正如你将在第 8 章中了解到的，近期的研究证据表明帕金森病始于肠道，并通过支配肠道的脑干胆碱能神经元的轴突进入大脑。

百草枯是一种人工合成的化学物质，是全球使用极广泛的除草剂之一。化学家们在 1882 年首次合成了百草枯，但直到 20 世纪 50 年代中期才明确了它杀死杂草的能力。高剂量的百草枯是致命的，全球有许多摄入百草枯自杀的案例，也有一些谋杀案例。据报道，接触百草枯的农业相关人员患帕金森病的概率较非农人群要高。与 MPP^+ 和鱼藤酮一样，百草枯也会阻断线粒体中的电子传递链，导致 ATP 耗竭，细胞因兴奋性毒性死亡。百草枯的化学结构也与 MPP^+ 非常相似。然而，MPP^+ 几乎只杀死多巴胺能神经元，百草枯却不同，它也杀死其他类型的神经元。

树突的困境

如我在第 3 章所述，树突的生长对谷氨酸非常敏感。低浓度的谷氨酸会导致树突生长缓慢，稍高浓度的谷氨酸会导致树突消退，而更高浓度的谷氨酸会导致树突退化——它们支离破碎并解体。研究人员在检查了暴露于兴奋性毒素中的动物和癫痫患者大脑中的神经元之后发现，兴奋性毒素会破坏神经元的树突，但轴突却往往不受影响。为什么树突会处于如此脆弱的境地？简而言之，因为谷氨酸的受体位于树突的膜上，集中在突触处。

在突触处，树突膜从树突轴凸出，形成树突棘（图 1–1 和图 1–3）。树突棘最常见的形状是蘑菇状，它的几个特点使其成为谷氨酸激发的热点。树突棘膜内有一个由几种不同蛋白质组成的支架。这种蛋白质支架能保持棘的形状，并将谷氨酸受体固定在膜内。突触后致密区 95（PSD-95）是树突棘中极为丰富的支架蛋白之一。PSD-95 的聚合物形成一种与细胞膜表面平行的链，并阻止谷氨酸受体在树突膜中的横向移动。支架中的其他蛋白质参与将谷氨酸受体插入膜中，或将谷氨酸受体从膜中移除的过程。另外，有几种酶与突触后致密区支架有关，参与将信息从谷氨酸受体传递到树突中的其他蛋白质中或细胞核中的过程。

一个树突棘上的谷氨酸受体被激活后，通常会导致该棘的 Ca^{2+} 水平大幅上升，但同一树突上相邻棘的 Ca^{2+} 水平却几乎没有上升。在谷氨酸受体未被激活的树突棘内，静息 Ca^{2+} 浓度约为 100 纳摩尔，大约是细胞外 Ca^{2+} 浓度的万分之一。当谷氨酸被从轴突末梢释放到树突棘上时，树突棘内的 Ca^{2+} 浓度就会增加，通常会增加约 100 倍，达到约 10 微摩尔。这种高浓度的 Ca^{2+} 通常只持续几秒钟，就会恢复到静息浓度。有几种机制可以快速清除树突棘中的 Ca^{2+}。K^+ 通道的打开会使 K^+ 从树突内部向外部移动，从而使膜复极化；Na^+ 泵蛋白的活化也有助于膜的复极化，它将 Na^+ 移出树突。膜复极化导致NMDA受体通道关闭，从而阻止Ca^{2+}进一步流入。线粒体也可能有助于在谷氨酸能突触激活后从树突中清除Ca^{2+}。此外，树突中含有钙结合蛋白，可以封存Ca^{2+}。

研究人员认为，至少一些钙结合蛋白是可以保护树突免受兴奋性毒性损伤的。这方面的最有力证据可能来自对海马的研究。大鼠或小鼠暴露于红藻氨酸或软骨藻酸中时，CA3 锥体细胞的树突会退化；CA1 锥体细胞的树突也会退化，但程度较轻；而颗粒细胞的树突则不会退化。颗粒细胞对兴奋性毒性的抵抗力不是由于它们拥有的谷氨酸受体的数量或类型。事实上，颗粒细胞具有相对较多的红藻氨酸和NMDA受体，但两者对兴奋性毒性的抵抗力显然并非源于它们在海马回路中的特定位置。我开展过的一项研究显示，颗粒细胞和锥体细胞之间的内在差异解释了它们对兴奋性毒性的易感性差异。我在实验中切除了新生大鼠的海马，通过显微解剖分离不同的区域（CA1、CA2、CA3 和齿状回），并分别在不同的培养皿中培养这些来自不同区域的神经元。我在发表的文章中总结了研究结果："在实验中使用了特定的谷氨酸受体激动剂和拮抗剂后证明，非NMDA受体和NMDA受体都介导了谷氨酸诱导的退化。来自海马不同区域的神经元所培养出的群体的易感性存在明显差异。对所培养的不同区域中锥体细胞受谷氨酸诱导产生神经元退化的易感性的排序是：齿状回低于CA2 低于CA3 低于CA1。"（Mattson and Kater 1989, 110）

齿状回颗粒细胞对兴奋性毒性具有显著抵抗力的一个可能解释是，它们含有大量的钙结合蛋白（图 6–1）。对培养的海马神经元开展的研究表明，与只有少量或没有钙结合蛋白的神经元相比，含有大量钙结合蛋白的神经元对树突损伤和死亡具有相对高的抵抗力（Mattson, Rychlik, et al. 1991）。在癫痫和阿尔茨海默病患者中，含有钙结合蛋白的齿状回颗粒细胞也能抵抗退化。但钙结合蛋白肯定不是神经元抵抗兴奋性毒性的唯一决定因素，因为即使是缺乏钙结合蛋白的小鼠的齿状回颗粒细胞对兴奋性毒性也有一定的抵抗力。蛋白伴侣水平的差异或许可以解释颗粒细胞和锥体细胞对兴奋性毒性的不同易感性，如热休克蛋白 70 和葡萄糖调节蛋白 78、某些线粒体蛋白，以及BDNF和FGF2 等神经营养因子。

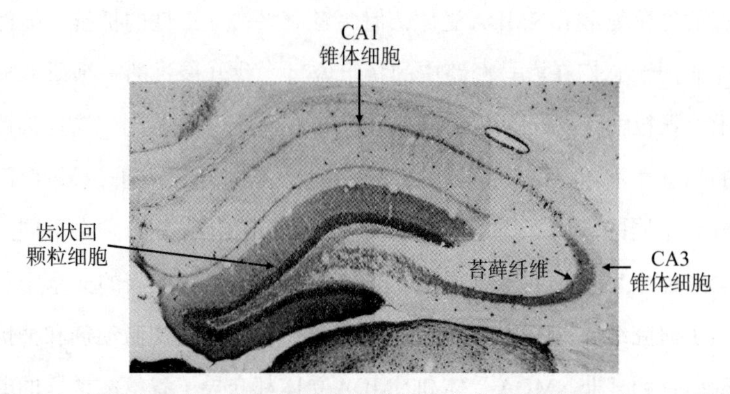

图 6–1　钙结合蛋白在海马齿状回颗粒细胞中的含量很高，在CA1 锥体细胞中的含量要低得多，而在 CA3 锥体细胞中的含量可以忽略不计。使用钙结合蛋白抗体将大鼠的海马切片染色，颗粒细胞的细胞体、树突和轴突（苔藓纤维）被强烈染色，CA1 锥体细胞的这些结构被轻微染色，而 CA3 锥体细胞的这些结构则完全没有被染色［改编自 Sloviter（1989）的图 2A］

神经元的终极命运：爆裂还是萎缩？

谷氨酸受体的过度激活会杀死神经元。神经元接触的谷氨酸的浓度和暴露时间的长短都会影响神经元对兴奋性毒性的易感性。神经元的这种兴奋性毒性死亡有两种截然不同的类型。如果神经元暴露于非常高浓度的谷氨酸中或一种兴奋性毒素（如红藻氨酸或软骨藻酸）持续时间超过 5 分钟，该神经元将在至多 1 小时后肿胀并破裂。这种快速的兴奋性毒性神经元死亡被称为“细胞坏死”，AMPA 和红藻氨酸谷氨酸受体的持续激活导致大量的 Na^+ 通过这些谷氨酸受体和电压依赖 Na^+ 通道流入，造成神经元内 Na^+ 浓度大幅增加。然后，水通过渗透作用进入细胞，渗透是一种分子（在这种情况下是水）通过半透膜从浓度较低的溶液到浓度较高的溶液的过程。结果，细胞肿胀，细胞膜拉伸到破裂点，细胞内容物溢出。

当神经元死亡并“倾囊而出”时，邻近的神经元就会接触到坏死神经元的内容物。由于谷氨酸通常集中在神经元内部，当一个神经元死亡时，该神经元中的谷氨酸就会被释放出来，并激活邻近神经元上的谷氨酸受体。此外，神经元死亡时释放的酶会消化邻近神经元表面的蛋白质，这影响了这些神经元维持跨膜电位的能力。神经元死亡对周围神经元的另一个主要不良影响是炎症。通常，大脑中的免疫细胞——小胶质细胞——不会接触到神经元内部的蛋白质、DNA 和其他分子。然而，当这些分子在神经元死亡后被释放出来时，大脑的免疫细胞会做出应有的反应，即吞噬死亡神经元的残余物，但在这个过程中，小胶质细胞释放出的一些物质会使活着的神经元容易受到兴奋性毒性的影响。

免疫细胞释放的超氧化物、过氧化氢和一氧化氮会导致兴奋性毒性增高。这 3 种物质会对神经元造成氧化损伤。超氧化物和一氧化氮是自由基；而过氧化氢与铁离子（Fe^{2+}）相互作用，会产生羟基自由基。羟基自由基和一氧化氮对细胞特别有害，它们会通过名为“脂质过氧化”的过程攻击构成细胞膜的脂质。在这个过程中，一小块被称为“4-羟基壬烯醛”（HNE）的膜脂被释放出来，并与细胞膜中的蛋白质结合，从而损害蛋白质的功能。HNE结合的多种蛋白质对预防兴奋性毒性非常重要，包括那些将Na^{2+}和Ca^{2+}从神经元中排出的蛋白质及将葡萄糖输入神经元的蛋白质（Mark, Lovell, et al. 1997; Mark, Pang, et al. 1997）。

我在第 3 章介绍了在大脑发育过程中，许多神经元是如何通过细胞凋亡这一自然过程死亡的。在细胞坏死发生时，一个神经元的死亡可能导致相邻神经元死亡；而当细胞凋亡发生时，它不会对邻近的神经元产生不利影响。适度维持的谷氨酸受体激活可以让神经元通过凋亡死亡。谷氨酸引起细胞内Ca^{2+}水平的持续升高，从而对线粒体施加压力。然后，线粒体释放蛋白质细胞色素C，这反过来导致“半胱氨酸蛋白酶”的激活。半胱氨酸蛋白酶以协调的方式降解细胞蛋白质，使细胞收缩并被微胶质细胞吞噬，而神经元不会倾倒其内容物。这就是细胞凋亡不会对邻近的神经元产生不利影响的原因。

神经元缺乏神经营养因子时，特别容易因为谷氨酸受体的过度激活而导致细胞凋亡。研究表明，BDNF、FGF2 和IGF1 可以在谷氨酸浓度濒临凋亡量时使神经元存活（Mattson, Murrain, et al. 1989; B. Cheng and Mattson 1992b, 1994）。这些神经营养因子会影响谷氨酸受体和钙结合蛋白的表达，增强线粒体的抗应激能力，并刺激抗氧化酶的产生。有证据表明，在衰老过程中，大脑中的神经营养因子水平会下降，这会增加神经元对谷氨酸受体过度激活引发的细胞凋亡的易感性。

兴奋性毒性细胞坏死和细胞凋亡都被认为会发生在癫痫发作、脑卒中和创伤性脑损伤中。受这些疾病影响最严重的神经元会迅速坏死，而受影响较轻的神经元则会发生延迟凋亡。细胞凋亡可能发生在进展缓慢的神经退行性变性疾病中，如阿尔茨海默病和帕金森病。我将在第 7 章和第 8 章介绍神经元网络兴奋性过高和兴奋性毒性在这些脑部疾病中的作用。

第 7 章

大脑的意外危机

在癫痫发作、脑卒中和创伤性脑损伤这 3 种情况下，大脑神经元会突然受损和死亡。根据受影响的脑区和损伤程度，这些意外损伤导致的后果的区别很大，可能几乎没有或根本没有明显的功能性后果，也可能造成严重的长期残疾或突然死亡。癫痫发作、脑卒中和创伤性脑损伤中影响的绝大多数神经元都是谷氨酸能神经元。癫痫发作通常无法预测，而且可能发生在任何人身上，无论此人年龄和健康状况如何。相比之下，脑卒中和创伤性脑损伤有明确而常见的风险因素。要降低脑卒中风险，你需要保持低体重、规律锻炼、健康饮食，以及控制血压。为了避免创伤性脑损伤，你开车时要系安全带，骑自行车或摩托车时要戴头盔。家长应考虑避免让孩子参加接触性运动，如橄榄球，这项运动很容易造成头部外伤。

癫痫：大脑中的风暴

癫痫的历史记载可以追溯到 2 500 多年前，在今属伊拉克的地区发现的泥板上雕塑着一个长尾、弯角和蛇舌的恶魔。恶魔上方是楔形文字，描述了被亚述人称为“贝努”的病情，患者会表现出抽搐的症状。另一个关于可能是癫痫患者的描述来自古代美索不达米亚人，可以追溯到约公元前 2000 年。患者被认为受到了“月神”的控制，因此举行了一场驱魔仪式。大约在公元前 1050 年，一篇巴比伦医学文献描述了与癫痫一致的症状，并认为癫痫发作是恶魔附身的结果。古希腊人认为癫痫患者具有极高的智慧和神圣的力量。被西方尊为“医学之父”的希波克拉底认为癫痫是大脑问题引起的，并描述了一些患有严重复发性癫痫的儿童病例。在古罗马，医生通常尝试让患者观看旋转的陶轮来诱发癫痫，这符合在某些情况下，闪光可以诱发癫痫的事实。

许多人都被癫痫困扰着。美国前总统富兰克林·罗斯福在其生命的最后一年，在任上癫痫发作，此事当时是对公众保密的。后来，一些人描述了他癫痫发作时的行为。例如，记者特纳·卡特利奇写道：

> 当我进入总统办公室的时候……他坐在那里，眼神迷茫，嘴巴张开。他开始谈论某事，然后在一句话没说完时突然停下来，嘴巴还张着，坐在那里凝视着我一言不发……他会思路中断，一次又一次停下来，茫然地盯着我。对我来说，

> 那是一次折磨。最后，一名服务生给他端来了午餐，陆军少将埃德温·“老爹”·沃森说他午餐约了人，我才得以脱身。（1971, 146）

罗斯福癫痫发作的原因被认为与脑血管异常有关，而他最终死于脑卒中。

美国音乐家普林斯童年时曾癫痫发作，成年后症状缓解，未再复发。这种情况相当常见，许多有癫痫发作的儿童长大后都不再发作。曾主演《黑客帝国》《指环王》等影片的澳大利亚演员雨果·维文在 13 岁时患上癫痫，每年都会发作，直到 40 岁出头。维文在患上癫痫之前非常害羞，与直系亲属以外的人相处时会感到非常焦虑。当他服用大剂量药物治疗癫痫后，焦虑症大大减轻，也实现了成为演员的梦想。

弗洛伦斯·格里菲斯–乔伊纳（昵称“花蝴蝶”）是一名短跑运动员，曾代表美国在 1984 年奥运会上夺得 200 米银牌，在 1988 年奥运会上夺得 100 米和 200 米金牌，并创造了 200 米的世界纪录。1998 年 9 月 21 日，“花蝴蝶”在睡梦中去世，享年 38 岁。法医鉴定她死于窒息，是严重癫痫发作的结果。

在美国，约有 350 万人患有癫痫，其中约 50 万人是儿童。患者会因大脑一侧或双侧半球的神经元网络中发生不受控制的剧烈活动而导致癫痫反复发作。这些癫痫发作常常是自发的，没有明显的诱因。在某些时候，癫痫发作可能是脑卒中、创伤性脑损伤或脑肿瘤导致的。癫痫可以发生在任何年龄，但在儿童和老年人中最为常见。神经学家根据症状将癫痫发作分为不同类型。在最常见的癫痫发作类型中，患者会表现出抽搐的症状。在某些情况下，患者会出现“失神发作”，其间意识会发生改变。有些癫痫发作之前会有“先兆”，患者会闻到某种气味、听到某种声音或看到什么。癫痫发作通常持续数秒到一分钟或更长时间，其间患者容易受伤甚至死亡。例如，如果一个人在开车时突发癫痫，可能导致交通事故。

在大脑神经元网络中，谷氨酸受体的过度激活既是引发癫痫的必要条件，也是充分条件。阻断谷氨酸受体的药物可以在癫痫动物模型中防止癫痫发作。然而，用于治疗癫痫的最常见的药物并不是谷氨酸受体拮抗剂，因为阻断谷氨酸受体可能导致不良反应，如学习能力和记忆力受损。治疗癫痫的药物通常通过阻断电压依赖性Na^+通道、激活抑制性的GABA受体或抑制电压依赖性Ca^{2+}通道来降低神经元的兴奋性。

虽然绝大多数癫痫病例不会遗传，病因也不明，但也有极少病例是由基因突变引起的。意料之中的是，受影响的基因编码了参与神经兴奋性调节的蛋白质（Szepetowski 2018）。多种不同的K^+和Na^+通道突变可以导致遗传性癫痫，GABA受体的突变导致了其他的遗传性癫痫病例。患有谷氨酸受体NMDA亚基突变的儿童在早年间可能出现癫痫发作，并可能伴有智力障碍。耐人寻味的是，患有孤独症的儿童与没有孤独症的儿童相比，更有可能患有癫痫。我会在第9章阐述新证据，表明在孤独症中发生了神经元网络的过度兴奋，这种过度兴奋是由于胎儿在母体子宫中大脑发育出现异常导致的。

除了离子通道功能的改变，研究还表明线粒体在癫痫中发挥重要作用。证据表明，强大的线粒体可以保护神经元免受癫痫的影响。线粒体中有数百种不同的蛋白质，但最近的发现表明蛋白质SIRT3在保护神经元免受过度兴奋和癫痫发作方面发挥着特别重要的作用。

SIRT3是一种酶，通过“脱乙酰作用”去除蛋白质中的赖氨酸上的乙酰基。乙酰转移酶则可以在蛋白质的赖氨酸上添加乙酰基。许多蛋白质具有一个或多个赖氨酸，这些蛋白质的功能往往受乙酰基是否存在的影响。因此，蛋白质乙酰化与被更广泛研究的蛋白质磷酸化过程类似，磷酸化指激酶给蛋白质的某些氨基酸添加磷酸基，而磷酸酶则去除磷酸基。研究发现，线粒体中有超过100种蛋白质可以被SIRT3施加脱乙酰作用，其中一些蛋白质参与ATP产生的电子传递链；而另一些蛋白质是抗氧化酶，可以去除在电子传递过程中产生的自由基。总体而言，SIRT3提高了线粒体的效率，并保护它们免于应激。SIRT3可能就是通过这些方式，支持发育中的大脑和成年大脑中突触的形成、维护和行使正常功能。

程爱武在一项研究中发现，基因编辑小鼠大脑中缺乏线粒体蛋白SIRT3的神经元极易受到癫痫发作的影响（A. Cheng, Yang, et al. 2016）。与SIRT3水平正常的小鼠相比，缺乏SIRT3的小鼠海马中有更多的神经元被诱发癫痫发作的兴奋性毒素红藻氨酸杀死。线粒体能量不足会增加神经元对兴奋性毒性的易感性。已知线粒体电子传递链中的一些蛋白质会被SIRT3施加脱乙酰作用。程爱武发现，在缺乏SIRT3的小鼠中，大脑皮质和海马的ATP水平明显降低。因此，这些蛋白质的功能受损很可能就是缺乏SIRT3的小鼠大脑中ATP水平降低的原因。程爱武还发现另外两种蛋白质可能导致缺乏SIRT3的神经元易受过度积累的自由基和Ca^{2+}的影响。一种蛋白质是线粒体抗氧化酶SOD2，它能清除超氧自由基。SIRT3增加了SOD2的活性，从而增强了清除超氧自由基的能力。另一种蛋白质是环磷酸二肽酶D，它参与了线粒体膜孔的形成和细胞凋亡的触发。SIRT3对环磷酸二肽酶D的脱乙酰作用阻止了孔的形成和线粒体内Ca^{2+}的积累。通过保持较低的自由基水平和稳定的线粒体膜，SIRT3在神经元被谷氨酸刺激时保护它们免受过度Ca^{2+}积累的影响。

与中年人相比，老年人的癫痫发作率更高。大脑老化的几个特征可能导致了癫痫发作的加重（Mattson and Arumugam 2018）。在衰老过程中，由于线粒体功能不良、抗氧化防御能力下降、修复损伤的能力降低及清除受损蛋白质和线粒体的能力受损，神经元的DNA和蛋白质受到的氧化损伤增加（图7–1）。被氧自由基破坏的蛋白质中，就包括那些防止神经元过度兴奋的蛋白质。神经元膜上的Na^{+}泵和Ca^{2+}泵受到与年龄相关的氧化损伤，会损害神经元在谷氨酸受体激活引起的膜去极化后清除这些离子的能力。另一个受氧化应激损伤的蛋白质是星形胶质细胞中的一种谷氨酸转运蛋白，其具有在神经元激发动作电位后从突触中清除谷氨酸的功能。谷氨酸转运蛋白的受损会增加突触处的谷氨酸量，使神经网络更容易过度兴奋，诱发癫痫。神经元生成ATP的能力会在衰老过程中减弱，这是由于线粒体损伤及葡萄糖利用能力的受损。此外，有证据表明，神经营养因子的支持也会在衰老过程中减弱。总体而言，老化对脑细胞的这些不利影响促使神经元网络过度兴奋，可能导致癫痫发作。

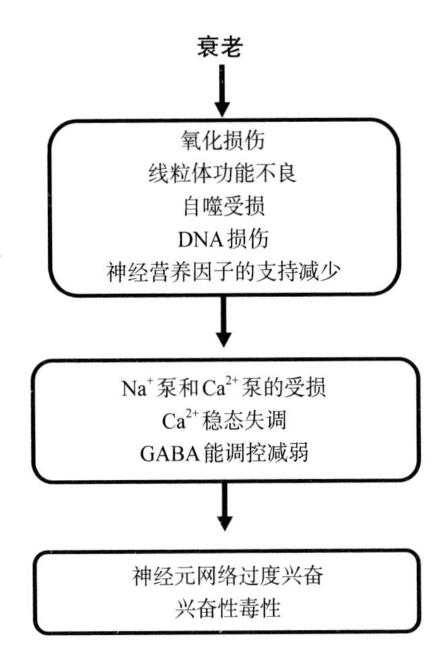

图 7–1　神经元在衰老过程中发生的一些变化，使其对过度兴奋和兴奋性毒性更易感

脑卒中：血液的背叛

20 世纪 50 年代，美国女演员格蕾丝·凯利在多部广受赞誉的电影中担任主角，包括《后窗》《电话谋杀案》《乡下姑娘》《红尘》。1982 年 9 月 13 日，凯利与女儿在摩纳哥驾车时，她的汽车意外地冲出了道路并翻下悬崖。凯利在车祸第二天去世，但她在车祸中的受伤程度并不致命。她的女儿回忆说，母亲曾抱怨头痛，而且在汽车冲下悬崖前出现了突发的疼痛。尸检结果显示，格蕾丝有两次脑卒中，一次是在车祸之前，正是这次脑卒中导致了车祸；另一次是在车祸之后。

查尔斯·狄更斯在创作《远大前程》《双城记》《圣诞颂歌》《雾都孤儿》的过程中，他的大脑动脉正在悄悄地病变。1869 年 4 月 18 日，57 岁的狄更斯发生脑卒中，4 天后病倒。这次狄更斯恢复得很好，得以继续完成他的最后一部小说《艾德温·德鲁德之谜》。1870 年年初，狄更斯在伦敦及周边地区的不同场所露面，举办了一系列朗读会。1870 年 6 月 8 日晚上，他发作了一次严重的脑卒中，于次日不幸离世。

1953 年 6 月 23 日，时任英国首相温斯顿·丘吉尔因为脑卒中导致身体偏瘫。尽管如此，他还是在第二天早上主持了一次内阁会议，没有人注意到他的行动不便。在随后的几天里，丘吉尔的状况恶化，他回到了位于查特韦尔庄园的家中。丘吉尔未将这次病情告知议会和公众，4 个月后，他康复了。丘吉尔担任首相直到 1955 年 4 月退休。10 年后，他再次发作脑卒中，并于两周后去世，享年 87 岁。丘吉尔生活中的多个因素都可能促成了他的脑卒中，包括体重超标、吸烟、饮酒，以及作为首相承受的巨大压力。

脑卒中是美国人的第五大死因，也是导致长期残疾的主要原因。每年大约有 80 万美国人发生脑卒中，这意味着在我写下这段文字的时候，有人正在经历脑卒中。据估计，脑卒中每年造成的损失高达 500 亿美元。脑卒中大多是由大脑动脉中形成的血栓引起的，称为“缺血性脑卒中”；约有10%的脑卒中是由动脉破裂引起的，称为“出血性脑卒中”。脑卒中的症状直接与受影响的动脉及该动脉灌注的脑区的神经元受损程度有关。最常受影响的动脉是大脑中动脉，它供应纹状体及包括运动皮质和感觉皮质在内的大脑皮质区域。患者的症状提示了脑卒中影响的是大脑的哪一侧，因为大脑的左侧控制身体的右侧，大脑的右侧控制身体的左侧。如果脑卒中发生在大脑的左侧，运动皮质和纹状体中神经元的受损将导致右侧面部和身体肌肉运动的控制出现问题。当右侧大脑的感觉皮质受损时，患者的左侧面部或肢体会感到麻木。

脑动脉发生的一些变化使其容易被血栓堵塞，这些变化包括炎症、巨噬细胞聚集及胆固醇沉积形成不断扩大的斑块使动脉变窄。血小板会被炎症部位吸引，形成血栓，导致动脉血流急剧减少或完全堵塞。这种血流严重减少对应的医学术语是“缺血”。

由于神经元处于电活动状态，对能量（葡萄糖和酮体）和氧气的需求很高，因此一旦血液供应中断，神经元就会岌岌可危。事实上，即使是一两分钟的缺血也会导致神经元死亡。最常见的情况是，动脉中形成的血栓会在形成后数分钟至数小时内消退，然后血流恢复，这一过程被称为“再灌注”。但有证据表明，许多神经元会在再灌注后死亡，因为氧气的重新供应会导致自由基水平急剧上升。

动脉负责供应营养和氧气的脑组织的数量就是该动脉的“灌注区域”。不同动脉的灌注区域往往有相当大的重叠，这可以使这些位于“分水岭区域”的神经元在脑卒中后幸存下来。通过检查缺血性脑卒中死亡者的大脑和对脑卒中动物模型的研究，研究人员发现根据神经元死亡的类型和程度，可以区分出两个受损区域。在“核心区”，血液供应完全来自闭塞的动脉，所有神经元迅速坏死。在被称为“半影区”的周围区域，神经元凋亡而死的速度较慢。对脑卒中动物模型的研究表明，某些干预措施，包括阻断谷氨酸受体的药物，可以阻止半影区神经元的延迟死亡。

为了模拟大鼠或小鼠的脑卒中，需要用外科手术暂时闭塞它们的大脑中动脉。实验性脑卒中造成的脑损伤程度和症状严重程度取决于血流被阻断的时间长短。比如，阻断大脑中动脉一小时会导致实验动物的纹状体神经元大量死亡，而大脑皮质半影区的损伤则较轻。纹状体和运动皮质神经元的损伤会导致动物对侧身体局部瘫痪，并严重影响其正常行走的能力。20 世纪 80 年代末，利用这种动物模型开展的研究表明，用NMDA受体拮抗剂（如地佐环平、氯胺酮和右美沙芬）治疗动物，可以明显减少半影区神经元的死亡。

遗憾的是，对人类脑卒中患者开展的阻断谷氨酸受体的药物临床试验迄今未能显示出治疗效果。事实上，除了溶栓药物组织型纤溶酶原激活剂（tPA）对大约 5%的患者有益，所有针对脑卒中患者的药物试验都以失败告终。一种在脑卒中动物模型中被发现有益的药物，在人体中却没有显示出益处，有几个可能的原因。第一，脑卒中患者脑部哪条动脉受到影响、溶栓前堵塞了多久，以及患者的整体健康状况存在巨大的个体差异。相比之下，在动物模型中，所有动物的血流阻塞都发生在大脑中动脉的确切部位，且堵塞时间也是固定的。第二，与人类相比，实验室中的大鼠和小鼠是同系交配的，个体之间几乎没有基因突变，并且它们都在相同的环境中生长。这意味着与人类脑卒中相比，在动物实验中由实验性脑卒中引起的脑损伤程度的个体差异较小。第三，在动物研究中，通常在脑卒中之前或之后不久就会给动物施用被测试的药物，而对人类的给药时间取决于患者多快到达医院、得到诊断及接受药物治疗。第四，动物向大脑供血的动脉并未受损，而人类的动脉则大多因高血压、动脉粥样硬化和炎症受损。

尽管困难重重，但是神经科学家们还是一直努力去了解谷氨酸受体的激活如何导致脑卒中时神经元的死亡，寻找在谷氨酸受体过度激活的情况下让神经元存活的可能方法。其中的关键是研究并阐明谷氨酸受体过度激活导致的 Ca^{2+} 流入如何引发破坏神经元的生化过程。有证据表明，过多的 Ca^{2+} 流入会对线粒体产生不利影响，导致细胞凋亡。因此，增强线粒体的抗应激能力可能对治疗脑卒中有益。例如，药物环孢素A可以阻断膜通透性转换孔，而膜通透性转换孔的打开会激活凋亡蛋白酶，引起细胞凋亡。环孢素A能挽救缺血半影区的神经元，并改善脑卒中动物模型的行为障碍（Forsse et al. 2019）。一项最近的临床试验显示，环孢素A可以减轻一些脑卒中患者的脑损伤程度（Nighoghossian et al. 2015）。亚甲蓝这种化学物质可以同时增加线粒体ATP的产量并缓解氧化应激，已在脑卒中的动物模型中被证明能有效减轻神经元退化并改善功能性转归（Tucker, Liu, and Zhang 2018）。

另一种让神经元在经历脑卒中后存活的方法是提供酮体。酮体β–羟丁酸和乙酰乙酸可以在禁食时由脂肪或生酮食物产生。多项研究表明，在脑卒中前进行间歇性禁食可以减少大鼠和小鼠的脑损伤，并改善功能性转归（Yu and Mattson 1999; Arumugam et al. 2010）。此外，许多研究表明，酮体可以保护神经元网络免受癫痫发作及随后的兴奋性毒性的影响。事实证明，酮体还可以减少脑卒中后神经元中的自由基，因为与葡萄糖代谢中大量产生的自由基相比，酮体代谢过程中产生的自由基较少。加拿大的研究人员表明，给予β–羟丁酸可以减少实验性脑卒中大鼠受影响的脑组织中的自由基水平（Bazzigaluppi et al. 2018）。施用酮体的大鼠表现出更好的功能恢复，表明酮体疗法在脑卒中患者中具有潜在的应用前景。

最后，有证据表明，降低肾上腺应激激素皮质醇的活性，可能对脑卒中患者有益。美国斯坦福大学的罗伯特·萨波尔斯基及其同事发现，皮质酮（在啮齿动物中相当于皮质醇）水平的长期升高会使神经元容易受到兴奋性毒性损伤（Stein-Behrens et al. 1994）。金杰·史密斯–斯温托斯基还在读博士后时，她和我实验室中的其他人研究发现，一种能阻止肾上腺细胞产生皮质酮的药物能让缺血性脑卒中大鼠模型的神经元免于死亡（Smith-Swintosky et al. 1996）。这是一个重要的发现，因为之前医学界曾使用地塞米松等类固醇治疗脑卒中，以减轻患者大脑中的炎症，但实际上这些类固醇加剧了脑卒中导致的神经元损伤。现在已经不建议医生给脑卒中患者开具类固醇的处方。

脑和脊髓：意外的损伤

我和家人曾住在肯塔基州的列克星敦，我儿子有一个小学同学叫霍华德。后来我们在 2000 年搬到巴尔的摩地区，不久后，霍华德一家搬到了华盛顿特区一带。2001 年的一天，霍华德的父母联系我们，说霍华德在社区被一辆疾驰而过的汽车撞倒，头部严重受伤，病情危急，昏迷不醒。霍华德被转到巴尔的摩的约翰斯·霍普金斯儿童医疗中心肯尼迪·克里格研究所，我们连续 2 个月的每个周末都去探望他。大约两周后，霍华德从昏迷中苏醒了，但无法说话，四肢也动弹不得；在随后的一个月里，他开始能口齿不清地说话，并能在别人的搀扶下站立和行走。霍华德最终恢复了语言表达能力，尽管有些口齿不清；他也能够独立行走和完成日常活动，虽然动作还有些受限。霍华德后来从高中毕业，并获得了大学学位。

每年，美国有近 300 万人因创伤性脑损伤接受医学治疗，其中有 5 万多人不治而亡。造成创伤性脑损伤最常见的原因是摔倒，其次是车祸。创伤性脑损伤导致的残疾程度相当严重，许多患者的日常活动（比如工作）会受到极大影响。大约一半的创伤性脑损伤患者会经历重度抑郁。遭受创伤性脑损伤的儿童在学校通常会遇到困难，他们可能无法集中注意力，或者容易情绪失控。然而，儿童的大脑比老年人的大脑更有复原力，许多儿童从严重的创伤性脑损伤中恢复得非常好，而同样的创伤可能夺去老年人的生命。

1965 年 2 月 25 日，穆罕默德·阿里击倒桑尼·利斯顿，成为世界重量级拳击冠军。在拒绝入伍参加越南战争后，阿里被剥夺了拳王头衔，并被禁赛3年。1971年3月8日，阿里在与乔·弗雷泽的激烈比赛中败北。1974年10月30日，在扎伊尔的一场比赛中，阿里击倒了乔治·福尔曼，重回世界重量级拳击冠军宝座。阿里聪明、风趣，富有魅力，还是民权的坚定倡导者。然而，他在42岁时被确诊帕金森病。阿里的帕金森病很可能是由于61场职业比赛中多次头部受伤，尤其是在职业生涯晚期的受伤导致的。阿里在生命的最后阶段还出现了认知能力的下降。

“拳击性痴呆”是神经学家用来描述拳击手的脑损伤及其导致的行为和认知症状的术语。这种情况现在被称为“慢性创伤性脑病”，是由多次脑震荡引起的，最近发现在美国橄榄球运动员中也普遍存在。神经病理学家检查了已故职业橄榄球运动员的大脑，他们在职业生涯中都遭受过脑震荡。神经病理学家在已故球员大脑中发现了与多个区域的神经元退化一致的异常，包括额叶皮质（McKee 2020）。这些球员中有多人在生前患有抑郁症、易怒，并有认知障碍。球员们意识到这一职业危险后，美国国家橄榄球联盟管理层被迫修改了一些比赛规则，以降低球员遭受脑震荡的风险。

有些人在遭受创伤性脑损伤后仍能保持较高水平的功能，但在某些认知或情感领域出现了明显变化。罗尔德·达尔是一位知名的英国儿童文学作家，作品包括《查理和巧克力工厂》《玛蒂尔达》《好心眼儿巨人》《詹姆斯与大仙桃》。达尔在“二战”时曾是一名战斗机飞行员。1940年，他的战斗机坠毁，他多处受伤，包括创伤性脑损伤。康复后，达尔的性格发生了变化，自信心增强，窘迫感减少，并以让人震惊为乐。这种个性变化也体现在他受伤后作品中的黑色幽默增多，而这在他之前的作品中是不存在的。

创伤性脑损伤可以出现在对头部的单次剧烈冲击中，也可以出现在多次较轻的冲击中。由冲击导致的脑细胞的物理损伤，可能集中在大脑的某一区域，也可能较为分散。在磁共振成像（MRI）的图像上可以看到创伤严重的部位呈现为“明亮”区域，并有液体积聚。这种积聚被通俗地称为“脑肿胀”。研究人员通过研究脊椎穿刺收集的脑脊液，对创伤性脑损伤患者大脑中发生的生化变化有了一些了解。脑脊液在整个大脑的细胞外循环，包含了由大脑细胞释放的化学物质。神经学家通过分析创伤性脑损伤患者在事故发生后不同时间点采集的脑脊液样本，发现脑脊液中的谷氨酸水平在发生创伤性脑损伤后不久就会增加，并且在许多患者中维持高水平至少一周以上。神经元膜的损伤导致谷氨酸泄漏，令细胞外谷氨酸浓度增加。此外，创伤性脑损伤患者的星形胶质细胞清除谷氨酸的能力也被认为是受损的。

研究大鼠和小鼠得到的证据表明，谷氨酸受体过度激活导致的兴奋性毒性和随后神经元细胞内 Ca^{2+} 的积累也与脑损伤和创伤性脑损伤的症状有关。在头部创伤后立即用药，阻断NMDA受体，可以减轻创伤性脑损伤动物模型的脑损伤程度（Smith et al. 1993）。

罗伊·坎帕内拉于1921年出生于费城，他的母亲是非裔美国人，父亲是意大利移民的儿子。坎帕内拉就读于兼收白人与黑人的融合学校，擅长各种体育运动，其中棒球是他的最爱。坎帕内拉16岁时，获得了参加黑人联盟职业棒球比赛的机会，他为此从高中辍学了。随后，坎帕内拉转战墨西哥联赛，在那里，他的能力明显不逊于甚至超过了美国职业棒球大联盟的大多数球员。1947 年，杰基·罗宾逊打破肤色藩篱后，坎帕内拉与布鲁克林道奇队签订了合同。他在道奇队的表现使他成为棒球史上的顶级捕手之一。1958 年冬天，坎帕内拉驾车从纽约哈莱姆区前往格伦科夫，途中汽车在一片冰面上打滑，撞上了电线杆，导致他脊柱骨折，肩膀以下瘫痪，余生只能坐在轮椅上度过。

DC 漫画中的超人的移动速度比子弹还快，比火车头还强劲，还能飞。超人出生在氪星，由于氪星即将毁于战争，他被父亲送到了地球。超人在地球上致力于抓捕罪犯，阻止犯罪。1978 年，演员克里斯托弗·里夫主演的《超人》票房大卖；他还在电影《安娜·卡列尼娜》中扮演了阿列克谢·弗龙斯基伯爵，并为了这个角色学会了骑马。电影拍摄结束后，里夫继续以骑马为乐，并开始参加马术比赛。1995 年 5 月 27 日，里夫在佛蒙特州参加比赛时从马上摔了下来，导致上半身脊髓严重受损，颈部以下完全瘫痪。里夫只能在轮椅上度过余生，并将余下的时间投入到提高公众对脊髓损伤的认知中，为有助于恢复脊髓损伤患者功能的研究筹集资金。

美国目前大约生活着 25 万因脊髓损伤致残的人。这些损伤大多源于车祸，穿过脊髓的轴突被破坏或被切断，患者预后通常较差。这些神经元的细胞体可能位于大脑（上运动神经元）、脊髓（下运动神经元）或背根神经节（感觉神经元）中。即使神经元在创伤中存活下来，它们的轴突也不会再生，因此与它们支配的外周器官断开了连接。运动神经元的轴突位于脊髓的腹侧（前侧），而感觉通路中的轴突位于脊髓的背侧（后侧）。因此，脊髓背侧受损会导致感觉缺陷，脊髓腹侧受损会导致瘫痪，两者都受损会引起感觉和运动缺陷。

脊髓的任何一个层面都有数以千计的轴突。随着神经从脊髓分支出去，上部（颈椎和胸椎）的运动和感觉轴突数量较下部（腰椎和骶椎）要多。因此，上部脊髓的损伤可能导致全身瘫痪，而骶髓损伤可能仅导致下肢瘫痪。尽管损伤部位的神经元可能会迅速死亡，但穿过脊髓的轴突和形成髓鞘的少突胶质细胞往往会在损伤后的数周内才发生延迟变性。

与创伤性脑损伤和脑卒中一样，脊髓损伤中神经元和少突胶质细胞的死亡也与兴奋性毒性机制有关。组织损伤会导致自由基生成增加、线粒体功能不良和细胞离子平衡发生紊乱。神经元会因谷氨酸受体激活和Na^+过度流入而去极化。结果，电压依赖性Ca^{2+}通道打开，轴突中Ca^{2+}浓度升高会损害线粒体功能，并激活Ca^{2+}依赖性蛋白酶，使细胞骨架蛋白降解，导致轴突退化。

大多数AMPA受体主要令Na^+流通，而少突胶质细胞的一种AMPA受体对Ca^{2+}具有高度通透性。研究表明，有髓鞘轴突的神经暴露于谷氨酸中会损伤少突胶质细胞，并损害髓鞘所包裹的轴突的动作电位传播。阻断AMPA受体的药物可以防止谷氨酸对少突胶质细胞的这种不利影响。研究表明，阻断Na^+通道或AMPA受体的药物可以减少轴突的损伤，减轻脊髓损伤动物模型的残疾程度。利鲁唑是一种特别有前景的针对兴奋性毒性的药物，已被证明能抑制Na^+通道并增强星形胶质细胞对谷氨酸的摄取。一项有36名脊髓损伤患者参与的初步临床试验显示，与使用安慰剂的患者相比，接受利鲁唑治疗的患者的运动功能得到了显著改善（Grossman et al. 2014）。利鲁唑虽然还未被批准用于治疗脊髓损伤，但已经被广泛用于治疗ALS患者。

减少脊髓损伤中神经元兴奋性毒性变性的另一种方法，是向损伤区域输入神经营养因子，可以注入产生神经营养因子的细胞，或在神经胶质细胞中表达编码神经营养因子的基因。在脊髓损伤的大鼠模型中开展的临床前研究证明，这是一种很有前景的治疗方法。例如，一项研究表明，在大鼠腰椎脊髓损伤后的一周内，用微型泵将FGF2持续注入脑脊液，可在随后的5周里显著恢复大鼠的后肢运动（Rabchevsky et al. 2000）。另一项研究报告称，在大鼠颈椎脊髓损伤后，将产生BDNF的成纤维细胞植入受伤区域，可改善功能恢复（Murray et al. 2002）。

发生脑卒中及脑损伤和脊髓损伤时，都会出现炎症。小胶质细胞和浸润的巨噬细胞会吞噬凋亡细胞和坏死细胞的细胞碎片。但是，活化的小胶质细胞和巨噬细胞也会产生超氧化物和一氧化氮自由基，损伤本来健康的神经元。

直到20世纪90年代初期，科研人员都还认为脑部免疫细胞的激活对神经元只会产生有害作用。但后来涌现的证据表明，肿瘤坏死因子（TNF，一种由小胶质细胞和巨噬细胞产生的细胞因子）可以保护神经元免受脑卒中、癫痫、创伤性脑损伤和脊髓损伤中发生的代谢和兴奋性毒性压力的影响。

程斌发现，当他将培养的海马神经元暴露于TNF中时，神经元对谷氨酸兴奋性毒性的易感性降低了。程斌还发现，用TNF对海马神经元做预处理，可以保护它们避免因葡萄糖缺乏引起的损伤和死亡（B. Cheng, Christakos, and Mattson 1994）。TNF是通过什么机制保护神经元免受兴奋性毒性的影响呢？史蒂夫·巴杰发现TNF激活了转录因子NF-κB，并通过证据证明NF-κB的激活解释了TNF预防神经元死亡的能力（Barger et al. 1995）。随后的研究结果表明，NF-κB增加了神经元中线粒体抗氧化酶SOD2的产生，这可能有助于TNF的"兴奋保护"效应（Bruce-Keller, Geddes et al. 1999）。安娜·布鲁斯及其同事发现，与没有TNF受体缺陷的小鼠相比，有TNF受体缺陷的小鼠海马中的神经元更容易被红藻氨酸杀死。在同一研究中，马克·金迪发现，有TNF受体缺陷的小鼠在实验性脑卒中引起的脑损伤量较野生的无缺陷小鼠更大（Bruce et al. 1996）。总体而言，现有证据表明，TNF在减少癫痫发作和脑卒中引起的神经元死亡方面发挥着重要作用。

在脑损伤中，TNF水平大幅增加，而正常水平的TNF和NF-κB激活可能在谷氨酸能神经元网络对神经活动变化的适应性反应中发挥重要作用。可以佐证此点的是，本·阿尔本西发现有TNF受体缺陷的小鼠的海马CA1突触的LTD受损，并证明了NF-κB在LTD中的作用（Albensi and Mattson 2000）。神经元电活动的长期改变可能导致该神经元上所有突触强度的均匀变化，这个过程名为"稳态突触缩放"，被认为可以增强神经元网络的性能。在斯坦福大学工作的戴维·施特尔瓦根和罗伯特·马伦卡通过研究表明，TNF介导了海马谷氨酸能神经元在神经元活动持续抑制的情况下发生的突触缩放（Stellwagen and Malenka 2006）。

在另一项研究中，米哈尔·施瓦茨和乔纳森·基普尼斯揭示了循环免疫细胞T细胞在大脑对损伤的适应性反应中的作用。在多发性硬化和创伤性损伤的实验动物模型中，若清除小鼠体内的T细胞，神经元的损害将增加；而补充T细胞时，神经元的损害减少了（Schwartz and Raposo 2014）。值得注意的是，缺乏T细胞的小鼠表现出学习能力障碍和记忆障碍，以及对引发焦虑的情境的反应发生变化，这表明这些免疫细胞在正常的大脑功能中发挥着重要作用，包括认知和对压力的适应（Salvador, de Lima, and Kipnis 2021）。

免疫系统的激活是修复受伤组织的重要特征，我在前文中提及的研究结果表明，至少有一些与炎症相关的反应过程也在保护神经元免受兴奋性毒性的影响中发挥着重要作用。然而，慢性炎症可能创造一个环境，使神经元更易出现渐进性功能不良和退化。例如，人们认为慢性的“神经炎症”导致了阿尔茨海默病患者神经元的死亡。我将在下一章探讨谷氨酸在阿尔茨海默病及其他潜在的神经退行性变性疾病中的作用。

第 8 章

锈蚀大脑

阿尔茨海默病和帕金森病是两种常见的脑部神经退行性变性疾病。这些脑部神经退行性变性疾病大多发生在七八十岁的老人身上。由于心血管疾病、糖尿病和癌症在早期诊断及治疗方面取得了进展，许多原本会在五六十岁死于这些疾病的人得以多活一二十年，从而进入了阿尔茨海默病和帕金森病的“危险年龄段”。这些疾病不仅会对患者造成巨大的伤害，也会给照护者带来沉重的负担，因为患者会丧失日常生活和活动的能力。遗憾的是，目前还没有任何治疗方法可以阻止或减缓这两种疾病的发展。无论是阿尔茨海默病还是帕金森病，都涉及一种潜在的“慢性兴奋性毒性”，这是由患者大脑细胞能量代谢受损，同时伴有神经毒性蛋白的积累导致的。在阿尔茨海默病中，这种神经毒性蛋白是β–淀粉样蛋白（Aβ），在帕金森病中是α突触核蛋白。我将在本章讲述谷氨酸在阿尔茨海默病和帕金森病中的作用，以及在另外两种较少见但同样可怕的神经退行性变性疾病——亨廷顿病和ALS中的作用。

阿尔茨海默病：记忆盗贼

在65岁以上的老人中，每三人就有一人死于阿尔茨海默病。这是一种破坏性疾病，指患者记忆经验的能力出现不可逆的下降。患者先是丧失学习和记忆新事物的能力；然后，患者也无法再唤起旧的记忆。这种认知能力的衰退通常会持续10年或更久，大多数患者在去世前需要至少5年的持续护理。2019年，美国有超过600万人被诊断可能患有阿尔茨海默病，每年的医疗和护理费用超过3 000亿美元。到2050年，将有超过1 500万美国人患有阿尔茨海默病，每年的花费将超过1万亿美元。

虽然阿尔茨海默病的患者数量很多，但个体的困顿与挣扎却鲜为公众所知，原因显而易见且非常不幸——阿尔茨海默病患者由于丧失短期记忆，会逐渐失去参与实质性对话的能力。他们可以看书，但记不住上一段读了什么；他们可以交谈，但不记得一分钟前说了什么。随着病情的发展，他们将无法表达自我。相比之下，大多数其他疾病的患者可以表达自己的主张，甚至可以建立自己的基金会，为所患疾病的研究筹集资金。不过，在某些情况下，阿尔茨海默病患者的配偶或亲属帮助公众提高了对此病的认识，并推动了对该病的研究。例如，美国前总统罗纳德·里根的妻子南希·里根与美国的阿尔茨海默病协会合作，为阿尔茨海默病研究筹集了数百万美元。

由于认知障碍也会发生在阿尔茨海默病以外的其他疾病中，因此若想明确诊断阿尔茨海默病，只能检查已故者的大脑组织，在患者参与学习和记忆的脑区，如海马、内嗅皮质、顶叶皮质和额叶皮质中，可以看到大量淀粉样斑块和神经原纤维缠结。淀粉样斑块是Aβ的胞外堆积（图 8–1）。神经原纤维缠结是τ蛋白的聚合物的扭曲链，它们在神经元内积累，导致神经元变性和死亡。神经科学家已经开发出可以选择性地结合Aβ或τ的抗体，可以用来在大脑切片中令斑块和缠结可视化；然后，通过计算几个显微镜视野中的斑块和缠结的数量是否足够多，就能确诊患者是否为阿尔茨海默病。

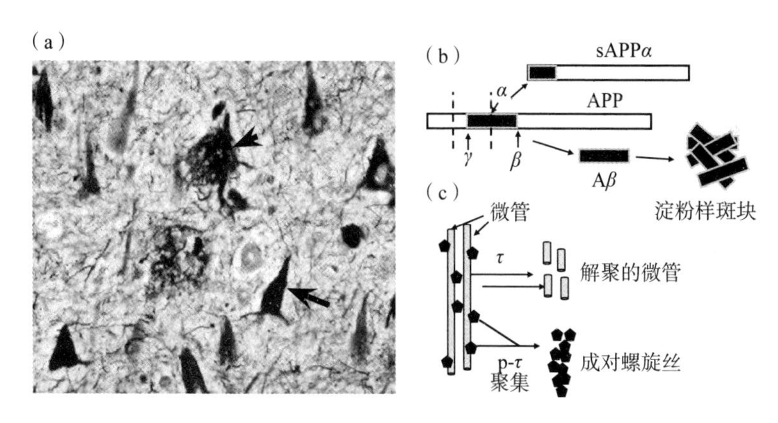

图 8–1　阿尔茨海默病的组织病理学特征及其产生的分子基础。（a）阿尔茨海默病患者死后的脑组织切片图像。切片经染色后显示出聚集的τ丝（神经原纤维缠结）和淀粉样斑块。下方箭头指向的是锥体细胞中的神经原纤维缠结，上方箭头处是淀粉样斑块。（b）Aβ淀粉样前体蛋白（APP）被酶解的两种主要方式。APP是一种跨膜蛋白，有一个跨膜结构域。Aβ是一个包含40~42 个氨基酸的肽片段，部分位于细胞膜内，部分位于细胞膜外。APP被α分泌酶（α）酶解后，大部分会从细胞膜外部分中释放出来；APP被β分泌酶（β）和γ分泌酶（γ）依次酶解，会将Aβ释放到细胞外。在阿尔茨海默病中，Aβ在细胞外自聚集，形成淀粉样斑块。（c）τ是一种蛋白质，正常情况下与神经元轴突中的微管结合，从而稳定微管。在阿尔茨海默病中，τ蛋白会被过度磷酸化（p-τ蛋白），导致其脱离微管。微管解聚，p-τ蛋白在神经元内形成成对螺旋丝。这些p-τ的丝状聚集被称为“神经原纤维缠结”

我和姐姐波莉、弟弟埃里克一起在明尼苏达州罗切斯特附近的一座农场长大。我的父亲德韦恩买下了这片土地，这样就可以和我及我的弟弟一起训练标准轻驾马车赛用马。我们的邻居负责耕种这片土地——苜蓿草、玉米和燕麦，然后与父亲分割利润。除了上学，训练和赛马占据了我大量的时间。父亲曾是一名检察官，在奥姆斯特德县任职超过 25 年。我的母亲玛莎曾是圣玛丽医院的护士，这家医院是妙佑医疗国际的前身。母亲在 40 多岁时患上了关节炎；在 67 岁时接受了膝关节置换手术，但很快因为关节感染导致败血症。母亲虽然从感染中康复，但随后因脑卒中去世了。她发生脑卒中的风险很高，因为她烟瘾很大、体重超标，并且患有高血压。母亲去世时，父亲身体健康，完全能够独自生活。

在接下来的 10 年里，父亲看起来很好，一切正常。但当他年近八旬时，我发现他的短期记忆力出现了轻微的损伤。打电话时，他会反复问我同一个问题，因为他忘记自己问过了。然而，他仍能开车去杂货店、加油站和朋友家，还能处理家里和农场的杂务。几年后，他的健忘症导致他的财务管理出现问题。我们姐弟三人决定带他去看神经学专家，因为我的研究主要侧重于大脑老化和阿尔茨海默病，熟知许多专长于阿尔茨海默病的神经学专家。我认识妙佑医疗国际的罗恩·彼得森，他专门研究轻度认知障碍或阿尔茨海默病。彼得森医治了许多患痴呆的名人，包括前总统罗纳德·里根。在测试我父亲的学习和记忆能力，评估他脑部的MRI图像后，彼得森诊断他“可能患有”阿尔茨海默病。

我的弟弟埃里克是一名马科兽医，他随后搬到父亲家，和父亲一起生活了 5 年。父亲每年都会回到妙佑医疗国际接受随访。他的学习能力和记忆力持续恶化，海马日益缩小，去世的时候离 90 岁生日还有不到两个月。父亲去世后，医生从他的几个脑区取样并切片，然后对切片做了检查，以确定这些脑区存在多少 Aβ 斑块和 τ 蛋白神经原纤维缠结。结果发现，父亲大脑中海马和额叶皮质中的神经元大量丢失，但 Aβ 斑块和 τ 蛋白神经纤原维缠结的数量未达到阿尔茨海默病的诊断标准。神经病理学家称这种类型的痴呆为“老年性海马硬化”。研究表明，在被诊断为可能患有阿尔茨海默病的人当中，约有 20% 的人的大脑病理与我父亲的相似。

阿尔茨海默病作为一种单一疾病，其诊断有一定的武断性，因为诊断基于患者脑中 Aβ 斑块和神经原纤维缠结的数量，但这些数量是由神经学专家确定的。实际上，人们的大脑会展现出范围广泛的斑块和缠结数量，却并不总是与特定的认知障碍相对应。有些人大脑中的淀粉样斑块数量很多，但几乎没有认知障碍。相反，有些人有严重的认知障碍，但淀粉样斑块的数量却不多，我父亲就属于这种情况。还有一些人会患上血管性痴呆，大脑中几乎没有淀粉样斑块和神经原纤维缠结，但灰质中的神经元会死亡，白质中的轴突会受损。还有一种较为罕见的遗传性疾病，叫作“额颞叶痴呆”，表现为出现大量神经原纤维缠结，但没有 Aβ 斑块。额颞叶痴呆最常见的原因是 τ 蛋白发生了突变。还有一些人可能会因为小脑卒中而痴呆。

20 世纪 80 年代末，APP 基因的确定（Kang et al. 1987; Weidemann et al. 1989）被认为是阿尔茨海默病研究的重大突破。美国国立卫生研究院投入大量资金帮助神经科学家研究APP是如何生成Aβ的。制药公司投资了数十亿美元用于药物研发，研究如何防止Aβ的积聚或促使大脑清除该物质。但在此后的30年中，所有这类以淀粉样蛋白为中心的治疗的临床试验都失败了。事后来看，这种对阿尔茨海默病的狭隘视野忽视了疾病的其他基本特征。实际上，有一些重要的发现表明，淀粉样蛋白并非理解阿尔茨海默病的关键。例如，神经病理学家注意到一些没有痴呆的老年人的大脑中有大量的Aβ斑块，从而证明了Aβ积聚本身并不足以引起阿尔茨海默病。此外，在没有Aβ斑块但患有额颞叶痴呆的患者当中，也会出现与阿尔茨海默病非常类似的神经原纤维缠结。还有，尽管通过基因编辑能使大脑中积累大量Aβ的小鼠表现出一些认知障碍，但其大脑中的神经元并未退化。最后，老化是阿尔茨海默病的主要风险因素，研究已经确定了大脑在老化期间发生的几种变化，这些变化可能导致阿尔茨海默病患者死亡。这些与年龄相关的变化包括线粒体功能受损，蛋白质、DNA和膜的氧化损伤，以及神经元中分子"垃圾"的积累。

尽管如此，关于淀粉样蛋白的研究确实揭示了APP的正常功能，以及其代谢异常如何可能导致了许多阿尔茨海默病病例（Mattson 2004）。Aβ是一个包含40~42个氨基酸的肽片段，是由695个氨基酸组成的APP的碎片（图8–1）。APP是一种跨膜蛋白：大约一半的Aβ位于膜内，另一半位于膜外。Aβ通过β分泌酶和γ分泌酶的依次酶解从APP中释放出来。另外，APP也可以被α分泌酶在Aβ序列的中间酶解。后一种酶解方式会释放出APP的大部分细胞膜外部分，称为“分泌型APPα”（sAPPα）。

在罕见的情况下，阿尔茨海默病是由编码APP或早老蛋白1（PSEN1）的基因突变引起的。PSEN1是γ分泌酶，它使APP释放出Aβ。APP和PSEN1中的突变以显性方式遗传，如果父亲或母亲中有人携带突变基因，孩子有50%的概率携带这种突变。携带这种家族性阿尔茨海默病突变基因的人通常会在相对年轻的时候（通常在四五十岁）出现症状。用基因编辑方式令培养的细胞或饲养的小鼠携带人类APP或PSEN1突变，它们的APP酶处理会表现出改变，导致Aβ增加，sAPPα减少。此外，对PSEN1发生突变的培养细胞和基因编辑小鼠的研究结果表明，这些突变改变了内质网中Ca^{2+}的释放方式，使得神经元容易受到兴奋性毒性的影响（Bezprozvanny and Mattson 2008; Guo et al. 1999）。

有关Aβ和sAPPα对脑细胞的影响的研究已经表明，在疾病的早期阶段就会出现异常的神经元过度兴奋，导致神经原纤维退行。我在阿尔茨海默病研究中的一个早期发现是，健康的人类神经元可以承载相当数量的Aβ；但当神经元暴露于Aβ中时，它们变得极易被谷氨酸破坏甚至杀死（Mattson, Cheng, et al. 1992）。进一步的实验证明了为什么Aβ使神经元容易受到兴奋性毒性的影响。Aβ在神经元膜的表面积累，并导致氧自由基攻击形成细胞膜的脂质分子。更具体地说，自由基会攻击不饱和脂质的双键，例如花生四烯酸。这个过程被称为“脂质过氧化”，类似油脂变质时的情况。由于膜发生了脂质过氧化，脂质的小片段被释放，其中一个片段就是HNE（图8–2）。

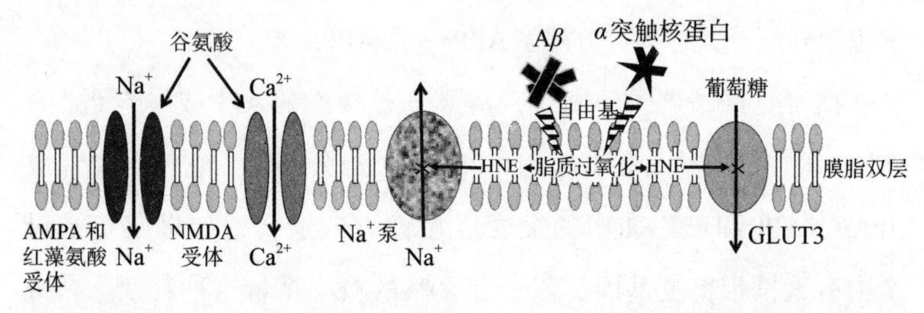

图 8–2　在阿尔茨海默病和帕金森病中，Aβ或α突触核蛋白的聚集可能使神经元容易发生兴奋性毒性的过程。随着Aβ和α突触核蛋白在神经元膜上聚集，它们引发了自由基的产生，这些自由基会攻击膜脂中的双键，这一过程被称为“脂质过氧化”。脂质过氧化释放出HNE。HNE会不可逆地结合神经元膜蛋白并损害其功能，包括一些对保护神经元免受兴奋性毒性起重要作用的蛋白。例如，研究表明，因为损害了膜上Na^+泵蛋白的功能，HNE促进了膜的去极化，并通过NMDA受体通道引起Ca^{2+}流入。HNE还影响葡萄糖转运蛋白GLUT3的功能，导致能量不足，进一步损害神经元限制兴奋性的能力

膜一旦受到自由基的攻击，释放的HNE就会与膜中的多种蛋白质结合并损害其功能，而这些蛋白质对神经元维持其能量水平和离子梯度的能力至关重要。这些蛋白质包括将葡萄糖移入神经元的葡萄糖转运体，以及在谷氨酸刺激离子流入后将这些离子移出神经元以恢复膜上电荷电位的Na^+泵蛋白和Ca^{2+}泵蛋白。神经元可能会因这些蛋白质功能受损而变得过度兴奋，从而容易因为兴奋性毒性而发生退化。实际上，最近利用fMRI对患有阿尔茨海默病的人类患者和小鼠模型开展的研究结果表明，神经元网络在疾病早期就开始过度兴奋。

尽管Aβ的增加一直是阿尔茨海默病研究的主要焦点，但导致早发型遗传病的APP突变也会导致sAPPα减少。研究表明，sAPPα

在调节神经元兴奋性、突触可塑性和抗应激能力方面发挥着重要的生理作用。1993 年，程斌、我和其他同事发现sAPPα可以保护培养的海马神经元免受谷氨酸兴奋性毒性的影响（Mattson, Cheng, et al. 1993）。其机制与细胞内Ca^{2+}的积累减少有关。为了了解sAPPα如何保护神经元免受兴奋性毒性的影响，古川胜敏使用膜片钳电极记录了海马神经元膜上离子的通过。当他让神经元暴露于sAPPα时，膜发生了迅速而可逆的去极化（Furukawa et al. 1996）。其他实验显示，sAPPα通过一种涉及第二信使cGMP的机制激活了一种特定类型的K^+通道。最近的研究结果表明，sAPPα还通过增强GABA受体的活性来减少神经元的过度兴奋（Rice et al. 2019）。

越来越多的证据表明，sAPPα通常在调节神经元网络活动、突触可塑性及学习能力和记忆力方面发挥作用。编码APP的基因缺失的小鼠表现出空间学习能力和记忆力受损，以及海马突触的LTP缺陷。萨拜因·林及同事发现，当sAPPα在APP缺陷的小鼠中表达时，小鼠的学习能力和记忆力及LTP恢复到正常水平（S. Ring et al. 2007）。马克斯·里克特及同事发表了类似的研究结果，显示APP缺陷小鼠的突触数量减少，并且sAPPα的治疗可以恢复突触数量（Richter et al. 2019）。另一项研究报告称，将sAPPα注入海马可以增强LTP并改善非常老龄的大鼠的学习能力和记忆力（Xiong et al. 2017）。证据表明，sAPPα的这些有益效果可能是通过cGMP和转录因子NF-κB介导的（Barger and Mattson 1996）。

阿尔茨海默病患者癫痫发作的概率是未患阿尔茨海默病的同龄人的 20 多倍。大脑在正常衰老过程中发生的变化可能会使神经元易受兴奋性毒性的影响（图 7–1），氧化应激和神经元能量代谢受损就是其中两种变化。在肯塔基大学工作的神经学家比尔·马克斯伯里发现，在阿尔茨海默病患者的大脑中，膜脂过氧化物HNE的水平高于未患阿尔茨海默病的同龄人（Williams et al. 2006）。研究表明，即便是认知障碍程度相对较轻的老年人，HNE水平也会升高。因此，自由基对细胞膜脂的攻击是阿尔茨海默病的一个常见特征，可能导致Na^+泵蛋白和Ca^{2+}泵蛋白功能受损，从而使神经元容易受到兴奋性毒性的影响（Mattson 2004）。

轻度认知障碍者和阿尔茨海默病患者都存在神经元获取和利用膳食碳水化合物能量的能力受损（Cunnane et al. 2020），这种细胞能量不足是由于神经元膜葡萄糖转运蛋白功能受损引起的。此外，有大量证据表明，在正常衰老过程中，神经元在某种程度上受到线粒体功能受损的影响，这种影响在阿尔茨海默病中更为严重（Lanzillotta et al. 2019）。我在第 6 章和第 7 章描述了由线粒体毒素或脑卒中引起的ATP水平降低如何易使神经元过度兴奋，阿尔茨海默病患者的神经元也会出现ATP耗减。

神经病理学家在检查因阿尔茨海默病死亡的患者大脑后发现，GABA能抑制神经元在阿尔茨海默病的早期阶段就会退化（Mattson 2020）。由于GABA能抑制神经元具有防止神经元网络异常活动的功能，它们在疾病早期的退化很可能导致谷氨酸能神经元的活动不受限制，进而导致谷氨酸能神经元退化。GABA能神经元容易受到兴奋性毒性的影响，因为它们的高激发率源于支配它们的谷氨酸能神经元的重复刺激。由于激发速度快，GABA能神经元会产生大量的氧自由基，同时也需要更多的能量。

进一步的研究证据表明，在阿尔茨海默病的发病过程中，神经网络会在早期变得过度兴奋，这一证据来自对基因编辑小鼠的研究，它们的大脑中积累了大量Aβ。对小鼠大脑神经元网络活动所做的脑电图记录显示，这些小鼠随着年龄的增长容易癫痫发作。让这些小鼠与缺乏线粒体蛋白SIRT3的小鼠交配，后代会出现严重的癫痫发作，并在幼年死于癫痫发作（A. Cheng, Wang, et al. 2020）。SIRT3水平仅降低50%的小鼠也会出现这种情况，而缺乏SIRT3且大脑中没有Aβ的小鼠则不会出现癫痫发作。因此，虽然仅有线粒体功能的轻度损伤不会导致癫痫发作，但淀粉样蛋白在大脑中积累后却会大大加剧癫痫发作。

细胞培养、动物模型和人体研究的结果表明，谷氨酸能神经元的过度活跃是引起神经原纤维退化的充分和必要条件。早期证据出现在我于1990年开展的一项研究中，我发现将培养的海马神经元暴露于一定的谷氨酸水平下，细胞内Ca^{2+}水平会持续升高，从而导致τ蛋白发生变化，这种变化与阿尔茨海默病患者海马中神经原纤维缠结的变化相似（Mattson 1990）。程斌和我发现，以阿尔茨海默病神经元葡萄糖转运蛋白功能受损为模型的葡萄糖剥夺会导致τ蛋白发生类似的变化（B. Cheng and Mattson 1992a）。此外，艾丽西亚·埃利奥特、罗伯特·萨波尔斯基及其同事报告说，用红藻氨酸诱导癫痫发作会导致大鼠海马锥体细胞发生神经原纤维退化（Elliot et al. 1993）。

对基因编辑小鼠的fMRI研究表明，发展出Aβ和τ蛋白病理的小鼠，其局部谷氨酸能环路的过度活跃与τ蛋白病理有强烈关联（D. Liu, Lu, et al. 2018）。霍利·亨斯伯格及其同事发现，增强神经突触中清除谷氨酸的药物利鲁唑，可以防止额颞叶痴呆的小鼠模型中τ蛋白病理和认知功能衰退（Hunsberger et al. 2015）。吴怡洁（音译）、卡伦·达夫及其同事利用细胞培养和体内神经元的光遗传刺激发现，τ蛋白的病理变体可以从细胞中释放出来并被邻近细胞吸收（J. Wu et al. 2016）。当他们增加谷氨酸能神经元的活性时，致病的τ蛋白就会从这些神经元中被释放出来，并通过突触转移到其他神经元。此外，严重癫痫患者的颞叶也会出现τ蛋白病理，就像阿尔茨海默病，而且τ蛋白病理与认知能力下降相关（Tai et al. 2016）。因此，神经原纤维退化可能是人类谷氨酸能神经元过度兴奋的一个直接后果。

但是，为什么有些老年人大脑中的Aβ含量很高，却依然思维敏捷呢？据推测，有一些因素可以保护神经元不被Aβ破坏和杀死，其中一个因素可能是衰老过程中大脑中神经营养因子BDNF的含量。在正常的衰老过程中，大脑中的BDNF水平会下降；而阿尔茨海默病患者大脑中BDNF下降的幅度更大。研究表明，BDNF可以保护神经元不被Aβ破坏和杀死（Arancibia et al. 2008），还能保护神经元免受兴奋性毒性的伤害。我将在第 11 章讨论其他可能保护衰老大脑免受阿尔茨海默病侵袭的因素，其中包括强大的GABA能神经元、线粒体抗应激能力，以及运作良好的自噬功能、抗氧化防御能力和分子修复机制。

Aβ会导致氧化应激，从而使神经元易受兴奋性毒性的影响

（Mattson, Cheng, et al. 1992）。可能有些老年人的神经元即使在Aβ积累的情况下也能承受氧化应激，支持这种可能性的研究表明，当神经元的抗氧化防御能力和线粒体复原能力得到加强时，神经元就能抵御更高浓度的Aβ。例如，当海马神经元接受谷胱甘肽治疗时，就不易被Aβ杀死（Mark, Lovell, et al. 1997）。谷胱甘肽通常由神经元产生，是一种抗氧化剂，能与有毒的膜脂过氧化产物HNE结合，从而将其中和。与认知能力正常的老年人相比，阿尔茨海默病患者大脑中的谷胱甘肽水平会降低，而患有轻度认知障碍的老年人大脑中的谷胱甘肽水平也会降低。在有大量淀粉样蛋白斑块但没有认知障碍的老年人的大脑中，谷胱甘肽的水平可能较高，但这一点仍有待确定。

有些幸运的人在衰老的过程中，神经元中线粒体的功能可能依然良好。数百项已发表的研究证明，衰老和阿尔茨海默病会对线粒体产生不利影响。线粒体出现功能不良很可能导致细胞能量不足，使神经元面临兴奋性毒性的高风险。科学家们正在努力开发能够增强线粒体功能的阿尔茨海默病疗法。美国国家老龄化研究所的侯羽君和威廉·博尔开发了一种小鼠模型，可以表现出阿尔茨海默病的许多核心特征，包括Aβ斑块、神经原纤维缠结、神经元死亡和认知障碍。这些患阿尔茨海默病的小鼠大脑中的烟酰胺腺嘌呤二核苷酸（NAD+）含量减少。NAD+对线粒体能量的产生非常重要，能提高SIRT3的活性，如我在第7章所述，SIRT3能保护神经元免受兴奋性毒性的伤害。为了增强线粒体的功能，阿尔茨海默病小鼠接受了烟酰胺核糖（一种NAD+的化学前体）的治疗。这种治疗并不能减少大脑中Aβ的积累量，但却能减少神经原纤维缠结的数量并防止神经元死亡（Hou et al. 2021）。烟酰胺核糖治疗可以提高SIRT3的活性，改善认知障碍。总之，研究结果表明，即使大脑中存在大量的Aβ斑块，神经元也有可能保持活力和良好的功能。

有什么潜在的方法可以抑制谷氨酸能过度活跃，从而预防和治疗阿尔茨海默病吗？目前，美国食品药品监督管理局批准的唯一可能减缓阿尔茨海默病病程的药物是美金刚（McShane et al. 2019），该药通过膜去极化打开NMDA受体通道，起到阻断作用。然而，对阿尔茨海默病患者来说，这种药物的效益有限。氯胺酮是另一种作为NMDA受体开放通道阻滞剂的药物，间隔两个月施用，对治疗重度抑郁症是有效的，但尚未在阿尔茨海默病患者中开展评估。

鉴于癫痫发作在阿尔茨海默病患者中很常见，治疗癫痫的药物有时也会被开给阿尔茨海默病患者。新的证据表明，这类药物有可能减缓阿尔茨海默病的病程。例如，在一项研究中，左乙拉西坦治疗改善了轻度至中度阿尔茨海默病患者的认知能力，并使患者脑电图活动正常化（Musaeus et al. 2017）。另一项研究显示，轻度认知障碍患者的海马神经元表现出过度活跃，而两周的左乙拉西坦治疗能让海马神经元活跃度恢复正常。重要的是，与接受安慰剂治疗的患者相比，接受左乙拉西坦治疗的患者的空间认知能力明显提高（Bakker et al. 2012）。左乙拉西坦被认为是通过抑制突触前电压依赖性Ca^{2+}通道来降低神经元网络的兴奋性，从而减少谷氨酸的释放的。

中年罹患高血压是阿尔茨海默病的一个风险因素。与高血压未得到控制的人相比，高血压得到药物控制的人患阿尔茨海默病的风险会降低。二氮嗪是一种非常有效的降压药，这种药物通过打开血管平滑肌中的K^+通道，放松平滑肌来降低血压。二氮嗪还能激活神经元外膜上的K^+通道，从而降低神经元的兴奋性。值得注意的是，二氮嗪还能激活线粒体内膜上的K^+通道，增强神经元对代谢和氧化应激的抵抗力。一项研究表明，用低剂量的二氮嗪治疗可改善APP、PSEN1和τ蛋白突变的基因编辑小鼠的认知障碍，减少Aβ，并减轻τ蛋白病理（D. Liu, Pitta, et al. 2010）。到目前为止，还没有对阿尔茨海默病患者开展过低剂量二氮嗪的临床试验。

最近的研究结果表明，酮体可以预防阿尔茨海默病的神经元退化和认知能力下降。一项研究表明，在阿尔茨海默病三重转基因小鼠模型（3xTgAD）中，通过饮食补充酮酯可减轻退化过程的影响（Kashiwaya et al. 2013），酮体β–羟丁酸与禁食时体内脂肪产生的酮体相同。该研究给小鼠分别喂食正常饮食或含有酮酯的饮食，在饮食方案实施后的4个月和7个月评估小鼠的学习和记忆能力。与正常饮食对照组的小鼠相比，酮酯饮食组的3xTgAD小鼠在认知测试中的表现明显更好。此外，酮酯还能减少焦虑样行为。程爱武、万瑞倩（音译）及其合作者继续开展实验，以了解酮酯如何保护神经元免受阿尔茨海默病的侵害（Cheng, Wan, et al. 2020）。他们的研究结果表明，酮体是通过增强线粒体功能发挥作用的。

对人类的研究结果表明，间歇性禁食和酮酯对轻度认知障碍和阿尔茨海默病高危人群及患者可能有潜在益处。首先，肥胖或糖尿病患者患阿尔茨海默病的风险增加，而间歇性禁食在预防甚至逆转肥胖和糖尿病方面都非常有效（Mattson 2022）。其次，加拿大神经科学家史蒂夫·坎南曾使用正电子发射断层成像（PET，一种脑成像方法）来测量大脑神经元使用葡萄糖或酮体作为能源的相对能力（Cunnane et al. 2020）。他发现，人们若进食含有大量碳水化合物的经典饮食，大脑细胞主要利用葡萄糖作为能量来源。而人们若禁食或采用无碳水化合物的生酮饮食，大脑细胞则主要利用酮体作为能量来源。更多研究显示，在轻度认知障碍的人群中，大脑细胞利用葡萄糖的能力减弱，但这些细胞仍能够利用酮体（Neth et al. 2020）。结合前段所述的动物研究数据，坎南的研究结果表明，有阿尔茨海默病风险或处于阿尔茨海默病早期阶段的人可能会从间歇性禁食和酮酯中获益。

如果有药物能够逆转甚至阻止阿尔茨海默病认知障碍的发展，那当然再好不过了。然而，鉴于许多神经元在确诊阿尔茨海默病时已经死亡，这一愿景似乎不太可能达成。与此相反，在人类衰老过程中降低阿尔茨海默病患病风险已经实现。我将在第 11 章介绍终身锻炼、智力挑战和适量摄入能量这三种方法为何能够预防阿尔茨海默病、脑卒中和帕金森病。

帕金森病：颤抖的阴影

美国目前生活着超过 100 万帕金森病患者。患者不能正确地控制肢体运动，且控制能力逐渐恶化。患者通常首先发现自己手抖，尽管他们可能还有行走困难和肌肉僵硬的症状。帕金森病的这些所谓运动症状是由脑干上方的黑质变性引起的。黑质中的神经元在正常情况下使用神经递质多巴胺，它们的活动通常可以防止不必要的肢体运动。在疾病的早期阶段，许多多巴胺能神经元仍然存活，但无法产生多巴胺。在治疗帕金森患者时，可以通过给予左旋多巴缓解运动症状，这种药物可以直接转化为多巴胺分子，但不能减缓神经元的变性和死亡。

和阿尔茨海默病一样，大多数帕金森病患者发病于晚年，而且没有已知的遗传原因。演员兼科学爱好者艾伦·阿尔达、葛培理牧师和歌手琳达·龙施塔特都是在60~80岁或更晚被诊断出患有帕金森病的（不过龙施塔特的诊断后来被改为进行性核上性麻痹）。帕金森病的一个危险因素是头部外伤史。还有证据表明，反复接触某些杀虫剂（如鱼藤酮）会增加患帕金森病的风险。我在第6章中介绍了一些对神经元造成兴奋性毒性损害并导致神经元死亡的天然和人造神经毒素，其中一些毒素，如红藻氨酸和软骨藻酸，会直接过度激活谷氨酸受体；另一些神经毒素，如杀虫剂鱼藤酮和百草枯，会通过损害神经元中线粒体的功能间接引起兴奋性毒性。由于多巴胺能神经元具有较高的激发频率和能量需求，它们对这类线粒体毒素特别敏感。

演员迈克尔·J. 福克斯被诊断患有帕金森病时年仅29岁。如此年轻就发展出帕金森病实属罕见，通常是由遗传基因突变引起的，但公开信息并未显示他的双亲存在早发型帕金森病。根据网络百科，福克斯认为可能是自己接触的化学物质导致了帕金森病：

“我曾经在造纸厂附近的一条河里钓鱼，并把钓到的三文鱼吃掉；我去过很多农场；高中时我吸过很多大麻，这些大麻受到了政府的毒害。但如果想把事情搞明白，你会把自己逼疯。”

约有 5%的帕金森病患者是遗传性的。遗传性帕金森病患者通常在 30~50 岁开始出现症状。1997 年，美国国立卫生研究院的遗传学家报告说，在一个意大利家庭中发现了一种与遗传性帕金森病相关的基因突变（Polymeropoulos et al. 1997）。这一突变以常染色体显性方式遗传，即如果父亲或母亲携带这一突变，那他们的子女也有 50%的概率携带这一突变。负责编码α突触核蛋白（主要由神经元产生）的基因被认为在调控突触释放谷氨酸方面发挥作用。然而，α突触核蛋白的突变形式有在神经元里自聚集的倾向，并且可能以这种方式阻塞神经元的分子垃圾处理系统。导致的结果就是，损坏的线粒体堆积成山，神经元因能量不足而增加了对兴奋性毒性的易感性。值得注意的是，在一个患有遗传性帕金森病的家族中，患者的α突触核蛋白基因呈三倍体，但基因的DNA序列没有变化（Singleton et al. 2003）。这表明，神经元中α突触核蛋白的数量仅增加 33%就足以引起帕金森病。

与Aβ一样，α突触核蛋白即使在不存在突变的情况下也容易自聚集，且α突触核蛋白寡聚体也会在细胞膜上形成和堆积，并导致膜脂过氧化，从而使神经元易受兴奋性毒性的影响。研究人员在检查死于帕金森病的患者的大脑后发现，在α突触核蛋白大量积聚的神经元中，膜脂质过氧化产物HNE的含量最高。HNE可导致α突触核蛋白聚集，从而使α突触核蛋白在神经元中进一步堆积

（Qin et al. 2007）。

有证据表明，α突触核蛋白寡聚体可以从一个神经元转移到另一个神经元，这种转移最有可能在突触处发生。张识（音译）及其同事在一项研究中发现，α突触核蛋白寡聚体堆积在被称为“外泌体”的微小膜泡中（Zhang et al. 2018）。当神经元暴露于HNE中时，它们会释放外泌体。然后，外泌体可与相邻神经元的膜融合，导致α突触核蛋白寡聚体在这些神经元中堆积。将含有α突触核蛋白寡聚体的外泌体注入小鼠的大脑后，病理性α突触核蛋白会扩散到与解剖位置相连的脑区。这种机制或许可以解释病理性α突触核蛋白如何在神经元网络中扩散。

多里特·特鲁德勒、斯图尔特·利普顿及其同事发现，α突触核蛋白寡聚体能导致星形胶质细胞释放谷氨酸，并能增强谷氨酸对NMDA受体的激活作用（Trudler et al. 2021）。桑德拉·乌尔斯及其同事发现，谷氨酸能突触活动会被α突触核蛋白寡聚体加强（Huls et al. 2011）。与Aβ一样，α突触核蛋白对谷氨酸能突触的这些影响可能是由于膜脂质过氧化产物HNE损伤了Na^+泵蛋白，从而增强了细胞膜的去极化（图8–2）。另外，HNE还能与细胞膜葡萄糖转运蛋白GLUT3结合，从而减少产生ATP的葡萄糖量。

遗传学家在发现α突触核蛋白基因突变后不久，对其他患有遗传性帕金森病的家庭的成员做了DNA测序，并在其中一些家庭发现了不同的基因突变，这些基因编码了帕金（Parkin）蛋白、去糖化酶DJ-1、富亮氨酸重复激酶2（LRRK2）和PTEN诱导激酶1（PINK1，PTEN意为磷酸酶及张力蛋白同源物）。研究表明，这些蛋白质通常具有增强线粒体应激能力、清除受损蛋白质和线粒体，以及清除过量自由基的功能。对帕金蛋白、DJ-1、LRRK2 和 PINK1 蛋白突变的培养脑细胞和基因编辑小鼠开展的研究表明，这些突变扰乱了谷氨酸能神经递质，使神经元易受兴奋性毒性的影响（van der Vlag, Havekes, and Heckman 2020）。

编码帕金蛋白、PINK1 和 DJ-1 的基因的突变以常染色体隐性遗传方式传递，这意味着如果患者的帕金森病是由这些突变引起的，那患者就是从父亲和母亲那里各继承了一个功能异常的基因。这些突变是“失去功能型”突变。强有力的证据表明，帕金蛋白、PINK1 和 DJ-1 在正常情况下会保护神经元网络免受过度兴奋和兴奋性毒性伤害。帕金蛋白是一种泛素连接酶，这种酶的作用是将名为“泛素”的小蛋白质添加到其他蛋白质上。通过这种机制，帕金蛋白标记受损蛋白质，以便通过自噬和蛋白酶体中的酶降解将其清除。在具有帕金蛋白缺陷的小鼠的大脑中，谷氨酸能神经元对红藻氨酸的敏感性增加，容易出现兴奋性毒性。突触后神经元中产生过多普通的帕金蛋白，会减少兴奋性突触传递，而去除帕金蛋白则会增加兴奋性突触传递。PINK1 是一种激酶，会令参与线粒体生物能、Ca^{2+} 处理和线粒体自噬的蛋白质磷酸化。PINK1 突变会损害以上功能，引起帕金森病。研究表明，在具有 PINK1 基因缺陷的大鼠或小鼠的大脑中，多个脑区的神经元活动增强。有 PINK1 缺陷的小鼠，中脑多巴胺能神经元过度兴奋，表现出增强的自发爆发样激发（Bishop et al. 2010）。DJ-1 是一种抗氧化蛋白，通过这种机制可以防止 α 突触核蛋白的堆积。通过减少氧化应激，DJ-1 还可能保护神经元免受兴奋性毒性的影响。

大多数遗传性帕金森病都是由LRRK2 突变引起的。这种突变以常染色体显性方式遗传。LRRK2 是一种激酶，与帕金蛋白及外部线粒体膜上的几种蛋白质相互作用。在表达突变LRRK2 的年幼小鼠的纹状体中，中型多棘神经元的谷氨酸能和多巴胺能突触表现出活性增强；随着年幼小鼠长大，多巴胺能神经递质传递出现缺陷。早期是谷氨酸能神经递质的增加，随之而来的是树突的退化，在某些动物模型中还会出现神经元死亡（Plowey et al. 2014）。对LRRK2 突变引起的兴奋性毒性树突萎缩和神经元死亡的作用机制，可以有几种解释，比如线粒体功能损害和自噬。

近来对帕金森病的理解有一个引人注目的新转变，一些证据表明神经退行性变性变化的过程实际上可能始于肠道而非大脑（Del Tredici and Braak 2016）！德国神经病理学家海科 · 布拉克利用一种能与α突触核蛋白结合的抗体，了解帕金森病患者的哪些神经元会首先受到影响。布拉克使用一种名为“免疫组化”的方法，选择在帕金森病不同阶段死亡的患者的不同脑区的组织切片，观察α突触核蛋白的位置和相对数量。令人惊讶的是，他发现黑质多巴胺能神经元并不是大脑中首先出现α突触核蛋白堆积的神经元，最早出现这种情况的是使用神经递质乙酰胆碱的脑干神经元。这些胆碱能神经元是副交感神经系统的一部分，它们的轴突穿过迷走神经，在心脏、肠道和其他器官的细胞上形成突触。刺激脑干中的副交感神经元能减慢心率并增加肠道蠕动。

迷走神经的轴突支配着邻近肠道的神经元。这些神经元属于所谓的肠神经系统，与环绕肠壁的平滑肌细胞形成突触。它们的激活会导致肌肉细胞收缩，从而挤压食物，使其通过肠道。布拉克在检查已故帕金森患者的肠道组织时发现，在刺激肠道蠕动的神经元中存在大量的α突触核蛋白堆积。这种情况甚至出现在刚被诊断为帕金森病就因心脏病发作等原因在短时间内死亡的患者当中。布拉克在 2006 年发表了他的发现，并提出了在当时被认为激进的想法：

> 在黏膜下迈斯纳神经丛的神经元中发现了α突触核蛋白免疫反应性包涵体，这些神经元的轴突伸入胃黏膜，终点直接靠近胃底腺体。这是一个不间断的易感神经元系列，从肠系到中枢神经系统，这些元素可能是其中的第一个环节。这样一个不间断的神经元链的存在，支持了一种假设，即能够穿过胃上皮内膜的假定环境病原体可能会诱导α突触核蛋白在黏膜下神经丛的特定细胞类型中发生错误折叠和堆积，并通过一系列连续的投射神经元达到大脑（Braak et al. 2006, 67）。

许多帕金森病研究人员无视了布拉克的发现，因为帕金森病的运动症状是由大脑而非肠道的病变引起的。然而，有一些临床数据支持布拉克的“从肠道到大脑”的假说。对患者临床病史的研究表明，大多数患者在被诊断为帕金森病之前都患有慢性便秘，但这远不足以证明神经退行性变性疾病是从肠道传播到大脑这一理论。然而，2015 年，丹麦的研究人员报告说，因为严重胃溃疡而接受治疗、在肠道正上方切断迷走神经的患者，患帕金森病的风险降低

（Svensson et al. 2015）。随后在 2019 年，金相俊及其同事发现，向小鼠肠道肌肉注射聚集的α突触核蛋白会导致病理性α突触核蛋白向大脑扩散，从迷走神经背侧运动核到剑突核，再到黑质（S. Kim et al. 2019）。结果就是多巴胺能神经元退化，小鼠表现出控制身体运动的能力受损。

有证据表明，慢性肠道炎症会加速帕金森病的进展。多项群体研究结果表明，炎症性肠病患者随着年龄的增长，患帕金森病的风险也会增加。遗传学家已经证明，携带LRRK2 突变的人患炎症性肠病的风险会增加，这表明这些疾病和帕金森病的细胞改变有相似之处（Villumsen et al. 2019）。岸本由已在我的实验室工作期间，发现慢性轻度肠道炎症会加速帕金森病小鼠模型肠道和大脑中的病理性α突触核蛋白的发展，并导致多巴胺能神经元变性，出现相关运动症状（Kishimoto, Zhu, et al. 2019）。肠道和大脑中的炎症增加了，但血液中的炎症没有增加，这符合疾病是通过迷走神经从肠道逆行传播到大脑的观点。

最近的发现表明，肠道细菌种类（微生物群）的组成可能对帕金森病有影响。蒂莫西·桑普森和他的同事发现，当把帕金森病患者的肠道微生物移植到α突触核蛋白突变小鼠的肠道中时，大脑炎症和运动缺陷加剧，但移植健康人的肠道微生物群则没有这种效应（Sampson et al. 2016）。目前尚不清楚肠道炎症是否增加了脑干迷走神经元和中脑多巴胺能神经元对谷氨酸的敏感性，但这种联系似乎是可能的，因为肠道炎症增加了这些神经元中α突触核蛋白的堆积，而研究表明α突触核蛋白的这种堆积确实增加了神经元对谷氨酸的敏感性。

许多对帕金森病动物模型的研究旨在找到可以保护多巴胺能神经元免受损伤和死亡的治疗方法。一种方法是使用能够阻断谷氨酸受体的药物。动物研究表明，能够阻断NMDA受体的药物可以保护多巴胺能神经元免受MPTP的损伤（Brouillet and Beal 1993）。使用能够阻断红藻氨酸受体的药物也可以保护小鼠免受MPTP的损伤（Stayte et al. 2020）。但是在使用谷氨酸受体拮抗剂治疗帕金森病患者时，问题出现了。这类药物可能会产生严重的不良反应，包括认知障碍和幻觉，特别是在长期服用时，因为药物会影响谷氨酸能突触的功能，而后者是学习、记忆、决策及其他认知过程所必需的。

研究发现，在帕金森病的实验模型中，两种神经营养因子——BDNF和胶质细胞源性神经营养因子（GDNF）——可以阻止多巴胺能神经元退化，还能保护神经元免受直接兴奋性毒性的伤害（B. Cheng and Mattson 1994; Emerich et al. 2019）。有两种方法将这些神经营养因子输送到纹状体或黑质：使用植入皮下的微型泵输注，以及移植表达高水平神经营养因子的细胞。在一项临床试验中，GDNF被输注到豆状核——脑基底节的一部分，多巴胺能神经元轴突末梢的所在地。共有10名帕金森病患者接受了为期6个月的GDNF输注治疗。在输注期间和之后长达9个月的时间里，这10名患者的运动症状得到了显著改善（Slevin et al. 2007）。然而，在一项更新的试验中，将GDNF输注到帕金森病患者的豆状核中并未显示出显著的临床益处（Whone et al. 2019）。

MPTP、鱼藤酮和基因突变会导致早发型帕金森病，它们会损害神经元线粒体的功能，导致自由基产生，从而杀死神经元。因此，保护神经元的一种方法是使用抗氧化剂或增强线粒体功能的化学物质。在帕金森病的动物模型中，化学物质辅酶Q10似乎很有前景。辅酶Q10通常存在于线粒体膜中，在电子传递中发挥作用，同时它也是一种抗氧化剂。弗林特·比尔及其同事发现，小鼠在接受辅酶Q10和烟酰胺治疗后，它们的多巴胺能神经元更能抵抗MPTP的损伤（Beal et al. 1998）。遗憾的是，对帕金森病患者开展的几项临床试验未能显示辅酶Q10的益处。同样，肌酸（一种可以增加细胞ATP水平的天然化学物质）尽管在接受MPTP治疗的实验动物中表现出希望，但也未能在帕金森病患者中显示出益处。

在最近的临床试验中，有一种方法有望减缓帕金森病的进展，它来自对糖尿病的研究。胰高血糖素样肽–1（GLP-1）这种激素由肠壁细胞产生。当食物进入肠道时，GLP-1被分泌到血液中，然后通过两种方式降低血糖水平：增加肌肉、肝脏和其他细胞对胰岛素的敏感性，以及刺激胰腺中的细胞释放胰岛素。此外，GLP-1可以抑制食欲，从而防止过度进食。不过，进入血液后，GLP-1只能循环几分钟，因为它会被二肽基肽酶4（DPP4）降解。在巴尔的摩美国国家老龄化研究所工作的内分泌学家约瑟芬·伊根和药理学家奈杰尔·格雷格合作修饰了GLP-1的结构，使其不易被DPP4降解，因此能在血液中循环数小时。伊根和格雷格将这种稳定形式的GLP-1命名为“艾塞那肽”（Exendin-4），它在控制甚至逆转实验动物和人类的糖尿病方面非常有效。Exendin-4现在被广泛应用于

2 型糖尿病患者。

然而，GLP-1 的故事并未止步于糖尿病。奈杰尔·格雷格发现培养的神经细胞能对GLP-1 产生反应。随后，我和他合作开展的研究表明，GLP-1 和Exendin-4 可以保护海马神经元免受兴奋性毒性的伤害（Perry et al. 2002）。我们发现，当用GLP-1 处理神经元时，谷氨酸引起的细胞内Ca^{2+}水平升高趋势减弱了。在随后的研究中，Exendin-4 增加了小鼠多巴胺能神经元对MPTP引起的变性的抵抗力（Y. Li et al. 2009）。这些令人鼓舞的动物实验结果促使英国开展了关于Exendin-4 治疗帕金森病患者的随机对照试验。试验由神经学家汤姆·福蒂尼主持，其结果表明Exendin-4 在一年的时间里显著减缓了症状恶化（Athauda et al. 2017）。

用酮类物质增强神经元能量是另一种改善帕金森病症状、减缓疾病进程的有前景的方法。运动能力受损是帕金森病的一个后果，但最近的研究表明，膳食中的酮酯可以提高帕金森病患者的骑行耐力（Norwitz et al. 2020）。正如前文所述，酮酯也已被证明可以防止动物模型中阿尔茨海默病的神经元网络过度兴奋。

最后，利用化学物质调动神经元的适应性细胞应激反应，也许可以保护帕金森病患者的神经元，保持其功能。这种方法的基础是毒物兴奋效应——一种进化保留的机制，细胞通过这种机制对轻微和短暂的压力做出反应，从而增强细胞对持续或后续压力的抵抗力。动物实验表明，2–脱氧葡萄糖和 2,4–二硝基酚（DNP）这两种化学物质可以激活细胞的某些适应性反应。动物在接受 2–脱氧葡萄糖治疗后，该化学物质会像葡萄糖一样被输送到大脑和身体其他部分。但是，与葡萄糖正好相反，2–脱氧葡萄糖无法被身体利用来产生ATP，而且还能阻止葡萄糖产生ATP。这样一来，2–脱氧葡萄糖就模拟了禁食的效果，脂肪就会被动员起来。在注射了2–脱氧葡萄糖的动物或人体内，酮体代替了葡萄糖，成为细胞的能量来源。小鼠在接受2–脱氧葡萄糖治疗后，它们的多巴胺能神经元对MPTP的损害具有一定的抵抗力（Duan and Mattson 1999）。低剂量DNP能保护多巴胺能神经元，并改善α突触核蛋白突变小鼠的功能性转归（Kishimoto, Johnson, et al. 2020）。DNP通过使线粒体内膜泄漏出质子（H^+），产生轻微的代谢压力。2–脱氧葡萄糖和DNP都能诱导BDNF的表达，这可能有助于它们的神经保护作用。

然而，让身体和大脑细胞产生适应性应激反应的最安全方法不是药物，而是运动和间歇性禁食。我在第11章展示的证据介绍了这些生活方式可以降低帕金森病风险，也可能对已经患有这种神经退行性变性疾病的人有益。

亨廷顿病：致命的遗传

伍迪·格思里是美国的一位民谣歌手、作曲家，他的代表作是《这是你的国土》。格思里在俄克拉何马州长大，14岁时，他的母亲因为亨廷顿病住院，这是一种致命的遗传性神经系统疾病。格思里也从母亲那里继承了引起亨廷顿病的突变基因。亨廷顿病的症状包括精神问题、四肢不自主抽动（称为“舞蹈症”），以及说话不清楚；该病特征还包括情绪波动、难以集中注意力和记忆力衰退。这些症状通常在患者三四十岁时开始出现。1952年，40岁的格思里因为暴怒等情绪大幅波动而被送进精神病院；出院后的几年里，他的身体状况还算不错，但1965年时，他的病情恶化，已经说不出话了。格思里在55岁时去世。

亨廷顿病非常罕见，在美国，大约每两万人中有一名患者。不过，由于亨廷顿病是显性遗传，如果父母一方患有亨廷顿病，子女就有50%的概率患病。世界各地都有一些家族聚集性的亨廷顿病，这种病在西欧裔家族中比亚裔或非洲裔家族中更为常见。该病是由编码亨廷顿蛋白的基因突变引起的。这种突变不同寻常，需要在基因中插入一长串重复的三碱基DNA序列胞嘧啶–腺嘌呤–鸟嘌呤（CAG）。CAG编码的是氨基酸谷氨酰胺，因此异常的亨廷顿蛋白有一长串的谷氨酰胺。

在亨廷顿病中受到影响最严重的神经元是基底节中的中型多棘神经元。中型多棘神经元是大型的GABA能神经元，接收来自黑质多巴胺能神经元的输入。在亨廷顿病中退化的中型多棘神经元的功能原本是抑制不受控制的身体运动；它们退化后，患者会表现出持续的身体运动。在亨廷顿病中退化的纹状体的GABA能中型多棘神经元和在帕金森病中退化的黑质多巴胺能神经元有几个共同特征，即它们具有大量的NMDA受体且活跃度高，以及激发产生动作电位的频率比大多数其他神经元更高。它们还拥有更多的线粒体，这是提供能量以支持其高水平活动所必需的。一般认为，它们的高能量需求使中型多棘神经元和黑质多巴胺能神经元容易受到兴奋性毒性的影响。

有证据表明，突变的亨廷顿蛋白会损害线粒体功能（Chang et al. 2006）。与帕金森病中的α突触核蛋白一样，突变的亨廷顿蛋白会与自身结合，并在神经元内堆积。这种异常亨廷顿蛋白的堆积会损害线粒体功能。此外，神经元清除受损线粒体的能力也会受损。因此，神经元积累了功能失调的线粒体，几乎不能产生ATP，反而会产生大量自由基。由于自由基引起的能量减少和氧化应激，神经元在激发后泵运Na^{+}和Ca^{2+}的能力受损。因此，中型多棘神经元对兴奋性毒性非常敏感。

除了对线粒体产生不利影响，突变的亨廷顿蛋白还可能以更特殊的方式使神经元易受兴奋性毒性的影响。其中一种方式是增加神经元膜上NMDA受体的数量。索尼娅·马尔科及其同事发现，突变的亨廷顿蛋白会导致细胞内NMDA受体插入质膜（Marco et al. 2013）。他们利用分子遗传学的方法发现，NMDA受体数量的增加会导致正常亨廷顿蛋白小鼠的纹状体神经元退化。在突变型亨廷顿蛋白的小鼠体内删除NMDA受体可减少纹状体神经元的变性，并改善运动和认知障碍。

亨廷顿病患者的尸检分析表明，患者大脑中纹状体和皮质中的BDNF水平会降低。同样，在表达人类突变型亨廷顿蛋白的基因编辑小鼠中，纹状体和大脑皮质中的BDNF水平也有所降低。有证据表明，突变型亨廷顿蛋白能抑制编码BDNF的基因的转录（Zuccato et al. 2003）。通过基因治疗或输注BDNF来增加突变型亨廷顿蛋白小鼠大脑中的BDNF含量，可以减少纹状体和皮质神经元的退化，改善运动障碍。由于BDNF可保护神经元免受兴奋性毒性的伤害，因此BDNF的缺失很可能与亨廷顿病有关。

据报道，有效减缓突变型亨廷顿蛋白小鼠的疾病进展的方法有很多（Crook and Housman 2011），其中包括NMDA受体拮抗剂和抗氧化剂。其他对亨廷顿病动物模型有效的治疗方法包括抗抑郁药（如帕罗西汀、GLP-1受体激动剂Exendin-4、线粒体解偶联剂DNP）和电休克疗法（Duan, Guo et al. 2004; B. Martin et al. 2009; Mughal et al. 2011; B. Wu et al. 2017）。这些治疗方法的共同点是，它们都提升了大脑中的BDNF水平。往纹状体内输注BDNF或植入产生大量BDNF的细胞，都能保护中型多棘神经元，并改善突变型亨廷顿蛋白小鼠的运动症状。

尽管动物实验取得了进展，但临床试验中治疗亨廷顿病的药物失败率非常高，只有不到4%的药物获得批准。这些药物用于对症治疗，但可能无法减缓疾病进展。治疗运动症状的常用药物有GABA受体激动剂（如地西泮）和减少多巴胺能神经递质的药物（如丁苯那嗪），还有治疗精神症状——焦虑和抑郁——的药物，包括血清素再摄取抑制剂（SRI）和去甲肾上腺素再摄取抑制剂（NERI）。

你可能会惊讶地发现，以目前的知识和技术水平，理论上有可能在未来30年左右消除亨廷顿病（Mattson 2021）。具体来说就是，如果父母一方患有亨廷顿病，子女可以在青春期左右用咽拭子或采血的方式做基因检测，以了解是否遗传了突变的亨廷顿基因。如果遗传了，子女一代有两种方式避免下一代也患上亨廷顿病。他们可以选择不生育，或者考虑领养。但他们也可以拥有自己的健康孩子——用试管婴儿技术。丈夫提供精液样本，妻子提供卵子。父亲的精子将在培养皿中令准妈妈的几个卵子受精。受精卵会分裂成两个细胞。再经过两次分裂后，每个发育中的胚胎将有8个细胞。然后，从每个胚胎中取出一个细胞做基因检测，确定是否存在突变的亨廷顿基因，再选出不含突变的亨廷顿基因的胚胎植入母亲子宫内。9个月后，孩子出生、成长，他们肯定不会得亨廷顿病。用这种方式，也可以消除导致早发型阿尔茨海默病和帕金森病的基因突变。

然而，消除亨廷顿病或任何其他显性遗传病，需要患者家庭成员的积极配合。事实上，很多人不希望知道自己是否遗传了突变基因，还有些人可能因为宗教原因抗拒基因检测和胚胎选择。我的观点是，如果一个人的父母或祖父母有亨廷顿病，那么当这人到了育龄应该了解一个事实，就是他可以选择使自己的孩子不得亨廷顿病，如果选择试管婴儿，费用还可以由保险支付。

目前正在开发前景广阔的基因疗法，致力于让突变的亨廷顿基因沉默或纠正突变。也许最令人兴奋的矫正人类基因缺陷的方法是CRISPR/Cas9基因编辑技术（CRISPR是clustered regularly interspaced short palindromic repeats的缩写，即短回文重复序列）。尽管该技术的细节不在本书讨论的范围之内，但CRISPR/Cas9系统可以切除突变的亨廷顿基因，并用非突变基因取而代之。这样的基因治疗技术至少在理论上能够用于任何由基因突变引起的神经性病变。使用CRISPR/Cas9 RNA干扰方法，在小鼠中通过沉默纹状体神经元中突变的亨廷顿基因可以改善纹状体神经元的退化和运动症状（H. Liu et al. 2021）。另一种基因疗法是RNA干扰技术，它使用与靶基因

mRNA序列互补的21个碱基的小序列，可以将产生所需小干扰RNA并选择性感染神经元的无害病毒（如腺相关病毒）注入大脑。这种技术能够在神经元中连续产生小干扰RNA，对阻止小鼠大脑中亨廷顿基因突变引起的神经元变性非常有效（Stanek et al. 2014）。

ALS：罕见的突变

卢·格里克是棒球史上的顶级球员之一，他在17年的职业生涯中，平均打击率达到了0.340。由于他从未缺席过比赛，因此被称为“铁马”。从1923年到1937年，格里克的打击率一直稳定在0.330~0.360，但在1938年下降到0.295，在1939年暴跌至0.143。格里克的肌肉迅速恶化，于1941年去世，年仅37岁。格里克患的疾病现在被称为“肌萎缩侧索硬化”，简写为ALS。大多数情况下，ALS患者将在确诊后的3年内去世。然而，有些人疾病进展较为缓慢，可能存活几十年。此病患者中最有名的人也许是英国物理学家史蒂芬·霍金，他在21岁确诊ALS，于76岁去世。霍金在年近40岁时开始使用轮椅，语言功能开始恶化，然而借助计算机技术，他仍能够继续演讲和写作。

ALS是一种相对罕见但致命的疾病，在美国，大约每两万人中就有一人死于这种疾病。ALS的病理过程是激活肌肉细胞的运动神经元发生退化，导致肌肉无力和萎缩。这些运动神经元位于脊髓，其轴突通过周围神经延伸到肌肉。例如，支配腿部肌肉的运动神经元的轴突经过坐骨神经，当这种肌肉变得明显虚弱时，表明许多运动神经元已经死亡或正在死亡。通常，支配四肢肌肉的运动神经元首先退化，导致患者无力行走或抬起手臂；最终，控制呼吸的运动神经元退化，患者也将因此死亡。

与阿尔茨海默病和帕金森病一样，在大多数情况下，ALS的病因是未知的，但约有10%的ALS病例是由基因突变引起的（G. Kim et al. 2020）。9号染色体上的第72个开放阅读框（C9ORF72）基因突变和反式激活应答DNA结合蛋白–43（TDP-43）突变，是大多数遗传性ALS的病因；而大约1%病例的致病原因是编码SOD1的基因和编码融合蛋白（FUS）的基因发生突变。SOD1、TDP-43和FUS突变是一类增益功能突变，即突变蛋白对运动神经元产生有害作用，与蛋白的正常功能无关。这些突变导致聚集的SOD1和TDP-43在运动神经元中堆积。C9ORF72突变则不同寻常，因为它是基因的一个非编码区域中的六核苷酸发生重复。据推测，C9ORF72突变以不利于运动神经元的方式改变了基因的表达。

在ALS病程的早期阶段，患者通常会经历肌肉抽动和痉挛，这些症状与下运动神经元的过度兴奋一致。对下运动神经元电活动的测量显示，在进展到肌肉无力之前，下运动神经元存在持续的过度兴奋。无论是病因不明的ALS患者，还是那些遗传性SOD1、C9ORF72或FUS突变的患者，都是如此。其他研究表明，大脑中的上运动神经元在ALS病程早期阶段表现出过度兴奋。这些谷氨酸能上运动神经元的过度兴奋可能导致下运动神经元的活动增加（图8–3）。使用经颅磁刺激的研究还显示，在ALS中，上运动神经元的兴奋性增加可能是由谷氨酸驱动的（Naka and Mills 2000）。最

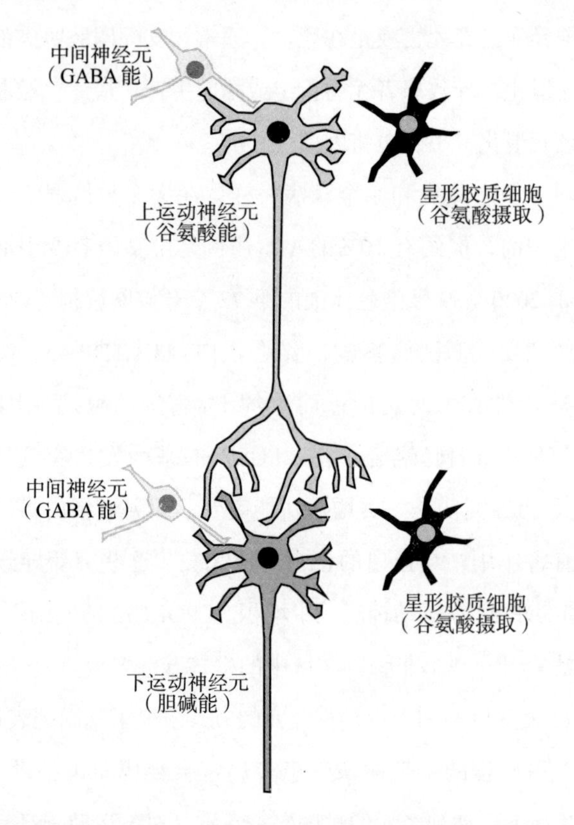

图 8–3　与ALS有关的神经元。大脑皮质中的谷氨酸能上运动神经元将长轴突延伸到脊髓，在那里与胆碱能下运动神经元的树突产生突触。运动皮质和脊髓中的GABA能中间神经元抑制上下运动神经元。星形胶质细胞会清除突触中的谷氨酸

近的研究表明，ALS患者在接受AMPA受体阻断药物吡仑帕奈治疗后，这种大脑皮质的过度兴奋性会减弱（Oskarsson et al. 2021）。随着疾病的发展和运动神经元的死亡，诱发肌肉收缩的能力减弱，并最终消失。此外，对脊髓和运动皮质神经元丢失情况的分析表

明，GABA能中间神经元在ALS病程中发生退化，这种抑制性中间神经元的丢失可能造成了ALS患者运动神经元的兴奋性死亡。

运动神经元的几个特征使其容易受到兴奋性毒性的影响（Bogaert, d'Ydewalle, and Van Den Bosch 2010; Rothstein 2009）。脊髓中的下运动神经元会受到大脑运动皮质中谷氨酸能神经元轴突的刺激。运动神经元具有高水平的对Ca^{2+}渗透的AMPA受体。脊髓运动神经元非常大，轴突很长。可以想象，它们的巨大尺寸会面临多重挑战，使它们容易受到兴奋性毒性的影响：能量需求高；需要将蛋白质、mRNA和线粒体从细胞体运输到轴突末梢；需要从长轴突中清除受损及功能失调的线粒体和蛋白质。

约翰斯·霍普金斯大学的杰弗里·罗思坦提供的证据表明，星形胶质细胞清除谷氨酸的能力下降，导致了ALS运动神经元的兴奋性变性。他和同事们发现，在ALS患者的脊髓中，星形胶质细胞谷氨酸转运体-1（GLT-1）的数量有所减少（Rothstein, Van Kammen, et al. 1995）。当在大鼠脊髓切片培养中使用反义寡核苷酸降低GLT-1水平时，运动神经元会发生退化（Rothstein, Dykes-Hoberg, et al. 1996）。此外，在大鼠中降低GLT-1水平的实验导致了类似ALS的进行性神经元变性和瘫痪。

表达SOD1基因突变的基因编辑小鼠表现出与患有ALS的人类非常相似的特征，它们迅速出现下运动神经元丢失和肌肉无力，最终瘫痪并死亡；它们的运动神经元堆积了大量的SOD1。有证据表明，SOD1突变导致神经元中线粒体功能受损，还可能影响星形胶质细胞从突触中清除谷氨酸的能力。减少谷氨酸神经递质的药物可以减缓SOD1突变小鼠的病程（Tortarolo et al. 2006）。

如前所述，大多数ALS的病因不明，但有一个奇怪的病例提供了线索（Spencer 2022）。20世纪末以前，关岛上有许多人患有一种致命的神经退行性变性疾病，在痛苦中走向死亡。这种疾病的特征是身体运动控制能力受损、进行性瘫痪和痴呆。神经学家将这种疾病称为“关岛型肌萎缩侧索硬化–帕金森综合征–痴呆复合征”（Guam-ALS-PDC）。很早以前，人们就清楚这不是一种遗传性疾病，而是由环境因素引起的。随着关岛的西方化，这种疾病几乎消失了，在移居美国的关岛居民中也没有人发病。研究表明，食用含有兴奋性毒素*β*–甲氨基–L–丙氨酸（BMAA）的食物可能是Guam-ALS-PDC的致病原因（Banack, Caller, and Stommel 2010）。苏铁树种子中含有少量BMAA，这是“飞狐”——一种果蝠的主要食物来源。事实证明，大量的BMAA在蝙蝠的脂肪中生物富集，关岛原住民食用了这些果蝠。研究人员通过分析经常食用果蝠并死于Guam-ALS-PDC的人的大脑和脊髓，发现其中含有BMAA。细胞培养和动物模型研究表明，BMAA可能导致运动神经元的兴奋性毒性损伤，但目前尚缺乏关于Guam-ALS-PDC的因果关系的确凿证据。

利鲁唑是一种被证明能减缓ALS病程进展的药物（Miller et al. 1996）。这种药物通过增强星形胶质细胞清除突触中谷氨酸的能力来发挥作用。然而，利鲁唑只能延缓疾病的进展，不能阻止疾病的恶化。这可能是因为当一个人被确诊ALS时，已经来不及挽救那么多运动神经元了。此外，利鲁唑只能在一定程度上减轻运动神经元上谷氨酸受体的激活，而不能阻止这一行为。

第 9 章

心理健康的操控者

心理障碍是一种常见病，而且往往使人虚弱疲劳。这些疾病包括焦虑症、抑郁症、PTSD、孤独症谱系障碍和精神分裂症。本章将重点讨论谷氨酸能神经元网络的结构和功能改变对这些脑部疾病的影响。

焦虑症、抑郁症和PTSD：情绪的迷宫

> 我的一生都在遭受焦虑症和抑郁症的折磨，现在我仍然每天都在忍受着这种痛苦。我只想让这些孩子们知道，他们作为人类所感受到的低落是正常的。我们生来如此。现代社会中的每个人都觉得自己很肤浅，人与人之间的联系越来越少？那不是人类。
>
> ——Lady Gaga（欧美流行音乐天后），引自《Lady Gaga：我一生都在遭受抑郁症和焦虑症的折磨》一文，戴维·伦肖撰文。

许多人认为PTSD是战士才会面临的问题。虽然这是事实，但我希望提高人们对这种精神疾病的认识，它影响着包括青少年在内的所有人群……任何人的隐形痛苦都不应被忽视。

——Lady Gaga，引自《Lady Gaga自19岁被“多次”强暴后患上PTSD》一文，克莱尔·吉莱斯皮撰文。

生物偶尔对某些情况感到焦虑并不少见，而且这一点在进化过程中对生存非常重要。例如，小鼠和大鼠会避开空旷的地方，因为在这类地形上更容易被猛禽发现和捕获。在运动比赛、公开演讲或学校考试中，一些暂时的焦虑可能会成为激励人们的有利因素。但是，过度和持续的焦虑会使人精神崩溃。尽管我做过那么多次演讲，但每次演讲前我还是会有点儿焦虑。不过，只要我把注意力集中在要说的内容上，演讲开始后用不了多久，这种焦虑就会消失。同样，我以前参加轻驾车赛马或越野摩托车比赛时，在比赛开始前的几分钟也会感到紧张，而比赛一开始，焦虑就消失无踪了，我会全神贯注。但是，我也经历过更长时间的焦虑，源自对我来说非常重要但我又无法控制的未来事件的不确定性。在我的人生中，有几次这种慢性焦虑还导致了长达数月的抑郁症。

在美国，几乎每5个人中就有一人患过焦虑症。在过去一年中，美国约有1 700万人（每20人中就有一人）患过重度抑郁症。只有约40%的焦虑症或抑郁症患者接受了治疗。在美国，近10%的人患过PTSD。女性被诊断出焦虑症、抑郁症或PTSD的数量大约是男性的 2 倍。这种性别差异的部分原因可能是遇到这些问题的男性更不愿意寻求专业帮助，因此未被诊断和报告。

广泛性焦虑和惊恐发作是两种最常见的焦虑症。广泛性焦虑的特点是持续感到不安、疲惫、难以集中注意力、肌肉紧张，以及过度担忧和睡眠问题。患有这种慢性焦虑症的人往往在学习、工作和社交中存在困难。惊恐发作是一种突发性的强烈恐惧，通常伴有心跳加速、颤抖和末日来临的感觉。目前，美国约有 700 万人患有广泛性焦虑症，约有 600 万人患有惊恐发作。

每个人都可能经历一段时间的悲伤，这种情况持续几天不会对工作、社交或家庭产生重大的负面影响。如果在数周或更长时间内，每天都出现以下症状，则被认为患有临床上的抑郁症：感到悲伤和绝望；易怒，经常伴有愤怒的爆发；睡眠不佳；疲倦和虚弱；过度焦虑；难以集中注意力；自责和无价值感；反复出现死亡和自杀的念头。

PTSD最为人熟知的可能是多发生在参加过战斗的士兵身上，但其实任何人都可能患上PTSD。症状通常在创伤事件发生后一个月内出现，但可能数年后才会消失。这些症状包括反复出现讨厌的回忆和创伤事件的闪回、令人不安的梦境和噩梦，以及严重的情绪困扰。这些症状通常伴有长期焦虑症和抑郁症。PTSD患者会回避让他们想起创伤事件的活动、电影、人或地点；他们在社交、工作和人际交往中会遇到困难，执行日常任务的能力通常也会受到影响。

与大多数健康问题一样，环境因素和遗传因素都会影响一个人患焦虑症或抑郁症的风险。然而，与研究许多其他神经系统疾病——阿尔茨海默病、帕金森病和亨廷顿病——不同，遗传学家尚未发现导致焦虑症或抑郁症的基因突变。不过，焦虑症和抑郁症往往有家族倾向，而且有证据表明，某些遗传因素会影响一个人的患病风险。

压力过大是焦虑症和抑郁症的主要因素，也是PTSD的诱因。压力来源可能是一个严重的创伤事件，也可能是与社交、工作环境或健康问题相关的更隐蔽的日常压力。新冠疫情已导致100多万美国人丧生，并给许多人留下了长期的健康问题。此外，与病毒及其后果相关的压力——社交隔离、收入下降、许多不确定性和不可控——影响深远。很可能许多本来不会患上焦虑症或抑郁症的人，由于经历了新冠疫情而出现这些症状。

鉴于您已读至此处，想必不会惊讶，焦虑症、抑郁症和PTSD也与谷氨酸能神经元回路异常有关。事实上，谷氨酸能神经元在某些脑区的异常活动会改变神经元网络结构，产生这些疾病的相关症状。我将在下文中先探讨有关谷氨酸和情绪障碍的研究现状，然后介绍这些研究成果如何转化为更有效的治疗方法。

神经科学家们在理解大脑和身体因长期不受控制的压力而发生的变化方面取得了重大进展，这种压力是焦虑症、抑郁症和PTSD的危险因素。导致心理障碍的压力类型产生于个体在生理和心理上无法摆脱的情境，这导致了神经元网络的激活，从而能够对急性压力做出适应性行为反应，例如遭遇捕食者。这些反应包括恐惧和焦虑，并促使个体通过奔跑或战斗等方式结束压力。这些对压力响应的网络包括大脑中互相连接的几个不同区域的谷氨酸能神经元，其中海马、下丘脑、杏仁核和前额叶皮质尤为重要。

承压的经历往往比无压力的经历更容易被人记住。从进化的角度来看，这是有道理的，因为对压力的记忆有助于个体在未来避免类似的负面经历。但是，当这些不好的记忆在压力事件过去很久之后还反复出现时，个体的心理健康就可能会受到影响，总体健康也会受到不利影响。正如我在第 4 章所述，海马是大脑的学习和记忆中枢。海马与杏仁核和下丘脑直接相连。在承压期间，下丘脑神经元的激活导致ACTH被释放到血液里（图 4–3）。ACTH传播到肾上腺，刺激皮质醇的产生。皮质醇与肾上腺素协同，在压力期间提高葡萄糖水平，对机体的急性应激反应起重要作用。但是，这种压力反应的神经内分泌系统的慢性激活可能对身体和大脑产生有害影响。

广泛性焦虑症患者的皮质醇水平通常比健康人要高（Fischer 2021）。对大鼠和小鼠的研究表明，皮质酮（在啮齿动物中相当于皮质醇）会导致慢性压力，对大脑产生不利影响（Popoli et al. 2011）。皮质酮会增加海马中谷氨酸能神经元的活性，使它们容易受到树突修剪的影响。有证据表明，压力和皮质酮的这些不利影响是由于谷氨酸释放增加、突触AMPA受体数量增加，以及星形胶质细胞清除谷氨酸的能力受损造成的。

大脑成像研究显示，广泛性焦虑症、抑郁症和PTSD与海马缩小有关。然而，这一发现并不能区分是这些疾病导致海马缩小，还是海马较小的人更容易患上这些疾病。但是，动物实验表明，经历了长期压力导致情绪焦虑或抑郁状态，也会导致海马缩小。海马的缩小显然是由于树突长度缩短和树突上突触数目的减少。这项研究由已故的布鲁斯·麦克尤恩（McEwen, Bowles, et al. 2015）开创。在这类动物研究中施加的一些压力与人类高度相关，包括社交隔离、长期睡眠剥夺、反复暴露于冷水或随机给予脚部电击。在几周或更长的时间内，这种慢性压力会导致海马神经元的树突退化，并且使一些突触退化。

普林斯顿大学的伊丽莎白·古尔德的研究表明，慢性压力导致海马齿状回的神经发生——从干细胞产生新神经元的过程——也减少了（Gould and Tanapat 1999）。神经元萎缩和神经发生的减少，导致海马体积缩小，学习和记忆能力受损。在行为上，实验动物最初表现出焦虑增加，然后进入一种类似抑郁症的状态，被称为"习得性无助"。研究表明，皮质酮与长期无法控制的压力造成的海马萎缩及相关的认知障碍有关。比如，西奥多·杜马及其同事通过采用基因疗法表明，降低皮质酮水平可以改善突触功能障碍，从而改善大鼠的空间学习能力和记忆障碍（Dumas et al. 2010）。

焦虑症和抑郁症动物模型中发生的神经元萎缩显然是由一种相对轻度的兴奋性毒性引起的，一些突触丢失，但神经元没有死亡。在焦虑症和抑郁症的动物模型中，慢性压力对神经元网络结构和功能的不良影响基本上是可逆的。研究表明，在人类中，慢性焦虑和抑郁对海马的不良影响也是可逆的。例如，伊薇特·谢莱恩等人测量了接受抗抑郁药治疗与未接受治疗的抑郁症患者的海马大小，发现未经治疗的抑郁症患者的海马明显较小，而那些通过治疗恢复的患者的海马则相对较大（Sheline et al. 2012）。

关于海马中的谷氨酸能神经元过度激活会导致焦虑症的进一步的证据，来自关于定期锻炼和间歇性禁食对焦虑症的影响的相关研究。对人类的研究表明，运动对预防、治疗焦虑症和抑郁症有很大的益处（Ashdown-Franks et al. 2020）。动物研究表明，跑轮运动可以降低大鼠和小鼠的焦虑症水平、减少抑郁的行为。伊丽莎白·古尔德及其同事发现，跑动能减轻小鼠与压力体验相关的焦虑（Schoenfeld et al. 2013）。焦虑的减轻与GABA能抑制性神经元活动的增加，以及随之减少的海马中谷氨酸能神经元活动有关。运动对海马神经元的这种影响解释了焦虑减少的原因，因为向海马注射抑制GABA受体的药物荷包牡丹碱后，跑步缓解焦虑症的效应就会被消除。

海马中的神经元与杏仁核及前额叶皮质中的神经元相互连接。杏仁核的一个主要功能涉及对应激性情境的行为和神经内分泌做出反应，它是大脑的"恐惧中枢"。对动物模型和人类的研究表明，焦虑症和PTSD患者的杏仁核体积可能会增大（McEwen, Eiland, et al. 2012）。在有关抑郁症的研究中，杏仁核内的一些回路可能会萎缩，而另一些回路则可能会增长。动物模型实验显示，慢性焦虑会导致杏仁核某些部分的谷氨酸能神经元增长，突触数量增加。这些结构性变化，与在同一笼子里生活的动物之间出现的对恐惧情境的行为反应增加和攻击行为增加相关。功能性神经影像学研究记录下了广泛性焦虑症患者的杏仁核的过度激活、外侧前额叶皮质的激活减少，以及这两个脑区之间功能性连接的改变。这些脑区中的异常神经元网络活动被认为会导致威胁检测、情绪控制、执行和决策能力受损。

遗传学家已发现一些基因可能会影响个体患上焦虑症、抑郁症和PTSD的易感性（Gatt et al. 2015; Lacerda-Pinheiro et al. 2014），其中包括编码GABA受体蛋白、Ca^{2+}通道和BDNF的基因突变。目前还不清楚这些遗传因素如何导致个体患上焦虑症和抑郁症。不过，鉴于GABA、Ca^{2+}通道和BDNF都会影响谷氨酸能神经元的功能，因此很可能会对谷氨酸能神经元产生影响。

有大量证据表明，BDNF的分泌减少是抑郁症导致神经元萎缩和神经发生受损的原因之一。对猝死者大脑的分析表明，与非抑郁症患者相比，抑郁症患者海马的BDNF水平较低（Dwivedi 2010）。一项研究报告表明，抑郁症患者在接受电休克治疗后，脑脊液中的BDNF水平会升高（Mindt et al. 2020）。另一项研究报告称，与无认知障碍的抑郁症患者相比，有认知障碍的抑郁症患者脑脊液中的BDNF水平较低（Diniz et al. 2014）。动物研究表明，慢性压力会导致海马中的BDNF水平降低，这种降低与神经元萎缩和神经发生受损有关（Schmidt and Duman 2007）。抗抑郁药物和运动能提高海马中BDNF的水平，刺激新突触的形成和神经发生。

在受焦虑症、抑郁症和PTSD影响的神经元网络中，GABA、血清素和去甲肾上腺素都参与调节谷氨酸能神经元。这一点得到了明确的证明，因为影响这些神经递质的药物都能有效治疗焦虑症、抑郁症和PTSD。在治疗史上，首先为焦虑症患者开的处方药是激活GABA受体的药物，如地西泮。对焦虑症有效的药物包括加巴喷丁和普瑞巴林，它们显然是通过抑制突触前Ca^{2+}通道发挥作用，从而减少突触前末梢释放的谷氨酸。最近，一些最初用于抑郁症治疗的药物已被证明对焦虑症和PTSD有效。这种抗抑郁药物被称为“选择性血清素再摄取抑制剂”（SSRI）或“选择性血清素和去甲肾上腺素再摄取抑制剂”（SNSRI）。SSRI包括氟西汀和帕罗西汀，而SNSRI包括度洛西汀和文拉法辛。这些药物抑制负责从突触中清除血清素和去甲肾上腺素的转运蛋白，从而增加突触中血清素和去甲肾上腺素的含量。血清素和去甲肾上腺素突触位于遍布整个大脑的谷氨酸能神经元的树突上，包括海马、杏仁核和前额叶皮质中的神经元。

那作用于谷氨酸受体的药物是否对情绪障碍的患者有益呢？20 世纪 90 年代，我实验室中的神经科学家在给大鼠或小鼠做手术时，给它们注射了一种叫作“氯胺酮”的麻醉剂。如今的兽医仍然经常使用氯胺酮麻醉动物。不过，在时长超过 30 分钟的手术中，氯胺酮的效果并不理想，因为它需要多次注射才能维持动物的麻醉状态，所以现在更常用异氟醚等吸入式麻醉剂。

但事实证明，较低剂量的氯胺酮可以缓解抑郁症。对抑郁症患者开展的氯胺酮随机双盲对照试验的结果在 2006 年首次发表（Zarate, Singh, et al. 2006）。患者的症状在治疗前、治疗后 3 天和 7 天分别得到了评估。接受氯胺酮治疗的患者的症状有所改善，但接受安慰剂治疗的患者的症状没有改善。此后，又有几项更大规模的研究表明，氯胺酮可以迅速缓解抑郁症状，而且这种抗抑郁效果可以在治疗后持续数周甚至数月。氯胺酮治疗还对双相情感障碍患者有益（Zarate, Brutsche, et al. 2012）。有证据表明，氯胺酮以减少受体离子通道开放的方式作用于NMDA谷氨酸受体。我们可以通过研究影响谷氨酸神经传递的药物探索治疗焦虑症和抑郁症的方向。

精神分裂症：心灵的动荡

> 想象一下，如果你突然得知，对你来说最重要的人、地点和时刻并没有消失，也没有死去，更糟的是，这些从未存在过，那将是怎样的地狱？
>
> ——罗森医生，电影《美丽心灵》

约翰·纳什是一位来自西弗吉尼亚州的数学家，他在博弈论、微分几何学和与日常生活相关的复杂系统决策方面做出了重大贡献。他的所有主要学术成就都是在20岁出头时获得的。在接受麻省理工学院的教职后不久，纳什开始经历偏执妄想，并因精神分裂症而被送入精神病院接受治疗。他开始服用抗精神病药物，并不得不辞去工作。在妻子的帮助和自己的坚韧毅力下，纳什停止服药并学会忽视自己的妄想。他在普林斯顿大学得到了一个不需要授课的职位，而且后来也能够讲课了。1994年，纳什因为在非合作博弈中均衡分析方面的贡献而被授予诺贝尔经济学奖。

精神分裂症患者会出现阳性症状，包括妄想和偏执，他们可能会认为别人要对付他们，或者通过收音机、电视和互联网向他们发送特殊的信息。患者也会出现阴性症状，包括失去坚持工作的动力、难以表露情绪，以及退出社交活动。他们通常难以集中注意力，学习能力和记忆力也可能受损。显然，这种疾病对患者的生活造成了严重的负面影响。美国每年有 20 多万人被诊断患有精神分裂症。患者通常在 18~32 岁开始出现症状，并经历第一次精神病发作；在发作期间，他们会失去与现实的联系，看到、听到或相信只存在于他们头脑中的事物。

对精神分裂症患者大脑的研究表明，中脑的多巴胺能神经元被过度激活了（Soares and Innis 1999）。与精神分裂症有关的多巴胺能神经元与海马、前额叶皮质和大脑皮质其他区域的谷氨酸能神经元有突触联系。最早被用于治疗精神分裂症的药物是抑制多巴胺受体的，如氟哌啶醇、氯丙嗪和利培酮。这些药物能有效减少患者的幻觉和妄想，但往往会加重认知障碍和情感迟钝。

然而，越来越多的证据表明，精神分裂症主要是由于谷氨酸失调而非多巴胺失调（Uno and Coyle 2019）。精神分裂症涉及整个大脑皮质和边缘系统中谷氨酸能神经元网络的广泛功能障碍。研究人员通过检查患有精神分裂症的人和动物模型的大脑，发现前额叶皮质和海马中的谷氨酸能神经元发生了改变（Uno and Coyle 2019）。一方面，激活多巴胺受体的药物并不能再现精神分裂症的症状；另一方面，氯胺酮和PCP等药物会导致精神错乱（Merritt, McGuire, and Egerton 2013）。事实上，如果让精神科医生评估刚吸食过氯胺酮或PCP的人，医生很可能会诊断他们患有精神分裂症。20 世纪 60 年代，人们还不知道氯胺酮和PCP的作用机制。现在我们知道，它们是通过抑制NMDA谷氨酸受体发挥作用的。最后，精神分裂症往往有家族遗传倾向，遗传学家已经发现了数种与这种脑部疾病相关的基因，其中大多数基因编码的蛋白质已知会影响谷氨酸能神经传递（Yuan et al. 2015）。

有证据表明，精神分裂症患者的神经元网络兴奋性异常始于母亲子宫内或产后早期的发育阶段（Estes and McAllister 2016）。与无妊娠并发症的女性相比，在妊娠期间受到感染的女性所生子女患精神分裂症的可能性更大。动物研究表明，孕期母体免疫激活和幼崽出生后早期的社会隔离会导致类似精神分裂症的行为，且要到青春期后才会出现。这些异常行为包括运动亢奋、焦虑增加、对新环境的应激增强，以及认知功能障碍。这非常值得注意，因为在患有精神分裂症的人类中，也是青春期后才会出现症状。

目前，神经科学家和药理学家针对NMDA受体开发精神分裂症新药的兴趣浓厚。这类潜在治疗药物包括甘氨酸和D–丝氨酸，这是两种已知的能与NMDA受体相互作用的氨基酸。甘氨酸和D–丝氨酸的初步临床试验结果表明，它们可以改善精神分裂症患者的阴性症状（Kantrowitz et al. 2015)。

孤独症谱系障碍：封闭的世界

孤独症患者的行为问题通常包括社交退缩和重复行为，这些症状通常伴有语言发展和认知方面的缺陷。

20 世纪 70 年代初，我还在上高中，我甚至不记得自己听说过孤独症这个词，也不认识任何患有孤独症的儿童。事实上，根据美国疾病控制中心的数据，1980 年报告的孤独症发病率为万分之一。孤独症谱系障碍（ASD）一词是在 2013 年引入的，包括了几种相关的发育障碍。到 2013 年，几乎每 50 名儿童中就有一人被诊断为 ASD。这种发病率的显著增加有部分原因是对儿童症状认知的提高及诊断标准的拓宽。但研究表明，在过去 40 年里，儿童ASD的实际发病率也出现了大幅增加。

ASD发病率在近年增加的原因是什么？迅速增加的证据反映了一种可能性，即如果母亲在怀孕期间代谢不健康，那么孩子更有可能发展成ASD（Rivell and Mattson 2019）。与在怀孕期间体重健康且身体健康的女性相比，孕期肥胖、糖尿病前期或患糖尿病的女性更有可能生下患有ASD的孩子。流行病学数据指出，随着对糖分（尤其是果糖）和加工食品的摄入增加，再加上日益久坐的生活方式，导致女性的孕期肥胖和胰岛素抵抗增加，后代患ASD的人数也相应增加（图 9–1）。动物研究支持了这一论调。当母鼠在怀孕前和孕期被喂以富含糖分和饱和脂肪的饮食时，后代会表现出类似于ASD患儿的行为，包括社交退缩和重复行为。

ASD患者神经元网络过度兴奋的证据非常充足（Frye et al. 2016; Rubenstein and Merzenich 2003）。与没有ASD的同龄人相比，患有ASD的儿童出现癫痫发作的可能性要高得多。脑电图对大脑活动的记录显示，ASD患者会出现异常的突发性电活动。脑电图异常更常见于ASD患者中症状更严重及智力功能更差的人身上。

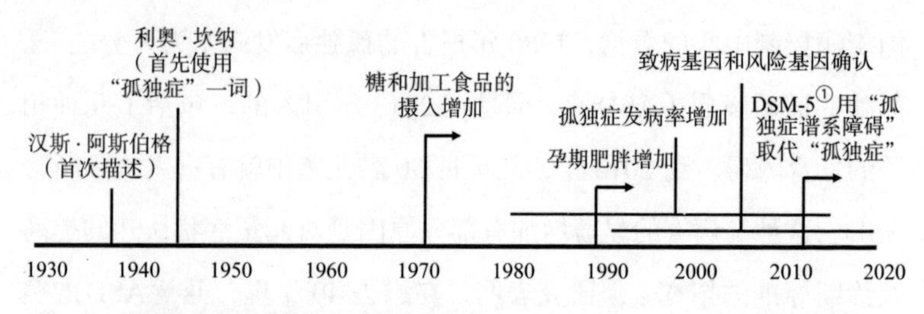

图 9–1　孤独症研究历史上的重要事件

1924年，脑电图的发明者、德国生理学家汉斯·贝格尔首次提供了证据，表明即使一个人在一个安静的房间闭着眼睛休息，大脑中的神经元网络也是活跃的。但是贝格尔的脑电图记录使用的是大脑表面的电极，对电信号从大脑的哪个部位发出不甚明了。fMRI的出现使我们能够回答大脑在休息时哪些区域活跃。这些脑区现在被称为"默认模式网络"（DMN），它们位于大脑皮质的内侧（中间）区域，形成一个环绕胼胝体的弧形。这些脑区包括扣带回、楔前叶和压后皮质。一个人闭眼安静休息时，DMN回路中的谷氨酸能神经元的活性高；而当人与环境互动时，谷氨酸能神经元的活性降低。神经科学家认为DMN可能是"自我"的神经生物学基础，因为DMN似乎在处理自传体记忆、回忆过去和思考未来、思考他人的想法、开展社交评估及参与道德推理等方面发挥作用。

对患有ASD的儿童和青少年所做的fMRI检查结果提供了ASD中一些神经元网络亢进的证据。进一步的证据表明，在ASD中，某些脑区之间的突触连接强度发生了改变，DMN中的神经元与执

① DSM-5指美国《精神障碍诊断与统计手册（第五版）》。——译者注

行控制网络（包括前额叶皮质、下顶叶皮质和海马）中的神经元之间的连接强度增加尤为明显（Abbott et al. 2016）。正如我在第 4 章所述，执行功能包括推理、计划和解决问题。值得注意的是，执行控制网络还包括额叶眼区，它参与控制视觉注意力和眼球运动。患有ASD的儿童和成人通常不会与他人有眼神交流，这也导致了他们的社交退缩。

神经科学家们探究了胎儿大脑在子宫内发育过程中的哪些变化使他们容易患上ASD，并取得了卓越的进展。我和艾琳·里维尔在最近撰写的一篇评论文章中总结了神经科学家们的发现："对人类和动物模型的研究表明，ASD涉及神经元前体细胞和神经元（在胎儿大脑发育期间）的加速生长，导致神经回路的异常发育，其特征是GABA能相对不足和随之而来的神经元网络的过度兴奋。"（Rivell and Mattson 2019, 709）

在ASD患者中，大脑的生长速度比通常要快。ASD患儿出生时的大脑平均比未患ASD的新生儿要大。这种更快的生长显然是由神经干细胞加速产生神经元，以及神经元树突和轴突的加速生长导致。谷氨酸能神经元之间，以及GABA能神经元与谷氨酸能神经元之间的突触形成，都显然在以导致兴奋性失衡的方式发生改变。

ASD患者大脑中神经元之所以过度生长，可能是由于雷帕霉素靶蛋白（mTOR）机制通路的过度激活，这是一个控制氨基酸产生新蛋白质的细胞系统（Winden, Ebrahimi-Fakhari, and Shahin 2018）。mTOR通路的活性通过进食增加，通过禁食和运动减少。

mTOR活跃时，细胞处于生长模式；mTOR不活跃时，细胞处于“节约资源”的模式。

动物，包括人类，在进化的过程中，细胞在身体和大脑中交替地切换生长和节约资源模式。动物是狩猎采集者，每天必须耗费体力寻找食物，毕竟它们没有充足的食品储藏室或冰箱这种奢侈品，其中当然也包括怀孕的雌性。这就是说，在进化过程中，人类大脑的胎内发育发生在间歇性进食和积极运动的母亲身上。我们可以据此推测，神经元的生长速率和突触连接的形成是适应了母亲的这种生活方式的。目前尚不清楚在狩猎采集社会的儿童中是否存在ASD，但我认为应该是非常罕见的。

通过研究携带有导致人类ASD基因突变的基因编辑小鼠，以下理论得到了巩固：ASD的行为表现是神经元网络过度兴奋的结果（Rivell and Mattson 2019）。脆性X综合征和雷特综合征是两种有遗传因素的ASD。脆性X智力障碍蛋白（FMRP）的编码基因位于X染色体上，并在脆性X综合征中发生突变。FMRP突变是一种“功能失活”突变。编码FMRP的基因发生功能障碍的小鼠会表现出与脆性X综合征患儿相似的行为，包括社交退缩和重复行为。这些小鼠海马中谷氨酸能神经元的活动增加。患有脆性X综合征的小鼠的mTOR通路也过度活跃，导致神经元树突和突触过度生长。抑制mTOR通路可以逆转脆性X综合征小鼠的行为异常，这表明神经元的过度生长和连接是ASD症状的罪魁祸首（Bhattacharya et al. 2012）。

雷特综合征是由位于X染色体上的编码甲基–CpG结合蛋白2

（MeCP2，CpG 表示 DNA 序列）的基因突变引起的。雷特综合征患儿在出生后的第一年会躲避与父母或他人的眼神交流。患儿在 1~4 岁时，运动技能和口头语言能力都会受到影响。典型的患儿会有手移向嘴的重复动作，以及对物体的随机触摸和抓握。在患儿 2 岁以后，会有更多问题凸显出来，包括癫痫发作和社交退缩。MeCP2 是基因表达的调控因子，而携带突变 MeCP2 的小鼠，其脑细胞中的基因表达会发生改变。对这类雷特综合征小鼠的研究提供了 ASD 中谷氨酸能神经元的高度兴奋的证据（W. Li, Xu, and Pozzo-Miller 2016）。

有多个涉及谷氨酸能或 GABA 能神经递质相关的不同基因突变的小鼠表现出和 ASD 一样的社交退缩和重复行为。其中一个基因负责编码 SH3 和 SHANK3 蛋白。SHANK3 位于树突棘膜下，在谷氨酸受体激活与 Ca^{2+} 流入的耦合中起作用；SHANK3 蛋白突变会导致海马中谷氨酸能神经元过度兴奋，从而引起类似 ASD 的行为（Monteiro and Feng 2017）。编码产生 GABA 关键蛋白的基因发生突变的小鼠也会表现出类似 ASD 的行为（Sandhu et al. 2014）。这些研究结果表明，谷氨酸和 GABA 之间的平衡如果向谷氨酸一侧偏移，足以导致 ASD 症状（Braat and Kooy 2015）。

会导致 ASD 的基因发生突变时有一个不同寻常的特征，即它们通常在胚胎发育过程中，以新发突变的形式发生。这一事实本身就可以有力地证明发育中的胚胎环境可能决定了一个孩子是否会在出生时患有 ASD。大多数突变是由自由基引起的 DNA 损伤导致的。因此，在对 ASD 易感的大脑中，神经元在发育过程中可能面临自由基的增加、抗氧化防御力降低、受损DNA的修复能力下降，或者这三种异常的组合。然而，在大多数情况下，ASD并非由基因突变引起，那么问题就变成了：在没有基因突变的情况下，胚胎发育的环境如何影响婴儿在出生后患ASD的可能性?

1809年，法国动物学家让-巴普蒂斯特·拉马克提出了一种后天特征遗传理论，认为一个人的一些身体和行为特征取决于父母的行为和环境。例如，一个孩子可能因为母亲在经历了创伤事件之后长时间感到焦虑而患有过度焦虑；或者，一个农场工人的儿子的肌肉会比一个会计的儿子的肌肉更发达，即使这两个男孩参与相同活动量的体育活动。拉马克时代的一些其他科学家也有类似的想法，但这一理论很快就被埋没在文献中，无人提起，因为遗传学家证实，大多数特征都是以可靠的方式从父母传给子女的，与父母所处的环境无关。DNA结构和分子有遗传及突变特性的发现，似乎完全否定了拉马克学说的可能性。

然而，在过去的30年中，积累的数据开始支持拉马克的假设。肥胖症就是一个被深入研究的后天特征。流行病学研究表明，传统的遗传只占儿童肥胖症的极少数。儿童的饮食和运动量肯定会影响他们是否肥胖。但是，如果父母因久坐不动的生活方式（包括暴饮暴食）导致肥胖，那么即使他们所生的孩子饮食健康、积极运动，也更有可能患上肥胖症。如果在雌性大鼠怀孕前和怀孕期间给它喂食富含糖和饱和脂肪的食物，使其肥胖，那么即使其后代饮食健康，也依然很容易肥胖。雌性大鼠在怀孕期间若承受压力，它们的后代会表现出类似焦虑症和抑郁症的行为，学习和记忆能力受损、社交能力下降。这些动物研究进一步支持了拉马克学说的论点，并确定了造成这种遗传的特定分子机制。这些机制发生在基因之外，因此被称为“表观遗传”。

表观遗传导致基因表达发生持久变化，而基因本身的DNA碱基序列不会发生变化，这些变化产生于影响基因表达的分子修饰。越来越多的此类表观遗传正在被研究，但研究最深入的是DNA甲基化。DNA中，甲基CH_3（一种来自甲烷的烷基）的添加或去除可以决定基因是否表达、表达到什么程度。多项研究探讨了母体肥胖和压力对发育中胎儿大脑，以及同一母亲生育的青少年和成年子女大脑DNA甲基化的影响（Rivell and Mattson 2019）。母体肥胖会导致参与调节食物摄入量和昼夜节律的DNA甲基化发生变化。大鼠的母体压力可导致其后代的海马和前额叶皮质中编码谷氨酸受体蛋白的基因表达发生变化（Verhaeghe et al. 2021）。谷氨酸受体的这些变化在雄性后代中更加明显，这一点很值得注意，因为人类男孩比女孩更容易患上孤独症。

母亲肥胖和压力导致后代易患ASD的证据非常重要，它有助于医生诊治准妈妈，也有助于向公众更广泛地传播这一信息。最后的结论是：孕妇应保持健康的生活方式，包括锻炼和适度摄入能量。

第 10 章

药物的魔法与诅咒

影响精神状态——感知、情绪、认知、信仰、疼痛程度、欲望、行为抑制、警惕等——的天然化学物质，千百年来一直被用于宗教仪式、流行文化和医疗中。宗教仪式中使用的精神药物包括类似在“神奇蘑菇”中发现的迷幻剂。在欧美流行文化中，酒精、大麻和阿片类药物通常被用于减轻焦虑和疼痛，增加社交和感受快乐；咖啡因、烟草中的尼古丁和可卡因等精神兴奋剂用于提高警觉性和“能量”水平。遗憾的是，除了迷幻剂和咖啡因，其他精神活性药物经常被滥用，对健康和社会福利造成有害的影响。

根据美国疾病控制中心的数据，1980 年因药物过量造成的死亡率不到十万分之二。然而，从 2000 年左右开始，药物过量致死的人数呈指数级增长；到 2019 年，这一死亡率超过了十万分之二十，其中绝大多数死亡是由阿片类药物引起的。在许多情况下，死者最初是对医生开出的治疗疼痛的阿片类药物上瘾。不幸的是，一旦一个人对酒精、阿片类药物、可卡因或甲基苯丙胺产生依赖，就很难在不复发的情况下完全康复。

大鼠和小鼠可能会对摧毁许多人生命的药物上瘾。实验室中大鼠和小鼠的这类寻欢作乐行为可以通过多种方式加以评估。一种常用的方法是将动物放在一个腔室中，并在一侧腔室壁上贴一根药物输送管，动物可以从中啜饮含有药物的液体；对面腔室壁上有一个杠杆，动物可以用爪子或鼻子按压。动物会知道，当按下杠杆时，管子里就会流出更多的液体。研究人员每天将动物放在腔室中几个小时，将饮用水中有药物的动物按压杠杆的次数与未添加药物的对照组动物按压杠杆的次数做比较。对药物的成瘾表现为在几天内按压杠杆的次数增加。如果不再向摄入药物的动物提供药物，它们就会表现出“戒断行为”，如身体抖动、爪子颤抖和牙齿打战。在戒断期间，大鼠和人类都会表现出多个脑区的谷氨酸能回路活性增加；但随着戒断症状的缓解，回路活性又会逐渐减少。

成瘾时，中脑腹侧被盖区的多巴胺能神经元和伏隔核神经元的活性会增加。前额叶皮质中的谷氨酸能神经元回路的活动也会随着成瘾者想使用成瘾物质的冲动而增加。这在可卡因、尼古丁、赌博成瘾者，甚至沉迷于人间美味的人身上都有体现。美国国家药物滥用研究所的丽塔·戈尔茨坦和诺拉·沃尔科夫认为，成瘾时出现的失控现象是前额叶皮质中神经元回路活动异常的结果。二人在一篇综述文章中得出了以下结论：“成瘾中前额叶皮质的破坏不仅是强迫性用药的基础，还解释了与成瘾和自由意志侵蚀相关的不利行为。”（Goldstein and Volkow 2011, 652）

我将在本章重点介绍用于医疗等目的的精神活性药物通过改

变谷氨酸能神经元回路的活动对精神状态和行为产生的影响。在大多数情况下，精神活性药物作用的分子机制是已知的，但它们究竟如何通过神经元网络影响思想和行为尚不能确定。图 10–1 展示了许多被广泛使用的精神活性药物对谷氨酸能神经元的作用位点，图 10–2 展示了这些药物的化学结构。氯胺酮和PCP直接作用于NMDA受体。迷幻剂 3,4,5–三甲氧基苯乙胺（麦司卡林）、裸盖菇素、LSD和N,N–二甲基色胺（DMT）会激活血清素受体 5–羟色胺 2A（5-HT2A）。吗啡和海洛因等阿片类药物可激活μ阿片受

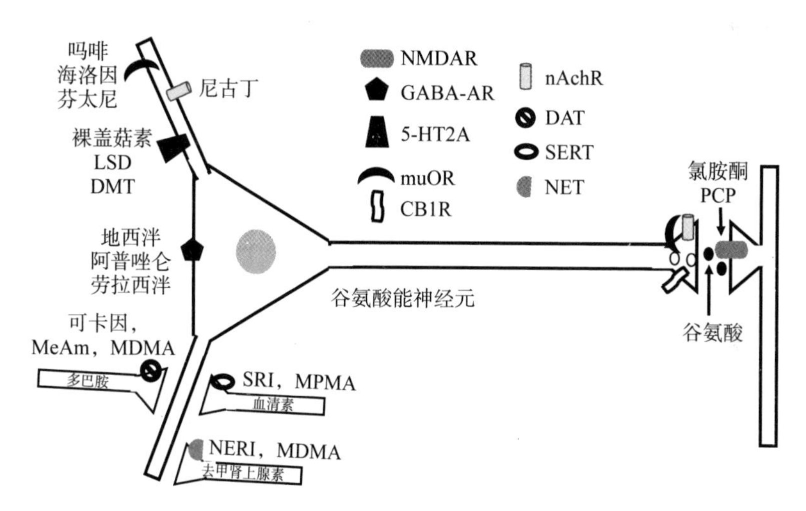

图 10–1　一些精神活性化学物质的作用位点。5-HT2A=5–羟色胺 2A；CB1R =大麻素受体 1；DAT=多巴胺转运体；DMT= N, N–二甲基色胺；GABA-AR = GABA受体；LSD = 麦角酰二乙胺；MDMA=3,4–亚甲二氧基甲基苯丙胺；MeAm = 甲基苯丙胺；muOR = μ 阿片受体；nAchR = 烟碱型乙酰胆碱受体；NERI = 去甲肾上腺素再摄取抑制剂；NET = 去甲肾上腺素转运蛋白；NMDAR = NMDA受体；PCP = 苯环己哌啶；SERT = 血清素转运蛋白；SRI = 血清素再摄取抑制剂

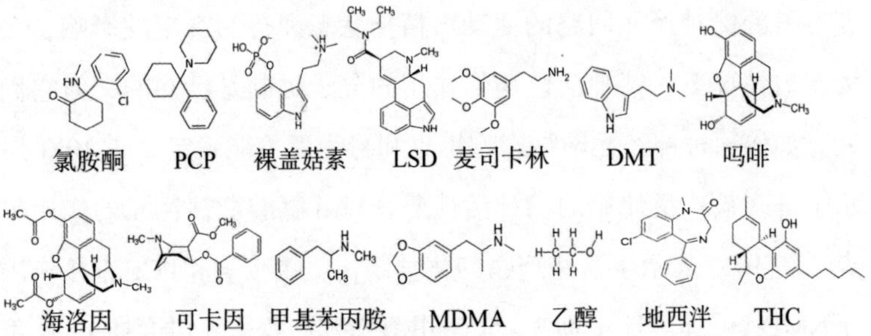

氯胺酮 PCP 裸盖菇素 LSD 麦司卡林 DMT 吗啡

海洛因 可卡因 甲基苯丙胺 MDMA 乙醇 地西泮 THC

图 10–2　一些精神活性药物的化学结构

体，苯二氮䓬类药物（如地西泮）可激活GABA-A受体。可卡因、甲基苯丙胺和3,4–亚甲二氧基甲基苯丙胺（MDMA）会抑制突触前多巴胺、血清素和去甲肾上腺素转运蛋白，从而增加突触处这些神经递质的数量。四氢大麻酚（THC）是大麻中的主要精神活性化学物质，可激活位于突触前末梢的受体，导致谷氨酸释放减少。酒精（乙醇）在分子水平上的作用机制仍然难以捉摸，但它确实会影响谷氨酸能神经元网络的活动。

“天使尘埃”和“K粉”：幻觉的边缘

在欧美流行文化中，“天使尘埃”是指药物PCP，可通过鼻内吸入或静脉注射。PCP的行为效应因剂量而异，低剂量会导致类似酒精中毒的症状，包括步态不稳、身体失去平衡和口齿不清；稍高剂量会产生镇痛和镇静作用；高剂量则会导致抽搐。PCP的心理影响包括人格解体、身体形象改变、欣快感、幻觉和偏执。一小部分PCP使用者会出现精神病发作，有些人在发作后会发展成精神分裂症。有传闻称，有人在PCP的影响下出现了暴力行为，但没有证据表明PCP会导致原本没有此类行为倾向的人产生攻击行为。美国缉毒局将PCP列为附表II物质，即极有可能被滥用并产生心理或身体依赖。

化学家哈罗德·马多克斯于1926年首次在帕克–戴维斯制药厂合成了PCP。20世纪50年代，PCP被作为麻醉剂推向市场。由于PCP经常产生严重的不良反应，包括幻觉和谵妄，于1965年被撤出市场，不再用于人体，但仍然被兽医使用。人们花了20多年才发现PCP对大脑功能产生影响的机制。

1988年，我正在科罗拉多州立大学与本·卡特一起做博士后研究，本的一位神经科学家朋友迈克尔·本内特到访了我们的实验室。当时，有关谷氨酸受体被NMDA选择性激活的研究刚刚出现。戴维·洛奇提供的证据表明，PCP是通过改变NMDA受体的活化产生作用的（Lodge et al.2019）。本内特希望证实这些发现并阐明其潜在机制，于是本请我帮助他。本内特制作了一种荧光形式的PCP，使其能够在紫外线显微镜下实现可视化。我们发现，当我们将荧光PCP加入培养的海马神经元的溶液中时，它就会与细胞膜结合。其他实验表明，NMDA受体通道因谷氨酸结合和膜去极化而打开后，PCP会进入通道，并且会通过NMDA受体减少Ca^{2+}的流入（Kushner, Bennett, and Zukin 1993）。

亚科·帕索宁及其同事使用fMRI分析了PCP用药前后的大鼠大脑。他们的数据显示，PCP可导致多个脑区的功能连接发生广泛改变，而这些大脑谷氨酸能神经元网络活动的改变与认知能力受损和社交互动减少有关（Paasonen et al. 2017）。

氯胺酮被称为“K粉”，是一种毒品。美国缉毒局将氯胺酮列为附表III药物。功能性脑成像研究表明，氯胺酮会迅速增加恒河猴和人类大脑背外侧前额叶皮质与海马之间的功能连接（Maltbie, Kaundinya, and Howell 2017）。我在第9章介绍了氯胺酮如何产生快速而持续的抗抑郁作用。目前尚不清楚相同神经元网络活性的改变是否与氯胺酮的拟精神病作用（类似精神分裂）有关。然而，越来越多的数据表明，前额叶皮质连接的增加是这些快速但短暂的拟精神病作用的基础，而突触连接的延迟变化可能是氯胺酮持续抗抑郁作用的基础。

既然氯胺酮和PCP抑制NMDA受体，为什么这些药物不会导致整个大脑神经元网络活动的广泛减少呢？答案可能是它们不仅抑制谷氨酸能神经元上的NMDA受体，还抑制GABA能中间神经元上的NMDA受体。NMDA受体大量存在于快闪中间神经元中，其功能是限制谷氨酸能神经元回路的活性。通过抑制这些GABA能中间神经元上的NMDA受体，氯胺酮和PCP减轻了对谷氨酸能神经元的抑制。这种机制与氯胺酮和PCP可引起精神病是同一个道理，因为精神分裂症与GABA能抑制的缺陷有关。

值得注意的是，越来越多的证据表明，氯胺酮对治疗酒精和其他药物成瘾有潜在益处。多项研究表明，单次静脉注射氯胺酮可提高酒精或阿片类药物依赖者的戒断率（Witkin et al. 2020; Worrell and Gould 2021），但氯胺酮是否能成为治疗药物成瘾的常用药物仍有待确定。

迷幻剂：心灵的探险

迷幻剂是一类致幻化学物质，可诱导意识状态的改变。人类已经使用这类物质数千年了，最常见的是用于宗教仪式和精神体验。例如，纳瓦霍人和墨西哥原住民在为特定目的（如为生病的人祈祷）举行的仪式上，会把佩奥特仙人掌（即乌羽玉）的顶端碾碎食用，这种仙人掌含有致幻化学物质麦司卡林。在巴西西部的亚马孙森林中，印第安人将含有DMT的灌木绿九节的茎叶与含有大量抑制单胺氧化酶A（MAOA）的卡披木的藤蔓混合，煮沸后制成一种叫作“死藤水”的制剂。如果单独摄入煮沸的绿九节，其迷幻效果可以忽略不计，因为肠道和肝脏中的MAOA会迅速降解DMT，但死藤水中的卡披木会抑制这种降解。

在西班牙发现的大约6 000年前的图画显示了几种蘑菇，真菌学家认为它们是西班牙裸盖菇，其中含有致幻剂脱磷酸光盖伞素和裸盖菇素。在中美洲的玛雅文明遗址中发现了用石头雕塑的蘑菇，其年代至少可追溯到3 000年前。墨西哥阿兹特克人在许多古代艺术作品中描绘了致幻蘑菇。许多西班牙探险家记录了16世纪原住民在仪式中对这种“神奇蘑菇”的使用。墨西哥和中美洲其他地区的原住民一直将含有裸盖菇素的蘑菇用于宗教和仪式目的。超过200种蘑菇会产生这些致幻剂。

服用过迷幻剂的人往往很难描述这种体验。哈佛大学精神病学家约翰·哈尔彭在研究迷幻剂时参加了使用佩奥特仙人掌的仪式，他说佩奥特仙人掌能让人充满敬畏和崇敬之情，并能减轻焦虑。在撰写关于迷幻剂经历的多部出版物中，最著名的也许是英国作家阿道司·赫胥黎于1954年出版的《知觉之门》。在书中，赫胥黎描述了他服用麦司卡林后的经历，如空间关系被扭曲或消解，并强调了视觉幻觉的强度和意义。

但是，每个人对迷幻剂的主观体验存在相当大的差异，可能出现情绪波动（喜悦、欣快、焦虑、恐惧）、时空关系、感官错觉、自我与他人之间界限的消解及混乱等深刻变化。一个人的体验取决于迷幻剂的剂量，中低剂量的迷幻剂通常会带来神秘的体验和积极的情绪，而高剂量的迷幻剂则会导致恐惧、焦虑和偏执妄想。服用迷幻剂的环境也会影响人的体验，安静、祥和的环境会产生积极的体验。

人们已经开发出了合成迷幻化学物质的方法。瑞士化学家阿尔贝特·霍夫曼率先从蘑菇中分离出脱磷酸光盖伞素和裸盖菇素，并从色氨酸中合成这两种物质。恩斯特·斯帕思于1918年首次合成了麦司卡林，理查德·曼斯克则是第一个合成DMT的人。霍夫曼还于1938年首次合成了LSD；1943年，他在合成一大批LSD时，意外地通过皮肤吸收了一些LSD。霍夫曼将迷幻剂的致幻效果描述为一种梦幻般的感觉，呈现出万花筒般的色彩和形状（Hofmann 1980）。由于LSD的药效很强，而且易于大量合成，因此在20世纪60年代的美国反主流文化中，LSD被年轻人广泛使用。1970年，迫于家长和立法者的压力，在美国制造、销售或使用LSD成为非法行为。当时，裸盖菇素也刚刚被纳入联邦政府的管制。持有（宗教或科学用途除外）、销售或制造DMT和麦司卡林也是非法的。

迷幻剂被法律禁止阻碍了20世纪五六十年代对迷幻剂的大量研究。事实上，这些研究表明，迷幻剂对治疗焦虑症、抑郁症和酒瘾有好处。1957年，人们首次对抑郁症患者做了迷幻药试验，这次试验和随后的试验都证明了LSD和裸盖菇素具有抗抑郁作用。

关于裸盖菇素的首次研究出现在1958年的科学文献中。阿尔贝特·霍夫曼对从蘑菇中分离出的裸盖菇素及其化学合成做了描述（Hofmann et al. 1958）。随后，很快就有研究描述了裸盖菇素的心理效应。剂量与反应的研究表明，裸盖菇素很安全，即使高剂量使用也不会产生毒性反应。20世纪60年代，一些精神科医生将LSD和裸盖菇素与心理疗法结合使用。

约翰斯·霍普金斯大学的弗雷德里克·巴雷特、罗兰·格里菲思和同事们在最近关于裸盖菇素的临床研究中一直走在前列，他们公布了两项针对重度抑郁症患者的裸盖菇素临床试验结果（Davis et al. 2021; Griffiths et al. 2016）。在这两项研究中，这种迷幻剂都能有效改善患者情绪。只需治疗一到两次，裸盖菇素的抗抑郁效果就能体现，并且至少持续一个月。在另一项针对年轻健康志愿者的研究中，志愿者在服用一剂裸盖菇素之前及之后的一周和四周，被要求接受大脑神经成像和行为评估。用研究者的话说，结果显示："使用裸盖菇素后一周，对面部情感刺激的负面影响和杏仁核反应减少，而正面影响和背侧前额叶及内侧眶额叶皮质对情绪冲突刺激的反应增加。使用裸盖菇素后一个月，对面部情感刺激的负面影响和杏仁核反应恢复到基线水平，而正面影响仍然升高，特质焦虑减少。"（Barrett et al. 2020）这些结果表明，裸盖菇素可以通过改变前额叶皮质和杏仁核中谷氨酸能神经元网络的活动来增加积极情绪，减少消极情绪。

迷幻剂如何影响神经元网络活动？哪些网络是这些化学物质影响人的感知的原因？如何解释迷幻剂使用过程中出现的扭曲或逃离现实的现象？神经科学家在探寻前两个问题的答案上取得了进展，但第三个问题的答案仍然扑朔迷离。目前已经明确的是，迷幻剂通过改变谷氨酸能神经元的活动，特别是前额叶皮质中的神经元的活动来发挥致幻和治疗作用（Nichols 2016）。

迷幻剂的共同点是它们激活位于谷氨酸能神经元树突上的血清素 5-HT2A受体，5-HT2A受体的激活导致谷氨酸能神经元活性快速增加（Mason et al. 2020）。迷幻剂的这种作用可以通过抑制5-HT2A受体或谷氨酸受体（MPA和NMDA受体）的药物来阻断。但只有某些谷氨酸能神经元才会对迷幻剂产生强烈的反应。事实上，有证据表明，前额叶皮质中只有大约 5%的谷氨酸能锥体细胞会对迷幻剂直接产生反应。路易斯安那州立大学的戴维·马丁和查尔斯·尼科尔斯的研究表明，与无反应的神经元相比，对迷幻剂有反应的神经元的 5-HT2A受体数量最多可达到 10 倍（Martin and Nichols 2016）。

人类神经影像学研究表明，迷幻剂会改变前额叶皮质神经元网络的活动，这些网络接收丘脑和感觉皮质神经元传递的感觉输入（Castelhano et al. 2021）。多个研究表明，人在服用迷幻剂后的体验与额叶皮质和颞叶内侧回路的活动增加有关。然而，迷幻剂也可能降低大脑皮质神经元网络在过滤感官信息方面的活动。正常情况下，大脑会关注对认知和决策非常重要的感官信息特征。通过降低前额叶皮质的过滤功能，迷幻剂可能会导致图像和声音的自由浮动级联。神经影像学研究的结果还表明，迷幻剂会改变大脑杏仁核中神经元的活动，这可能解释了迷幻剂减轻焦虑的能力。

也许fMRI研究中与迷幻剂最一致的发现是DMN神经元回路中的活性降低（Nichols 2016）。我在第9章指出，DMN被认为涉及一个人独立于他人的概念——“自我”。研究表明，摄入迷幻剂后不久，DMN与包括海马和杏仁核在内的其他脑区之间的功能连接就会减少。

人在服用裸盖菇素、麦司卡林和DMT后几分钟内会产生深刻的感知效果，并在几小时内消退，但这些迷幻剂对情绪的有益影响往往会持续数周或更长时间。谷氨酸能神经元对迷幻剂的反应活动增加，可能会导致BDNF的产生增加（de Vos, Mason, and Kuypers 2021）。目前尚不清楚BDNF是否导致了即时和短暂的迷幻体验，但很有可能产生了迷幻剂的长期抗抑郁和抗焦虑作用。我在第3~5章描述了谷氨酸受体的激活如何增加BDNF的产生，以及BDNF如何刺激树突的生长和新突触的形成。来自动物实验的证据支持了迷幻剂能使神经元网络的结构发生持久变化这一观点。

加利福尼亚大学戴维斯分校的卡尔文·利、戴维·奥尔森及同事发现，LSD、DMT和脱磷酸光盖伞素能刺激大鼠大脑皮质细胞培养物中谷氨酸能神经元树突的生长（Ly et al. 2018），还增加了谷氨酸能神经元树突上突触的形成。突触数量的增加与神经元自发电活动的增加和BDNF水平升高有关。一种阻断BDNF受体的化学物质和一种抑制mTOR通路的化学物质则削弱了迷幻剂增强树突生长和突触形成的能力。耶鲁大学的邵凌霄（音译）、亚历克斯·关及其同事发现，单剂量的裸盖菇素能刺激小鼠额叶皮质谷氨酸能锥体细胞树突上新突触的形成（Shao et al. 2021）。新突触在服用裸盖菇素后 24 小时内形成，其中许多突触可以维持至少一个月。新突触的形成特异性发生在大脑皮质第五层的谷氨酸能锥体细胞上。而在压力诱导的习得性无助抑郁模型中，突触数量的增加与抗抑郁效果有关。

值得注意的是，大脑皮质第五层的谷氨酸能锥体细胞与迷幻剂的心理效应有关，特别是对焦虑和抑郁的有益影响。研究表明，第五层锥体细胞的血清素 5-HT2A受体含量比大脑皮质的其他神经元要高得多，这本身就表明这些锥体细胞在裸盖菇素、LSD和DMT的作用中扮演着重要角色。研究表明，慢性社会压力是焦虑症和抑郁症的危险因素，已被证明会导致前额叶皮质中第五层锥体细胞树突上的突触修剪。慢性压力的这种效应与这些谷氨酸能神经元的激活减少，以及情绪反应和执行功能受损有关。第五层锥体细胞将前额叶皮质的主要输出提供给海马、杏仁核和其他脑区。罗兰·格里菲思及其同事所做的脑成像研究表明，迷幻剂能增强前额叶皮质与其他脑区的功能联系（Griffiths et al. 2016）。总之，现有数据表明，激活前额叶皮质谷氨酸能锥体细胞上的 5-HT2A受体，可以促进突触的维持和形成，从而增强一个人应对和克服压力的能力。这或许可以解释为什么越来越多的临床研究显示，迷幻剂对焦虑症、抑郁症和PTSD患者具有持久的治疗效果。

阿片类药物：疼痛的缓解与依赖

阿片类药物是指包括吗啡和由吗啡衍生的人造化学物质（如海洛因）在内的一类药物。吗啡产自罂粟，浓缩在罂粟果里。1804年，德国药剂师弗里德里希·泽尔蒂纳从罂粟中分离出一种化学物质，发现它会导致嗜睡（Devereaux, Mercer, and Cunningham 2018）。泽尔蒂纳最初以希腊梦神的名字将这种物质命名为“吗啡”。后来，人们发现吗啡具有减轻疼痛和产生欣快感的突出功效。再后来，人们才明确地认识到，许多人很容易对吗啡等阿片类药物上瘾。

在美国，每100人中就有一人存在阿片类药物使用障碍，这意味着他们在生理和心理上依赖阿片类药物，其中许多人难以参加工作。2019年，美国有近5万人死于阿片类药物摄入过量，其中大部分涉及合成阿片类药物海洛因和芬太尼。

我在详细说明阿片类药物依赖是如何发生之前，有必要简要总结一下谷氨酸能神经元是如何参与疼痛感知的。1983年，英国兽医、神经科学家戴维·洛奇正在研究氯胺酮如何影响背根神经节神经元对谷氨酸和NMDA的反应，旨在了解麻醉剂如何减轻疼痛。他研究的背根神经节正是传递疼痛的感觉神经元的细胞体所在处。洛奇发现氯胺酮降低了神经元对NMDA和谷氨酸的反应，但几乎不影响它们对红藻氨酸或GABA的反应（Lodge et al. 2019）。从那时起，神经科学家确定了氯胺酮会进入NMDA受体通道，并在那里减少Ca^{2+}流入。

感觉神经元支配着人体的每一个组织。当某一组织受损、受到挤压或接触到非常热的东西时，支配该组织的背根神经节神经元就会去极化，并触发动作电位。当你用针刺破手指或摸到热炉子时，你对疼痛的意识会在几分之一秒内产生。疼痛通路由位于脊髓和大脑的谷氨酸能神经元组成。背根神经节中的谷氨酸能感觉神经元与脊髓中的谷氨酸能神经元产生突触。脊髓神经元将轴突上传到大脑，与丘脑中的谷氨酸能神经元产生突触。丘脑是嗅觉之外所有感官信息进入大脑的中继站。丘脑中的谷氨酸能神经元将轴突延伸到大脑皮质的感觉区域，在那里对信息编码并与其他相关信息整合。疼痛通路还涉及大脑的其他区域，包括与情绪、认知和决策有关的区域。

与疼痛刺激相关的记忆对防止受伤和致命危险非常重要。例如，摸热炉子会痛，那么在你的记忆里，炉子的视觉形象会与记忆中的疼痛感受密切相关。这显然很重要，这样你就知道将来要避免摸热炉子。不幸的是，疼痛信号可能会持续存在，如慢性组织损伤和炎症或某些神经病变。有证据表明，慢性疼痛涉及脊髓和大脑中谷氨酸能神经元连接的变化，造成感知疼痛的神经元回路持续激活。即使没有持续性的组织损伤，疼痛的记忆也会持续存在。例如，对慢性疼痛动物模型的研究表明，LTP存在于脊髓背角的疼痛传递突触中。

前扣带回皮质似乎在慢性疼痛中起着特别重要的作用（Bliss et al. 2016）。这一脑区的神经元接收来自丘脑中疼痛反应性谷氨酸能神经元的输入，对丘脑的电刺激引起前扣带回皮质神经元反应的研究证明了这一点。动物实验表明，持续刺激前扣带回皮质的谷氨酸能神经元会导致至少持续数小时的突触LTP。这种与慢性疼痛相关的突触LTP涉及NMDA受体的激活、Ca^{2+}的流入及转录因子CREB的激活。减少谷氨酸能神经传导的药物的临床疗效证明了谷氨酸能回路在疼痛中的重要性，例如，氯胺酮对改善急性和慢性疼痛非常有效。

与疼痛相关的信息也会从杏仁核传递到前扣带回皮质。在大鼠身上，刺激前扣带回皮质的神经元会引起类似焦虑的行为。神经影像学研究表明，焦虑症患者前扣带回皮质神经元网络的活动会增加（Fredrikson and Faria 2013）。杏仁核和扣带回皮质形成的回路之间的这些相互作用可能至少部分解释了疼痛和焦虑之间的关系。疼痛会增加焦虑，反之亦然。事实上，最初开发用于治疗焦虑或抑郁的药物可以减轻许多患者的疼痛。这些药物包括加巴喷丁和SNSRI（如度洛西汀和文拉法辛）。

阿片类药物如何减少疼痛感知，又为什么如此容易上瘾？这些问题的答案围绕着几个不同脑区谷氨酸能神经元上的μ阿片受体（Chartoff and Connery 2014; Corder et al. 2018）。目前研究人员已鉴定出4种阿片受体——μ、δ、κ和孤啡肽。这些受体在进化过程中会对内源性神经肽β–内啡肽、脑啡肽和强啡肽产生反应。研究证实，在不同的阿片受体中，μ阿片受体负责阿片类药物的镇痛和成瘾作用。μ阿片受体被激活后，cAMP水平会迅速（在几分钟内）降低，通过电压依赖性通道的Ca^{2+}流入减少。此外，阿片类药物还能激活K^+通道。通过这些方式，阿片类药物可降低疼痛通路中谷氨酸能神经元的活性。

μ阿片受体存在于疼痛通路中的所有谷氨酸能神经元中，比如背根神经节神经元，向丘脑传递疼痛信息的脊髓神经元，向躯体感觉皮质传递信息的丘脑神经元，以及前额叶皮质、海马和杏仁核中的神经元。然而，对小鼠的研究表明，从背根神经节神经元中选择性地删除μ阿片受体后，动物仍然会对疼痛刺激做出反应。因此，阿片类药物的镇痛作用显然是由痛觉神经元的上游神经元介导的。除了疼痛通路中的谷氨酸能神经元，涉及动机和奖赏（VTA和伏隔核）、情绪（杏仁核）和认知（海马和额叶皮质）的回路中的神经元也表达了高水平的μ阿片受体。"痛苦的经历既是个人的，也是复杂的；它们与有害输入不是线性相关的，而是由与感觉、情感、内感受、推理和认知信息相关的神经信息构建的，这些信息融合成对疼痛的统一感知。"（Corder et al. 2018, 463）

大脑的动机和奖赏回路（图 2–5）与阿片类药物成瘾密切相关（Fields and Margolis 2015）。"奖赏"指的是愉悦的主观感觉，涉及神经元网络的变化，这种变化增加了对以前产生过有益或愉悦结果的行为反应的概率。VTA中μ阿片受体的激活和多巴胺能神经元活性的增加对吗啡、海洛因和其他阿片类药物的奖赏和成瘾作用至关重要。研究人员为了确定哪些神经回路与阿片类药物成瘾有关，将小插管插入大鼠的不同脑区，当大鼠按下笼子里的杠杆时，少量吗啡或海洛因就会流入插管。当吗啡被注入VTA或伏隔核时，大鼠就会自我给药。格伦达·哈里斯、加里·阿斯顿·琼斯及其同事的研究表明，将阻断AMPA或NMDA谷氨酸受体的药物注入VTA可以防止大鼠的吗啡成瘾（Harris et al. 2004）。来自VTA中不同类型神经元的电生理记录表明，阿片类药物会使GABA能中间神经元超极化，从而导致谷氨酸能神经元和多巴胺能神经元的去抑制。

对阿片类药物产生依赖的人很难停止使用阿片类药物，因为戒断症状通常很严重且持续时间很长。这些症状包括焦虑、对阿片类药物的强烈渴望、出汗、烦躁不安、恶心、心率加快、肌肉疼痛和失眠。在戒断期间，VTA中多巴胺能神经元的活性会急剧下降。帮助成瘾者戒除阿片类药物的最常用方法，是使用一种名为美沙酮的作用较弱的阿片类药物。然而，这种治疗似乎有悖常理，事实也证明，美沙酮对μ阿片受体的作用可能并不能解释它对阿片类药物戒断的有效性。相反，美沙酮已被证明是一种NMDA受体拮抗剂。近期对阿片类药物成瘾者的临床前试验和案例研究表明，NMDA受体拮抗剂氯胺酮也可以减轻阿片类药物的戒断症状。

精神兴奋剂：能量的假象

精神兴奋剂可以提高注意力、改善情绪和减少困倦。咖啡和茶中的咖啡因是最常见的精神兴奋剂，可以提高清醒度，每天适量摄入对精神或身体健康没有不良影响。咖啡因通过抑制谷氨酸能神经元上的腺苷受体来提高注意力和认知（Camandola, Plick, and Mattson 2019）。由于腺苷受体的激活会抑制cAMP的产生，因此咖啡因对这些受体的抑制会增加神经元中的cAMP水平。我在第4章介绍了cAMP如何通过激活转录因子CREB来增强谷氨酸能突触的

LTP，从而改善学习能力和记忆力。咖啡因还能提高多巴胺能神经元的活性，这可能就是它能引起愉悦感的原因。不过，咖啡因不会对大多数人的生活产生不良影响，因此一般认为它不会上瘾。

可卡因、甲基苯丙胺和MDMA通过抑制调节谷氨酸能神经元的多巴胺能神经元突触前膜上的多巴胺转运体，间接对谷氨酸能神经元产生影响（Kalivas 2007）。这些药物还不同程度地抑制血清素和去甲肾上腺素转运蛋白。甲基苯丙胺是多巴胺转运蛋白最有效的抑制剂，可卡因紧随其后，MDMA排在第三位。这就解释了为什么甲基苯丙胺经常引起偏执型精神病，为什么会导致多巴胺能神经元变性，并导致类似帕金森病的后续症状。与可卡因和甲基苯丙胺相比，MDMA对血清素转运蛋白具有相对较高的亲和力。这也许可以解释为什么MDMA会引起幻觉，以及为什么它有抗抑郁作用。然而，长期滥用MDMA会导致血清素能神经元的退化和持续的焦虑。

可卡因在世界许多地区的使用时间超过1 000年。在美国，可卡因早在19世纪就被用作局部麻醉剂，但后来随着它的广泛使用，其被滥用的危险也凸显出来。许多名人都对可卡因上瘾。有些人能够克服他们的毒瘾，而有些人则死于可卡因滥用。众所周知，滥用药物在娱乐业从业人员中司空见惯。喜剧演员约翰·贝鲁希因吸食过量可卡因和海洛因去世，年仅33岁。贝鲁希的死使他的喜剧演员朋友罗宾·威廉姆斯开始戒毒。不幸的是，大约20年后，威廉姆斯患上了抑郁症，并重新开始酗酒和吸食可卡因。歌手惠特尼·休斯敦是另一个滥用可卡因的例子，49岁时，她被发现死在浴缸里。尸检报告称，她死于吸食可卡因和相关的心脏病发作。

有些人则成功戒掉了可卡因毒瘾，过上了充实与有意义的生活。我最近观看了由阿龙·索金编剧并导演的电影《芝加哥七君子审判》。索金现年 61 岁，他的职业生涯可谓硕果累累，编剧的作品包括百老汇戏剧《法恩斯沃思的发明》和《好人寥寥》，电影有《点球成金》和《社交网络》，以及电视剧《白宫风云》和《新闻编辑室》等。索金从 1987 年开始吸食可卡因，据说可卡因能缓解他的压力。1995 年，他的毒瘾得到控制；但在 2001 年，机场安检人员在他的随身行李中发现了可卡因，他随即被捕。从那以后，索金显然没有再使用过这种药物。

可卡因和甲基苯丙胺通过在突触引起多巴胺堆积，参与进化上重要的兴奋性神经元回路。激活传递视觉、听觉、嗅觉和其他感觉信息的谷氨酸能神经元通路，会刺激 VTA 中的多巴胺能神经元。这些通路的进化使哺乳动物能够对所在环境中与动机相关的新物体和事件做出反应（O’Connell and Hofmann 2011）。环境刺激可能是积极的，例如可口的食物来源或潜在的配偶；也可能是消极的，例如捕食者的存在或雷暴的发生。对大鼠和人类的实验表明，最初无动机的刺激，如音调或光线，如果紧衔在动机刺激前出现，可以激活多巴胺能神经元。从进化的角度来看，研究人员认为，学习奖赏性或压力性刺激与另一种环境线索之间的关联，能使动物为随后的重要事件做好准备。重要的是，这种神经元回路的进化是为了适应新的物体或事件，使得响应环境刺激的多巴胺能神经元的激活增加趋势随着与刺激的反复接触而减少。

彼得·卡利瓦斯总结了在日常生活中发生的多巴胺能神经元激活与因为可卡因和甲基苯丙胺起反应时发生的多巴胺能神经元激活之间的主要区别：

> 由于精神兴奋剂会阻止DAT（多巴胺转运体）消除多巴胺，因此多巴胺的含量远远超过生物刺激所能达到的水平。在生物刺激中，一旦学会了对该刺激的接近或回避反应，生物刺激就不再释放多巴胺；而精神兴奋剂每次用药都会持续释放大量多巴胺。因此，每次摄入精神兴奋剂都会向中脑边缘区释放多巴胺，从而使药物体验与环境之间产生进一步的联系。这样一来，人们认为，精神兴奋剂用得越多，就会与环境建立越多的习得性联想，环境在触发狂热和觅药行为方面就会变得越有效。正是这种药物诱导的多巴胺释放与环境之间形成的渐进关联对觅药行为的“过度学习”，被认为会更容易导致复吸。（2007, 391）

药物成瘾现象中，有多个脑区神经元回路的急性和长期变化参与（Volkow and Morales 2015）。给药后的最初现象是，细胞体位于VTA的神经元轴突末梢会大量释放多巴胺。VTA多巴胺能神经元的轴突会投射到与一个或多个成瘾特征有关的多个不同脑区（图10–3）：伏隔核、背侧和腹侧纹状体、海马和杏仁核。在这些多巴胺能通路中，从VTA到伏隔核的通路对可卡因和甲基苯丙胺的初始奖赏作用至关重要，因此也对随之而来的暴饮暴食和成瘾至关重要。从前额叶皮质到伏隔核、海马和杏仁核的投射中，谷氨酸能突触的长期变化被认为介导了渴望和无法克服暴饮暴食的冲动，尽管每个人都知道成瘾对生活会有不利影响。这些突触的适应性变化也可能包括将AMPA受体插入树突棘中。

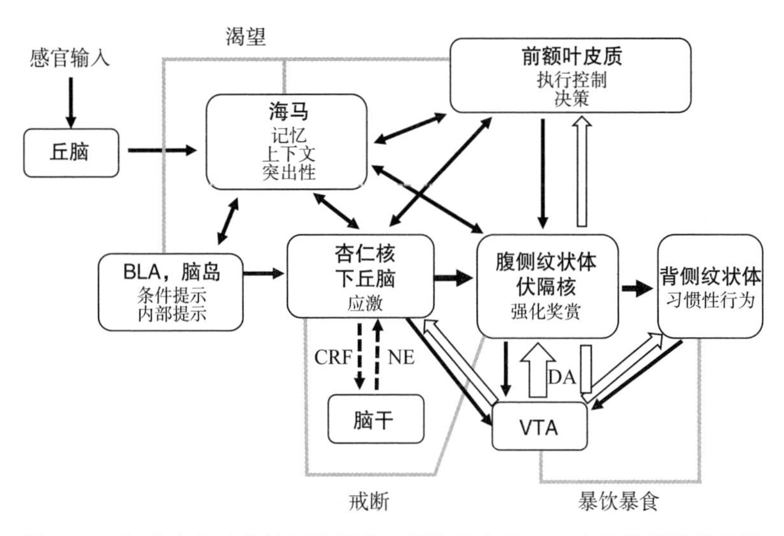

图 10–3　与成瘾有关的神经元网络。暴饮暴食是VTA多巴胺能神经元活性增加，多巴胺随后释放到伏隔核的中型多棘神经元和前额叶皮质的谷氨酸能神经元上的结果。参与学习、记忆和目标定向行为的谷氨酸能神经元（包括海马、前额叶皮质、杏仁核和脑岛的神经元）的活动增加则导致了渴望。渴望通常是由以前与药物摄入有关的感官线索触发的，通常是一个地方或一个人。戒断症状源于应激反应回路的激活，包括脑干、杏仁核和下丘脑中的回路。图中的黑色实线箭头表示谷氨酸通路。BLA=杏仁体基底外侧核，CRF=促肾上腺皮质激素释放因子，DA=多巴胺，NE=去甲肾上腺素

在成瘾者停止摄入可卡因或甲基苯丙胺后，以前与吸毒有关的刺激或新的应激情境会再次引发觅药行为。由先前配对的刺激引

发的觅药行为会导致前额叶皮质释放多巴胺，而由应激情境引发的觅药行为则会导致杏仁核释放多巴胺。多巴胺会增强前额叶皮质和杏仁核中谷氨酸能神经元的活性，而这些谷氨酸能神经元反过来又会激活VTA多巴胺能神经元。事实上，动物实验表明，当VTA多巴胺能神经元上的谷氨酸受体被抑制时，觅药行为就会消失。一般认为，前额叶皮质和杏仁核中的谷氨酸能神经元的激活介导了成瘾者的认知和情感体验，而表现为渴望。

复吸在曾经戒除精神兴奋剂或其他成瘾药物的人群中非常常见。动物研究表明，在觅药过程中，从前额叶皮质投射到伏隔核的神经元轴突末梢会大量释放谷氨酸。这种增加的谷氨酸释放可能介导复发，因为抑制谷氨酸释放的药物也会抑制觅药行为。

动物研究也表明，长期（数周或数月）服用可卡因会导致多个脑区神经元回路的结构重塑。这种重塑包括伏隔核中型多棘神经元谷氨酸能突触的树突棘密度增加，以及前额叶皮质谷氨酸能锥体细胞的树突复杂性和突触数量增加（Robinson and Kolb 1999）。一般认为，这些持久的结构变化至少在一定程度上是安非他明和其他药物成瘾作用的原因。

吸烟仍然是全世界人类致残和致死的主要原因。经常吸烟、雪茄或烟斗的人，患肺癌、心血管疾病和高血压的风险增加；咀嚼烟草会增加患喉癌和食管癌的风险。烟草制品容易上瘾，因为它们含有尼古丁。与其他成瘾药物一样，尼古丁的急性作用是令人愉悦的，包括提高警觉性、提供轻度欣快感和减少疲劳。反复摄入尼古丁会导致大脑奖赏回路的结构性和功能性适应。戒除尼古丁会导致负面症状，包括焦虑、难以集中注意力、易怒和渴望。复吸很寻常，而以前与摄入尼古丁有关的环境线索，如特定地点、朋友吸烟等，都可以诱发复吸。

尼古丁能激活分布在大脑各个神经元中的乙酰胆碱受体。烟碱乙酰胆碱受体是Na^+和Ca^{2+}的离子通道。尼古丁与谷氨酸能神经元突触前末梢上的受体结合后，会导致Na^+流入、膜去极化，Ca^{2+}也会通过尼古丁受体通道及电压依赖性Ca^{2+}通道流入。VTA多巴胺能神经元的活动通过杏仁核和前额叶皮质中谷氨酸能神经元的输入而增强。对VTA多巴胺能神经元的电生理记录显示，尼古丁会增强谷氨酸的释放，以及AMPA和NMDA受体的激活（D'Souza and Markou 2013; Pistillo et al. 2015）。大鼠学会长期自我施用尼古丁后，其VTA神经元中的AMPA受体数量会增加。向VTA注入AMPA或NMDA受体拮抗剂后，多巴胺的释放则会减少。此外，给大鼠施用NMDA受体拮抗剂，会减少大鼠的尼古丁自我给药。基因编辑方法已被用于培育VTA多巴胺能神经元中缺乏NMDA受体的小鼠。这些小鼠在面对尼古丁给药相关提示时，表现出较少的觅药行为。总之，这些证据表明，VTA的谷氨酸能输入在尼古丁成瘾和戒断症状的过程中发挥着重要作用。

GABA能神经元也含有突触前烟碱受体，尼古丁能增加GABA的释放。然而，有证据表明，GABA能神经元对尼古丁的敏感性会随着反复接触尼古丁而降低。结合谷氨酸能活性的增加，GABA受体的脱敏可能会增强VTA多巴胺能神经元的活性（D'Souza and Markou 2013）。

对尼古丁成瘾动物模型的研究结果表明，抑制谷氨酸受体或激活GABA受体的药物有助于吸烟者戒烟。然而，在尼古丁成瘾者身上开展的此类药物临床试验却寥寥无几。在一项研究中，宾夕法尼亚大学的特雷莎·富兰克林和她的同事对60名吸烟者做了GABA-B受体激动剂巴氯芬的双盲安慰剂对照试验。在为期9个月的试验中，与安慰剂组相比，接受巴氯芬治疗的吸烟者每天吸烟的数量显著减少，并表示渴望也减少了（Franklin et al. 2009）。

酒精：沉醉的诱惑

人类饮酒的历史至少有一万年了。饮用一两杯酒精饮料后，人很快就会感到快乐、焦虑减少、社交能力增强和欣快感。同时，也会感到认知能力受损、嗜睡、感觉及运动功能受损。摄入更多的酒精可能会导致头晕、恶心和意识丧失。

经常大量饮酒通常会导致酒精依赖症，这也是家暴、抑郁和自杀的危险因素之一。酒精依赖症患者一旦停止摄入酒精，会出现严重的焦虑、颤抖和意识模糊，还可能会癫痫发作。美国有超过1 500万人有酒精使用所致障碍；每年约有10万人因过量饮酒死亡，其中约有一半人死于长期饮酒导致的疾病（肝病、心脏病和癌症），还有一些人死于与酒精中毒有关的事故和暴力。酒精会加剧呼吸抑制，因此也是导致许多阿片类药物和苯二氮䓬类药物过量致死的原因。

一般认为，酒精的急性镇静和抗焦虑作用主要来自GABA能信号传导的增强。与其他成瘾性药物一样，酒精的奖赏效应，包括愉悦感和社交能力的增强，也是VTA中多巴胺能神经元活性增强的结果（Alasmari et al. 2018）。对饮酒者开展一小时内的fMRI研究结果普遍认为，酒精会抑制参与认知、感觉和运动功能的大脑皮质网络，并激活中脑边缘多巴胺能系统（Bjork and Gilman 2014; Dupuy and Chanraud 2016）。

动物实验表明，酒精依赖与前额叶皮质和杏仁核的多巴胺释放增加有关。反过来，前额叶皮质第五层的谷氨酸能神经元的活动也会增加，这些神经元会投射到伏隔核、海马和杏仁核。激活这些谷氨酸能神经元会增强酒精的奖赏效应。正如彼得·卡利瓦斯和诺拉·沃尔科夫对这种效应的描述：

> 兴奋性传导的病理生理可塑性降低了前额叶皮质对生物奖赏启动行为和觅药行为执行控制的能力。与此同时，前额叶皮质对预测药物可得性的刺激反应过度，导致在兴奋性突触调节神经递质的能力下降的情况下，在伏隔核中出现超生理的谷氨酸能驱动。通过降低自然奖赏的价值、减弱认知控制（选择）和增强谷氨酸能对药物相关刺激的驱动力，前额叶谷氨酸能支配的伏隔核细胞适应性促进了成瘾者觅药的强迫性。（2005, 1403）

对某种药物成瘾的人通常会经历戒断和复吸的循环。成瘾的大鼠戒酒后，其伏隔核中的谷氨酸释放会增加。有证据表明，这种谷氨酸释放部分是由于前额叶皮质中投射到伏隔核的谷氨酸能神经元的活性增加。前额叶皮质中的神经元回路被认为以控制目标导向行为的方式存储和处理当前不在直接环境中的信息。在药物成瘾的情况下，这种行为就是觅药。此外，杏仁核中投射到伏隔核和前额叶皮质的谷氨酸能神经元与觅药行为和复发有关。杏仁核中的回路对将情感背景应用于酒精很重要——摄入酒精的愉快体验和戒断的痛苦体验。海马回路负责记住以前饮酒的时间、地点和对象。动物研究结果表明，从海马到前额叶皮质和伏隔核的谷氨酸能投射与酒精和其他成瘾药物的复发有关。

成瘾过程可分为 3 个反复出现的阶段——暴饮暴食、戒断和渴望（图 10–3）。随着时间的流逝，这个三阶段的循环会恶化，对身心健康产生不利影响。大脑奖赏回路的功能和结构变化介导暴饮暴食行为。介导应激反应的回路的变化也介导了成瘾者在戒断期间的情绪体验，而涉及记忆和执行控制的回路的变化是导致渴望的原因。

脑成像研究表明，长期大量饮酒者的脑室扩大；大脑的整体容量变小，大脑皮质、海马和小脑灰质体积减少（Le Berre et al. 2014; X. Yang et al. 2016）。一些研究表明，灰质丢失的程度与大量饮酒的年数直接相关。纵向研究表明，与酗酒者相比，已克服酒精依赖的人的灰质损失相比他们酗酒的时候有所恢复，就像重度抑郁症康复者一样。

目前急需能够帮助酗酒者彻底戒酒而不复发的药物。哥伦比亚大学的伊莱亚斯 · 达克瓦尔、爱德华 · 努涅斯及其同事最近发表的一项研究结果表明，NMDA受体拮抗剂氯胺酮可以帮助酗酒者戒酒。他们发现，单剂量氯胺酮能显著减少酗酒天数，提高戒酒率（Dakwar et al. 2020）。如前所述，据报道，迷幻剂也有助于酗酒者戒酒。但氯胺酮和迷幻剂是否会成为治疗酒精或其他药物成瘾者的常规方法，还有待观察。

苯二氮䓬类药物：焦虑克星与镇静魔咒

苯二氮䓬类药物被用于治疗焦虑、失眠和癫痫发作。这些药物可激活A型GABA受体，从而抑制它们所调节的谷氨酸能神经元的活动。最常用的苯二氮䓬类药物有地西泮、阿普唑仑、氯硝西泮和劳拉西泮，它们在短期治疗中是安全有效的，但长期使用会产生耐受性，导致成瘾。事实上，苯二氮䓬类药物是继阿片类药物之后，人们容易上瘾的第二类处方药。

与其他成瘾药物一样，苯二氮䓬类药物会增加VTA多巴胺能神经元的激活（Tan, Rudolph, and Luscher 2011）。乍一看，这种效应似乎有悖常理，抑制性GABA受体的激活如何增加多巴胺能神经元的活性？来自动物实验的证据给出了以下答案。GABA能神经元本身也有GABA受体。苯二氮䓬类药物能有效抑制GABA能对VTA多巴胺能神经元的输入，而对多巴胺能神经元的直接抑制作用却很小。这种细胞机理被称为“去抑制”。在苯二氮䓬类药物对GABA能神经元产生初始效应之后，参与成瘾、戒断和复吸的神经元回路与其他成瘾药物的相似，甚至相同。

大麻：备受争议的草药

大麻（拉丁名*Cannabis sativa*，英文通常写作marijuana）这种植物含有具有精神活性的化学物质四氢大麻酚（THC）。THC含量低的大麻属于工业大麻，被用于生产大麻纤维、种子和大麻油。考古学和基因测序数据表明，大麻种植始于大约1.2万年前的东亚。而大麻被用于改变心智的记录，出现在大约2 400年前的希腊历史文献中。在美国，种植THC含量不超过0.3%的大麻是合法的。虽然联邦法律禁止持有THC含量更高的大麻，但越来越多的州已将持有大麻合法化，并对大麻的种植和销售加以监管。THC含量相对较高的植株大多被用于医疗目的。

除了酒精和烟草，大麻是最常用的精神活性药物，具有成瘾性。据估计，全世界有超过2亿人经常使用大麻。吸食大麻后，THC会迅速进入血液和大脑。在几分钟内，THC会影响整个大脑的神经元网络，对认知、情绪和行为产生广泛的影响，例如欣快感、感官增强、焦虑减少、疼痛感知减少和社交互动中的去抑制。这些影响可能会持续数小时。然而，在这段中毒期间，一个人的认知和运动技能会受损，时间感可能会扭曲。时间感的扭曲会导致事故，并可能使人在学校和工作中表现不佳。研究一致表明，大麻滥用是美国许多青少年和成年人的主要问题。

大麻导致的思维改变和成瘾效应是由THC作用于神经元上的大麻素受体1（CB1）介导的（Cristino, Bisogno, and Marzo 2020）。CB1遍布大脑，在海马、大脑皮质、基底节和小脑中特别丰富。

这些受体与内膜表面的GTP结合蛋白相互作用，并集中在GABA能和谷氨酸能神经元的突触前末梢。THC与CB1的结合导致电压依赖性Ca^{2+}通道的抑制，并在随后抑制突触前末梢释放神经递质。

20世纪60年代中期，研究人员发现了THC是大麻的主要精神活性成分。直到20世纪90年代，CB1及其信号机制才被摸清。但问题也随之而来：激活CB1的内源性信号分子是什么？研究发现，有两种神经化学物质可以选择性地与CB1结合，分别是花生四烯酸乙醇胺和2–花生酰基甘油。这些CB1的内源性配体被称为“内源性大麻素”（Wilson and Nicoll 2002）。传统的神经递质是氨基酸或来源于氨基酸，内源性大麻素则不同，它们是来源于花生四烯酸的脂质，花生四烯酸是细胞膜的一种成分。研究表明，谷氨酸是大脑产生内源性大麻素的主要刺激物。激活AMPA和NMDA受体会导致Ca^{2+}流入，然后Ca^{2+}激活产生内源性大麻素的酶。此外，与传统神经递质不同的是，内源性大麻素不是包裹在囊泡中，而是从突触后膜产生后，逆行扩散到突触前末梢，在那里激活CB1，从而抑制神经递质的释放。

对CB1细胞定位的首次研究表明，它高度集中在GABA能神经元的突触前末梢（Colizzi et al. 2016）。海马切片中谷氨酸能神经元的电生理记录显示，激活CB1会抑制GABA的释放，从而增加谷氨酸能神经元的兴奋性，这种现象被称为“去极化诱导的抑制压抑”。进一步的研究结果表明，CB1大量存在于抑制性中间神经元亚群中，这些亚群的GABA释放动力学特别迅速。这种GABA的快速释放是通过一种被称为“N通道”的电压依赖性Ca^{2+}通道快速流入Ca^{2+}。去极化诱导的抑制压抑会增强谷氨酸能突触的LTP，而阻断CB1的药物会消除这种效应。根据随后的研究结果，人们会推测，大麻可能会改善认知能力，因为LTP与学习能力和记忆力有关。然而，事实并非如此，因为缺乏CB1的小鼠的学习和记忆能力并没有受损，而且人体研究表明，大麻会在摄入后至少几个小时内影响认知测试的成绩。

尽管早期的研究结果表明，CB1主要位于GABA能神经元的突触前末梢，但最近的证据表明，它们也存在于谷氨酸能神经元的突触前末梢（Colizzi et al. 2016）。电生理学研究表明，THC会抑制CA1锥体细胞树突突触处谷氨酸的释放。THC的这种作用被认为是导致大麻中毒期间出现认知障碍的原因。然而，由于CB1广泛分布在整个大脑的GABA能和谷氨酸能神经元中，大麻会影响认知测试所需的许多不同过程，包括注意力、感觉处理和动机。

每个GABA能中间神经元会与数百个谷氨酸能神经元形成突触。研究表明，这种广泛的连接在同步谷氨酸能神经元网络的活动中起着重要作用。电生理记录提供了CB1激活抑制谷氨酸能神经元同步激发的证据（Cortes-Briones et al. 2015）。GABA能神经元被认为在高频“伽马”范围内协调大脑皮质神经元网络活动的同步振荡。这些伽马振荡在脑电图记录中很明显，因此可以预测，GABA能突触前末梢上CB1的激活将对同步的神经元网络活动产生广泛的影响。人体研究的结果确实表明，在施用THC后不久，伽马振荡就会被破坏。THC的这种作用是否在大麻对精神状态的影响中起作用还有待确定。

大麻可以成瘾。研究表明，THC激活CB1会增加VTA神经元释放的多巴胺。THC对多巴胺释放的增强程度远低于阿片类药物、可卡因和甲基苯丙胺，这也许可以解释为什么后几种药物的滥用比大麻滥用更容易成瘾。与可卡因和甲基苯丙胺对多巴胺能神经元的直接影响相反，THC对多巴胺释放的增强是间接的。动物研究表明，THC会抑制伏隔核中GABA能神经元的谷氨酸释放，从而减少伏隔核GABA能输入对VTA多巴胺能神经元的抑制。

有证据表明，经常摄入大麻会对青少年的大脑产生非常不利的影响（Lorenzetti, Hoch, and Hall 2020）。与不摄入大麻的青少年相比，经常摄入大麻的青少年在智商和语言学习测试中表现更差，患精神分裂症的风险也更高。研究表明，使用大麻引起的认知障碍可以通过戒除来逆转。

韦仕敦大学的贾斯廷·雷纳、史蒂芬·拉维奥莱特和他们的同事让青少年期的大鼠接触THC或安慰剂，每天两次，持续11天，然后记录大鼠前额叶皮质的谷氨酸能神经元和VTA多巴胺能神经元的活动。他们发现，接触THC的大鼠的谷氨酸能神经元和多巴胺能神经元的活动均有所增加（Renard et al. 2017）。此外，接触THC的大鼠表现出短期记忆受损、焦虑增加及与其他大鼠社交的动机受损。将GABA受体激活剂蝇蕈素注入大鼠前额叶皮质可逆转THC对VTA多巴胺能活动的不利影响，使短期记忆和社交正常化，并降低焦虑水平。这些发现表明，在大麻对青少年大脑的不利影响中，前额叶皮质GABA能和谷氨酸能神经元活动的改变起着重要作用。

大麻如今越来越多地被用于多种医疗问题，例如它已被证明可有效减少癌症患者因化疗引起的恶心。尽管数量有限，但临床试验表明大麻和THC也可能对慢性疼痛和多发性硬化患者有益（Chaves, Bittencourt, and Pelegrini 2020; Fragoso, Carra, and Macias 2020）。有几项研究报告称，使用THC可减轻慢性神经性疼痛患者的疼痛并改善其功能。一项脑成像研究提供的证据表明，使用THC后疼痛感的减轻与感觉皮质和前扣带回皮质之间功能连接的减少有关（Weizmann et al. 2018），这符合从感觉皮质到前扣带回皮质的谷氨酸能投射介导人对疼痛的感知的证据。与迷幻剂和氯胺酮一样，最近研究使用大麻治疗多种脑部疾病的临床试验数量明显增加，但这些药物是否会被纳入主流医学仍然是一个悬而未决的问题。

第 11 章

塑造更好的大脑

进化的观点告诉我们，包括人类在内的所有动物的大脑是如何形成的。进化论还能让我们深入了解环境如何影响当今人类大脑的结构和功能。我将在本章探讨 3 种重要的进化环境挑战如何通过增强谷氨酸能神经元网络的可塑性来改善大脑功能和复原力，这 3 种挑战分别是食物剥夺或间歇性禁食、体育锻炼和智力挑战。

有证据表明，食物短缺是大脑进化的主要驱动力（Mattson 2022）。从进化的角度来看，大脑和身体需要明显发生变化，以便在食物匮乏的状态下发挥良好或最佳的作用。这在捕食者的生活中是显而易见的，例如，狼经常连续数天甚至数周没能捕杀猎物。在这种食物匮乏的时期，狼的大脑和身体必须能够很好地运转，才能成功地找到并杀死猎物。具有“增强食物获取成功率”特征的个体幸存下来，并将它们的基因传递给下一代。狼的特征之一是与狼群中的其他成员合作，捕捉并杀死任何独狼无法杀死的大型猎物。同样，人类的“社会性大脑”也是一种适应能力，能够在食物获取、加工和分配方面开展合作。

我们的祖先与大多数其他动物一样，生活在食物来源普遍稀缺的环境中，靠天吃饭。我在《间歇性禁食》(2022)一书中提出，即使是人类大脑最先进的能力，包括创造力、想象力和发明力，最初也是为了能成功获取食物并最大限度地提高食物的营养价值而进化的。人类发明的所有早期工具都是为了获取和加工食物：用于切割的石片、长矛、弓箭，用于杀死野生动物的陷阱，石头、研钵和研杵，以及加工食品所用的火。狩猎采集者的小群体不断扩大，并开始走出非洲。大约1.1万年前，人类学会了驯养肉用动物，包括绵羊、牛和山羊。此后不久，人类驯化了某些谷物植物，包括现在中东肥沃新月地带的小麦和大麦，以及现在东南亚的水稻。

人类获得了生产和储存大量食物的能力后，得以建立小型定居点，然后是更大的城市和国家。以马为动力的农耕用具和马车促进了农产品的传播。由于只需要越来越小的人口比例就能够为所有人生产足够的食物，其他人就可以从事其他专门的职业，如教师、木工、铁匠、裁缝、工程师、医学人员等。政府得以建立，法律得以颁布和实施。原本为解决食物匮乏问题而进化的大脑神经元网络也被重新利用起来，帮助人们从事这些职业。

有大量证据表明，智力挑战能增强谷氨酸能回路的神经可塑性。例如，经常参加智力挑战的人，随着年龄的增长而患上认知障碍和阿尔茨海默病的可能性较小(Scarmeas and Stern 2004)，这一发现支持了“用进废退”的概念。就像运动中的肌肉细胞一样，当神经元在智力挑战中受到谷氨酸的刺激时，它们会经历离子、代谢和氧化应激。神经元会对这种压力做出适应性反应，不仅能改善其功能，还能增强其应对压力和抵抗疾病的能力。细胞应激的相关信号（如Ca^{2+}和自由基）会介导神经元对智力活动做出适应性反应。

虽然参与智力挑战可以很直观地提高大脑的智力，但体育锻炼和间歇性禁食对认知能力的提高可能就不那么明显了。来自动物和人类研究的数据确实表明，运动和适量摄入卡路里也与提高认知能力和改善情绪有关。我将在本章接下来的内容中探讨智力挑战、体育锻炼和包括间歇性禁食在内的饮食模式如何影响谷氨酸能回路的可塑性，从而提高认知能力、改善情绪，并在可能的情况下保护大脑免受癫痫、脑卒中、阿尔茨海默病和帕金森病等多种疾病的侵害。

我还会介绍日益严重的久坐和过度放纵的生活方式是如何在个体的整个生命过程中和几代人之间对大脑产生不利影响的。例如，大脑成像研究表明，与体重较轻的人相比，肥胖患者的海马体积缩小，儿童和成年人都是如此。动物研究阐明了肥胖和糖尿病如何对谷氨酸能神经元网络的结构和功能产生不利影响。鉴于当今世界大多数工业化国家的肥胖症和糖尿病发病率急剧上升，这类研究结果令人担忧。

用进废退：大脑的适应之道

流行病学研究表明，与认知刺激较少的人相比，一生中经常参与智力挑战活动的人随着年龄的增长而患痴呆的可能性较小

（Bielak 2010）。如果你经常参加阅读、讲座、下棋等活动，以及需要做重大决策，那么你就能更快速准确地比较数字、符号，或在列表中查找出数字、符号，而这些能力的下降与年龄相关。这些智力挑战涉及编码与处理传入和储存信息的谷氨酸能神经元的活动和结构可塑性。

我现在 60 多岁，已经开始注意到自己的信息处理速度变慢了。在日常活动中，我并没有意识到衰老对我大脑中谷氨酸能神经元网络的影响。然而，我在面临快问快答挑战时，尤其是当问题需要整合多个信息时，这一点就变得非常明显。例如，最近我一直在看英国的问答节目《大学挑战赛》，来自各个大学的学生组成 4 人团队，在双败淘汰赛中相互竞争。参赛者都非常聪明，比赛题目涉及物理、生物、化学、历史、艺术和文学。一个典型的问题可能是这样的："在这方面，他几乎是哲学家中独一无二的，汉纳·阿伦特说他对一种普遍看法感到担忧，即哲学只为少数人服务，正是因为它的道德含义。这位哲学家出生于 1784 年。"快速的认知处理速度对于快速回答问题至关重要。即使在我知道答案的情况下，参赛学生通常也能更快地想出答案。

那么，我们的问题就来了：这种智力挑战是如何帮助我们在衰老过程中维持认知能力的？毫不奇怪，通过对海马中介导学习和记忆过程的谷氨酸脑回路的研究，答案呼之欲出。

大脑功能性成像研究表明，当人们执行认知任务时，海马的神经元活动会增加（Nees and Pohlack 2014）。与生活在笼子里、没有物体可供探索的小鼠或大鼠相比，那些生活在有物体可探索的笼子里的小鼠或大鼠在各种测试中都表现出更好的学习和记忆能力。特别是，与生活在对照环境中的动物相比，生活在丰容环境中的动物能够保留更长时间的记忆（Leger et al. 2012）。丰容环境中的小鼠表现出海马和额叶皮质中的谷氨酸能神经元激活增加。研究表明，环境丰容可以增加海马中锥体细胞和齿状回颗粒细胞树突上的突触数量（Ohline and Abraham 2019）。

我在第 4 章介绍了学习和记忆与谷氨酸受体激活时出现的 Ca^{2+} 流入树突有关。Ca^{2+} 的流入启动了一连串协调的分子事件，导致神经元连接在结构上和功能上的长期适应（图 11–1）。这些事件包括谷氨酸受体蛋白的磷酸化、突触后膜中AMPA受体的插入增加、一氧化氮的产生、转录因子的激活，以及能促进神经元网络连接和复原的蛋白质的产生，包括BDNF，抗氧化酶，以及参与线粒体生物合成、自噬和DNA修复的蛋白质。

通过类比体育锻炼对肌肉细胞的影响，来理解脑力锻炼对神经元的影响是非常有用的。事实上，神经元对谷氨酸刺激的许多分子和细胞反应与肌肉细胞在运动过程中的反应相同。在这两种情况下，细胞内 Ca^{2+} 水平的增加都会导致转录因子的激活，其中CREB是一个特别重要的转录因子。此外，在肌肉和神经元刺激过程中自由基产生的增加，导致转录因子（如NF-κB和NRF2）的激活，增加了抗氧化酶的产生。

定期运动似乎对肌肉体积和耐力的增加特别重要，它是通过线粒体生物合成这一过程起作用的。我在第 5 章描述了线粒体数量的增加如何在大脑发育过程中谷氨酸能突触的形成和成年后突触的

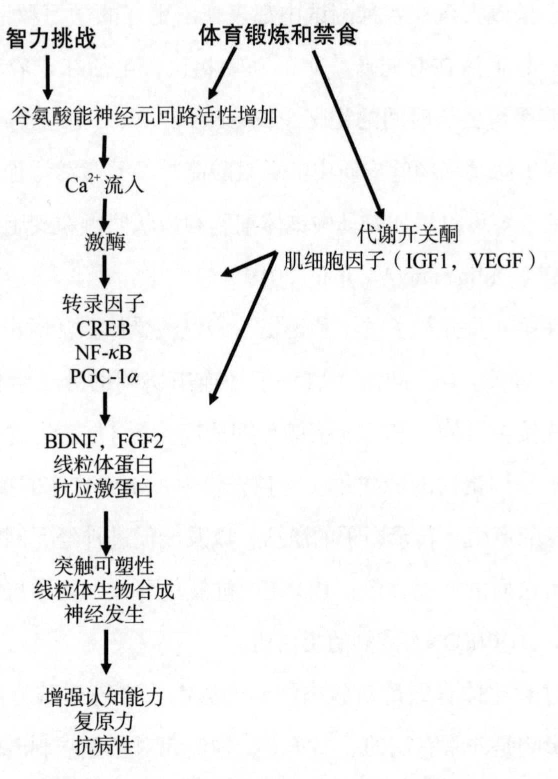

图 11–1　智力挑战、体育锻炼和间歇性禁食影响谷氨酸神经元回路的机制，以提高认知能力及大脑对压力和疾病的抵抗力

维持中起关键作用。智力挑战刺激BDNF的产生，BDNF刺激线粒体生物合成。因此，线粒体生物合成似乎是智力挑战增强和维持认知能力的一种机制。

除了增强现有神经元回路的结构和功能可塑性，智力挑战还可能刺激海马神经发生。在丰容环境中生活的大鼠和小鼠，海马神经元干细胞的增殖会增加（Kempermann 2019）。新生成的神经元成为颗粒细胞，整合到海马回路中。关于阻止神经发生的研究结果表明，神经发生在空间信息的学习中起着特别重要的作用，就像小鼠记住通过迷宫到达食物源的路线一样。丰容环境、跑步和间歇性禁食都被证明可以增强海马神经发生。这些生物能量挑战增加了海马中谷氨酸能神经元的活性。在新加坡和挪威工作的英格丽德·阿梅莱姆、田代阿裕木及其同事最近证明齿状回颗粒细胞中NMDA受体的激活是干细胞正常增殖和分化所必需的（Amellem et al. 2021）。FGF2和BDNF是响应谷氨酸受体激活而产生的，FGF2刺激神经元干细胞增殖，BDNF促进新生成的神经元的生长和存活。在智力挑战过程中，齿状回颗粒细胞的活动增加，会增加这些神经营养因子的产生。

与自然环境互动对认知和情绪的有益影响，可能优于与人工环境互动。有研究表明了这一点，这些研究评估了人们在自然环境或人工环境中对压力的反应（Mostajeran et al. 2021）。在观看了一部令人紧张的电影后，之前观看过自然场景的受试者比观看过城市场景的受试者恢复得更快。有相当多的证据表明，生活在非物种进化的环境中（如大城市），与焦虑症和抑郁症的增加有因果关系。那么问题就变成了：自然环境和人工环境如何对参与应激反应和情绪的神经元网络产生不同的影响？

凯莉·兰伯特及其同事提出疑问：富含自然物体和充斥人造物体的环境是否会对大鼠的神经元网络活动和行为产生相同或不同的影响（Lambert et al. 2016）？大鼠被分在三个环境里：没有物体可以探索的笼子，装有球、塑料棚、彩虹弹簧圈等人造物体的笼子，装有木棍、岩石、空心原木等自然物体的笼子。与生活在装有人造物体的环境中的大鼠相比，身处装有自然物体的环境中的大鼠与物体互动的时间更长。有趣的是，在装有自然物体的环境中，大鼠也花了更多的时间与同伴交流。对大鼠谷氨酸能神经元网络活动的评估显示，在富含自然物体的环境中，杏仁核神经元的活动减少，伏隔核神经元的活动增加。这是有道理的，因为杏仁核中谷氨酸能神经元的激活会增加焦虑，而伏隔核中谷氨酸能神经元的激活是对奖赏体验的反应。

你如果定期锻炼，就会十分清楚运动对你情绪和认知的有益影响。当你因故无法锻炼时，这种影响最为明显——你的情绪会低落，你也可能会注意到自己长时间专注于一项任务的能力下降。像许多人一样，我既体验过运动使头脑更清晰、使情绪更平复的好处，也经历过因受伤而无法运动对心理健康的不利影响。运动对认知和情绪的这些感知影响已在人体对照研究中得到证实，动物研究则已阐明了其中潜在的细胞和分子机制。

许多人体研究都是有氧运动的随机对照试验，对照组只做轻微的拉伸和纤体。伊利诺伊大学的斯坦利·科尔科姆、阿瑟·克雷默及其同事报告说，受试者在为期 6 个月的有氧运动中，包括辅助运动区、前扣带回皮质和海马在内的几个脑区的体积都有所增加（Colcombe et al. 2006）。随后的研究表明，有氧运动会增加海马的体积。最近，哥伦比亚大学的亚卡夫·斯特恩及其同事开展了一项研究，对象是 132 名年龄在 20~67 岁，认知能力平均的人；结果发现，与单纯的拉伸和纤体相比，为期 6 个月的有氧运动能显著改善受试者的工作记忆（Stern et al. 2019）。有趣的是，与年轻参与者相比，有氧运动对五六十岁参与者认知能力的影响更大。在同一项研究中，参与者在运动前和运动期结束后分别接受了脑部的核磁共振成像，随后研究人员根据图像测量了大脑皮质的厚度。有氧运动组的大脑皮质厚度有所增加，而对照组则没有。

如我在第 4 章和第 5 章所述，fMRI 提供了对谷氨酸能神经元活动的间接测量，因为这些神经元占大脑神经元的 90% 以上，并且它们的活动与 fMRI 测量的血流量相关。研究表明，有氧运动对神经元网络活动的影响因脑区和认知测试而异。佐治亚大学的辛西娅·克拉夫特及其同事对 8~11 岁的超重儿童开展了为期 8 个月的运动计划前后的认知测试和 fMRI 分析（Krafft et al. 2014）。运动组每周 5 天、每天 40 分钟玩捉人游戏和跳绳；对照组每周 5 天、每天 40 分钟玩棋盘游戏并制作艺术品。孩子们的认知能力通过一系列标准化测试加以评估，这些测试会评估他们的注意力、计划能力及同时处理和连续处理的能力。这些测试包括“侧翼任务”和“反向眼跳任务”。在侧翼任务中，孩子们被展示了一系列字母或符号，它们可能是一致的，如>>>>>；也可能是不一致的，如>><>>。如果序列中位于中间的符号与侧翼（环绕）序列相同，则指示儿童按左键，如果中间符号与侧翼符号不同，则按右键。每个孩子的响应时间和准确性被记录下来。在反向眼跳任务中，孩子们被要求专注于一个静止的物体。然后在物体的一侧出现一个刺激，并要求孩子们看向另一个方向，未能看向远离刺激的方向被认为是一个错误。

在反向眼跳任务中，运动组和对照组之间没有显著差异，这可能是由于该测试相对简单。然而，fMRI 数据显示，运动组儿童的中央前回和后顶皮质的神经元网络活动减少，而这两个脑区是已知参与反向眼跳运动的区域。相比之下，参与侧翼任务时表现的神经元网络活动，包括额上回和前扣带回皮质，在运动组的儿童中更多。这些差异与有氧适能相关，这一数据得自每个孩子的“最大氧饱和度”（运动时身体可吸收的氧气量）。

使用比侧翼任务或反向眼跳任务更难的认知测试开展的研究表明，运动可以改善学习能力和记忆力。这些研究通常包括 30 分钟以上的有氧运动，每周至少 3 天，表明运动在改善工作记忆和执行功能方面特别有效。

我在第 4 章介绍了工作记忆和执行功能。常用的工作记忆测试方法是 N-back 测试。在这项测试中，受试者被出示带有数字或字母的卡片，然后被要求说出上一张卡片上的字母或数字。例如，向受试者展示带有数字 7、8、5、3 和 4 的卡片，然后要求受试者说出在最后一张卡片之前第 3 张卡片显示的数字。正确答案是 8。随着展示的卡片数量增加，难度也增加了。该测试能确定受试者记住事件序列的能力。执行功能测试包括色字干扰测试和连线测试。在色字干扰测试中，研究人员向受试者展示一张卡片，上面印有颜色名称，但字的墨水颜色与字所代表的颜色不同，例如，“红”字是用绿色写的。这些卡片会快速连续展现，受试者被要求说出字所代表的颜色。随后，研究人员再次向受试者展示卡片，并要求他们说出墨水颜色而不是字所代表的颜色。错误会被记录下来。在连线测试中，受试者被要求在一张纸上按顺序连线 25 个数字或字母。然后研究人员给受试者一张纸，上面写着数字 1~13 和字母 A~L，要求受试者在尽可能短的时间内按顺序给它们连线，并交替使用字母和数字。fMRI 研究表明，前额叶皮质和海马中的谷氨酸能网络在这种认知能力中起着重要作用（L. Li et al. 2014）。

如前所述，许多已发表的研究都记录了定期有氧运动对学习能力和记忆力的有益影响，关于运动改善认知的细胞和分子机制的知识则来自动物研究（Mattson 2012; Voss et al. 2019）。最常见的动物运动研究是将笼子里有跑轮的大鼠或小鼠与笼中没有跑轮的大鼠或小鼠做比较。大鼠和小鼠通常每天要跑 8 千米以上，而且它们是断断续续跑的，每次持续几秒钟到几分钟。跑轮运动可以提高大鼠和小鼠在依赖海马的空间学习和记忆测试中的表现。测试是通过迷宫导航展开的。将成年后笼子里装有跑轮的老年动物与笼子里没有跑轮的对照组动物加以比较，其效果尤其明显。

对跑步动物和久坐动物海马切片中谷氨酸能突触活动的电生理记录表明，运动能增强谷氨酸能突触传递的强度（Farmer et al. 2004），这可能是由于既有突触数量增加又有突触大小增加。运动还通过刺激神经元干细胞的增殖和分化来增强海马的神经发生。卡门·比瓦尔和亨丽特·范普拉克在美国国家老龄化研究所工作时发现，因运动而产生的新齿状回颗粒细胞会接受来自其他几个脑区神经元的突触输入，包括内嗅皮质、内侧隔核和乳头体（Vivar et al. 2012）。这些脑区对编码空间和时间信息，以及记住经验的背景非常重要。

有证据表明，几种神经营养因子（BDNF、FGF2 和 IGF1）在运动对突触可塑性、神经发生及学习能力和记忆力的有益影响中起着重要作用（Cotman and Berchtold 2002; Mattson 2012）。这些神经营养因子在海马中的水平会随着运动而增加。运动刺激BDNF和FGF2产生的机制涉及运动期间海马神经元活性增加，也可能涉及能量代谢的变化，例如乳酸的增加。我在第4章描述了在智力挑战中，BDNF如何增加突触的大小和数量，运动提供的认知增强可能也是这样的。此外，BDNF在神经发生中起着重要作用，它促进新生成的神经元的存活和生长，以及新神经元整合到齿状回回路中。

FGF2能刺激神经元干细胞的增殖，并增强谷氨酸能神经元轴突和树突的生长。有研究对小鼠做了基因编辑，使其神经元干细胞中缺少FGF2受体。结果证明，FGF2是在成鼠大脑中产生新的齿状回颗粒细胞所必需的（Zhao et al. 2007）。干细胞中FGF2信号传导受损导致的神经发生迟钝与齿状回谷氨酸能突触的LTP降低和记忆受损有关。

运动时，肌肉细胞会向血液中释放IGF1，IGF1继而穿过血脑屏障进入大脑。给小鼠静脉注射IGF1抗体后，运动促进神经发生和增加海马神经元突触数量的能力就会减弱（Glasper et al. 2010）。对大鼠的研究表明，将IGF1注入脑室可以提高学习和记忆测试的成绩。

跑轮运动可以刺激线粒体生物合成和神经元的抗应激能力，运动可使小鼠海马中的BDNF含量显著增加（Cotman and Berchtold 2002）。程爱武发现，BDNF可以刺激线粒体生物合成和大脑皮质神经元中新突触的形成（A. Cheng, Wan, et al. 2012），当她使用基因编辑技术阻止线粒体生物合成时，BDNF就不再能刺激新突触的形成。她还发现，跑轮运动会增加神经元中SIRT3的数量。SIRT3位于线粒体中，它的作用是增强线粒体应对神经元在正常活动中承受氧化应激的能力。当小鼠接受抑制NMDA受体的药物治疗时，运动增加SIRT3生成的能力就会被消除（A. Cheng, Yang, et al. 2016）。因此，激活谷氨酸受体是运动增强线粒体抗应激能力的必要条件。

运动还具有抗抑郁和抗焦虑的作用，这在大鼠、小鼠和人类中都适用。据信，这些效果至少部分是由BDNF介导的（Castren and Kojima 2017）。运动能增加与焦虑症和抑郁症有关联的脑区中的BDNF分泌，包括海马、杏仁核和前额叶皮质。为这些情绪障碍患者开出的现有治疗处方——SRI和NERI、电休克疗法和氯胺酮——都会增加BDNF的生成。这些治疗方法可以提高患者大脑中的BDNF水平，因为谷氨酸能神经元回路的活动增加了。动物实验表明，实验性降低大脑中的BDNF水平会导致类似抑郁症的行为。其他证据也表明，抗抑郁药物与运动减少焦虑和抑郁行为的能力需要BDNF信号和转录因子CREB（Nair and Vaidya 2006）。

除了增强认知和情绪，运动还能保护神经元免受创伤性损伤和神经退行性变性疾病的侵害（Intlekofer and Cotman 2013; Mattson 2012; Patten et al. 2015）。定期有氧运动可降低血压，减少脑动脉粥样硬化，从而降低脑卒中风险。对大鼠和小鼠的研究表明，在脑卒中和癫痫的实验模型中，跑轮运动可以保护神经元免受功能障碍和退化的影响。在阿尔茨海默病的基因编辑小鼠模型中，跑轮运动还能延缓淀粉样蛋白的堆积和相关的认知障碍。正如我在第7章和第

8 章所述，在癫痫、脑卒中、阿尔茨海默病、帕金森病和亨廷顿病中，神经元的退化与兴奋性毒性有关。因此，运动通过增强神经元对兴奋性毒性的抵抗力，还能预防多种脑部疾病。

对大鼠或小鼠海马和大脑皮质神经元培养物的大量研究表明，BDNF、FGF2 和 IGF1 能够保护神经元免受神经系统相关疾病的破坏和死亡。BDNF、FGF2 和 IGF1 可以保护海马神经元免受兴奋性毒性和葡萄糖剥夺的伤害（B. Cheng and Mattson 1992b; B. Cheng and Mattson 1994）。由于有氧运动能增加 BDNF、FGF2 和 IGF1 的产生，因此这些神经营养因子很可能有助于通过运动保护癫痫和脑卒中动物模型中的神经元。

最后，运动除了对谷氨酸能神经元的功能和复原力有益，还能刺激大脑中血管的增殖（Morland et al. 2017）。众所周知，定期锻炼能刺激骨骼肌和心脏的血管发生（新血细胞的形成）。运动对血管的这种影响是由一种名为“血管内皮细胞生长因子”（VEGF）的蛋白质介导的。动物实验也表明，肌肉细胞中产生的 VEGF 会释放到血液中，从而进入大脑。脑内 VEGF 和血管密度的增加，有望增加神经元的营养供应。

饥饿的挑战

20 世纪 90 年代中期，我开始了解到一些研究，这些研究表明，仅仅是减少大鼠和小鼠每天的进食量，就能大大延长它们的寿命；如果每隔一天不让它们进食，它们的寿命也会延长。如果从成年动物年轻时开始实施每天限制卡路里摄入量和间歇性禁食的方法，可使它们的寿命延长多达 80%（Goodrick et al. 1982）。由于衰老是脑卒中、帕金森病和阿尔茨海默病的主要风险因素，我决定看看饮食能量限制是否会保护神经元，抵抗这些疾病的动物模型的功能障碍和退化。设计这种实验很简单，只需要把动物随机分配到间歇性禁食组（即每隔一天剥夺它们的食物）或随意进食对照组（即无限量提供食物）。

20 世纪 90 年代末和 21 世纪初，我实验室的博士后在研究中发现，在亨廷顿病大鼠模型、帕金森病小鼠模型和阿尔茨海默病基因编辑小鼠模型中，间歇性禁食可以保护神经元抵抗功能障碍和变性。

第一个试验由安娜·布鲁斯–凯勒在与癫痫和阿尔茨海默病有关的神经毒素模型中开展。布鲁斯–凯勒使用的神经毒素是红藻氨酸（见第 6 章），这种毒素会引起癫痫发作，并选择性地杀死海马谷氨酸能锥体细胞，从而导致空间学习能力和记忆力的严重缺陷。这种动物模型主要适用于癫痫，但也与阿尔茨海默病有关，因为海马锥体细胞是阿尔茨海默病中极容易退化的神经元之一。试验要求在间歇性禁食或对照喂养方案维持三个月后，对大鼠施用红藻氨酸；随后用水迷宫评估两组大鼠的学习和记忆能力；最后将大鼠安乐死，取出大脑并切成薄片。布鲁斯–凯勒用一种会在神经元中选择性聚集的染料将脑切片染色，并统计海马中锥体细胞的数量。结果显而易见。对照组的大鼠有大量的锥体细胞丢失和严重的学习能力和记忆力缺陷，而间歇性禁食组的大鼠则没有这种情况（Bruce-

Keller, Umberger, et al. 1999）。

癫痫患者通常能从生酮饮食中受益，这是一种高脂肪、含很少或不含碳水化合物的饮食。“生酮”一词是指缺乏碳水化合物的高脂肪饮食会导致脂肪在肝脏中转化为酮分子。酮体中的β–羟丁酸盐和乙酰乙酸盐随后会释放到血液中，在葡萄糖水平较低时成为神经元和其他细胞非常有效的能量来源。在禁食期间，脂肪细胞释放的脂肪（脂肪酸）会产生酮体。这样，酮体就能使人在不进食的情况下生活数周甚至数月，具体取决于个体体内的脂肪含量。酮被认为可以通过增强抑制性GABA能神经元的活性来抑制癫痫发作。

间歇性禁食还可以通过增强抑制性GABA能神经元的活性来预防或减少癫痫发作。刘勇（音译）记录了隔天禁食的小鼠和自由进食的对照组小鼠海马中GABA能神经元对谷氨酸能神经元的抑制量。他发现，间歇性禁食的小鼠中，抑制性神经元释放GABA的频率更高（Y. Liu et al. 2019）。除了增强GABA能对谷氨酸能神经元的抑制，生酮饮食和禁食还可能通过减少神经元线粒体中自由基的产生来保护神经元免受癫痫发作，因为神经元使用葡萄糖作为能量来源时产生的自由基比使用酮体时产生的自由基更多。

我在第7章介绍了一种脑卒中动物模型。余再芳（音译）利用这种脑卒中模型发现，与随意喂食的大鼠相比，间歇性禁食的大鼠因实验性脑卒中造成的脑损伤减轻，功能转归也得到改善（Yu and Mattson 1999）。在随后的研究中，蒂鲁玛·阿鲁穆加姆证明间歇性禁食保护神经元免受脑卒中的机制涉及刺激神经营养因子、热休克蛋白和抗氧化酶HO1的产生（Arumugam et al. 2010）

安娜·布鲁斯-凯勒发现，间歇性禁食可以保护大鼠纹状体中的GABA能中型多棘神经元免受线粒体毒素3-NPA的损害（Bruce-Keller, Umberger, et al. 1999）。正如我在第6章所述，这种模型与亨廷顿病有关，因为纹状体中的GABA能神经元在这种疾病中最先退化。布鲁斯-凯勒发现，在这种动物模型中，间歇性禁食能显著减少对GABA能神经元的损害，并改善对身体运动的控制。段文贞发现，间歇性禁食还能保护MPTP小鼠模型中的多巴胺能神经元（Duan and Mattson 1999）。这些模型中使用的毒素会损害线粒体的功能，导致纹状体和多巴胺能神经元的能量不足。神经元继续受到谷氨酸的刺激，但由于依赖ATP的Na^+泵和Ca^{2+}泵蛋白失效，神经元无法恢复膜电位。

间歇性禁食可能会减轻3-NPA、MPTP和脑卒中引起的能量不足。这种细胞能量保护可能以多种方式发生。一种方式是增加抗氧化酶的产生或活性，这些酶可以去除自由基，从而减少自由基对线粒体中蛋白质、膜和DNA的损伤。通过这种方式，间歇性禁食可以保护线粒体免受在脑卒中、亨廷顿病和帕金森病中受影响的神经元所产生的自由基引起的功能障碍。作为证据，程爱武和刘勇发现间歇性禁食会增加线粒体酶SIRT3的产生。反过来，SIRT3又增加了SOD2的活性，SOD2是神经元线粒体中最重要的抗氧化酶（A. Cheng, Yang, et al. 2016; Y. Liu et al. 2019）。间歇性禁食也被认为会刺激线粒体自噬和线粒体生物合成的过程。我在第5章描述了线粒体自噬如何去除细胞中不健康的线粒体，以及线粒体生物合成如何产生新的原始线粒体。因此，间歇性禁食可能会增加神经元中健康、抗应激线粒体的数量。有了更多健康的线粒体，神经元就能更好地产生保护自身免受谷氨酸兴奋性毒性所需的ATP。

2003年，加利福尼亚大学欧文分校的萨尔瓦多·奥多、弗朗克·拉费拉及其同事报告说，他们利用最先进的基因编辑技术培育出大脑出现病变，并伴有与阿尔茨海默病非常相似的认知障碍的小鼠（Oddo et al. 2003）。他们称这种基因编辑小鼠为“3xTgAD小鼠”，因为它们表达了与阿尔茨海默病相关的3种不同的突变人类基因。其中两个突变基因负责编辑β–淀粉样前体蛋白和PSEN1，会导致Aβ斑块在小鼠大脑中堆积；第三个突变基因负责编辑τ蛋白，这是一种在阿尔茨海默病和额颞叶痴呆中在神经元内堆积并形成神经原纤维缠结的蛋白质。随着3xTgAD小鼠年龄的增长，它们体内的Aβ斑块和τ蛋白缠结会逐渐累积。这些斑块和缠结大量积聚，尤其是在海马和大脑皮质的连接区域。淀粉样蛋白和τ病理会导致学习和记忆障碍，以及海马突触可塑性受损。

维伦德拉·哈拉加帕检验了间歇性禁食是否可以减轻3xTgAD小鼠Aβ斑块和缠结病理及相关认知障碍的假设（Halagappa et al. 2007）。哈拉加帕在小鼠年幼（5个月大）时，将它们随机分配到3个不同的组别：第一组随意进食，第二组隔天禁食，第三组每天喂食的食物量比随意进食的小鼠少40%。为了确定未患阿尔茨海默病的小鼠的认知能力，该研究还包括一组没有突变人类基因并随意进食的对照组小鼠。一年后，小鼠17个月大时，哈拉加帕会在水迷宫中评估它们的学习能力和记忆力。与没有突变人类基因、自由进食的对照组小鼠相比，自由进食的3xTgAD小鼠在水迷宫中表现很差。它们花了更长的时间才找到逃生平台的位置，但即使知道了位置，它们也很快就忘了。相比之下，隔天禁食组和限制 40% 食物量摄入组中的 3xTgAD 小鼠的表现与没有阿尔茨海默病的小鼠一样好。

哈拉加帕的研究还得出了一个非常令人惊讶的结果。虽然间歇性禁食可以防止 3xTgAD 小鼠出现与年龄相关的认知障碍，但并没有减少它们大脑中 Aβ 斑块的数量。间歇性禁食保护了神经元，使其免受 Aβ 对结构和功能的不利影响。这一点非常值得注意，因为研究表明，一些认知功能良好的老年人大脑中仍存在大量 Aβ 斑块。显然，他们的生活方式或遗传体质增强了神经元抵抗淀粉样蛋白毒性作用的能力。虽然尚不清楚为什么有些人可以耐受大脑中 Aβ 的大量堆积，但我们知道，超重和胰岛素抵抗会增加患阿尔茨海默病的风险。

间歇性禁食可以帮助具有 Aβ 斑块的基因编辑小鼠抵抗认知障碍。当随意喂食时，大脑中有淀粉样蛋白堆积的基因编辑小鼠会随着年龄的增长而出现癫痫发作；但当它们坚持间歇性禁食时，就不这样了。对海马突触功能的分析证明，具有 Aβ 斑块的小鼠随意进食会有 LTP 缺陷，而间歇性禁食的小鼠则不存在缺陷（Y. Liu et al. 2019）。对非阿尔茨海默病小鼠和阿尔茨海默病小鼠大脑的分析表明，阿尔茨海默病小鼠海马中线粒体酶 SIRT3 的水平降低，而间歇性禁食会阻止 SIRT3 水平的降低。

为了确定 SIRT3 水平的降低是否足以引起神经元网络过度兴奋，刘勇及其同事记录了小鼠海马中 GABA 能神经元的活动，这些神经元经过基因编辑禁用了编码SIRT3的基因。刘勇发现，在这些小鼠中，间歇性禁食并没有增加GABA能活性。这一结果表明，线粒体SIRT3对间歇性禁食降低神经元的过度兴奋至关重要。缺乏SIRT3导致的海马神经元过度兴奋与学习能力和记忆力受损有关。此外，缺乏SIRT3的小鼠表现出更高的焦虑水平。这一点很值得注意，因为在阿尔茨海默病患者和患病小鼠模型中，焦虑水平都会升高。

如我在第8章所述，脑干中副交感神经元的轴突通过迷走神经到达心脏和肠道，它们的活动会减慢心率并刺激肠道蠕动。帕金森病患者的神经元中会积聚α突触核蛋白，因此神经元会退化，导致心率加快和便秘。α突触核蛋白突变会导致遗传性帕金森病，令基因编辑小鼠产生这种α突触核蛋白突变，小鼠的运动功能会逐渐退化，最终无法进食，不得不接受安乐死。对它们大脑的检查发现，α突触核蛋白在多巴胺能神经元中逐渐堆积。

凯瑟琳·格里菲奥恩和万瑞倩开展了一项实验，以确定α突触核蛋白突变小鼠的脑干副交感神经元是否会出现功能障碍（Griffioenet et al. 2013）。在这些小鼠中，脑干副交感神经元堆积了α突触核蛋白，心率升高。将α突触核蛋白突变的基因编辑小鼠和无α突触核蛋白突变的小鼠分别分为3组。第一组随意投喂正常食物，第二组随意投喂含有大量果糖和蔗糖的食物，第三组投喂正常食物并隔天禁食。为了连续记录心率，所有小鼠体内都被植入了发射器，电极放在心脏旁边。发射器会将信号发送到放置在每只小鼠笼子下方的接收垫上，接收垫与电脑相连，在为期12周的时间内记录心率。

与非突变小鼠相比，α突触核蛋白突变小鼠的心率升高。最引人注目的结果是，与对照饮食或高糖饮食组相比，间歇性禁食组的小鼠心率出现降低，在α突触核蛋白突变小鼠和非突变小鼠中都是如此。与对照饮食组相比，高糖饮食组中的α突触核蛋白突变小鼠的心率升高。其他实验结果表明，α突触核蛋白突变小鼠的脑干自主神经元中堆积了α突触核蛋白，这与副交感神经对心率的控制减弱有关。间歇性禁食可防止副交感神经张力下降。

在与戴维·门德洛维茨的合作中，万瑞倩提供了证据，证明BDNF能增强脑干副交感神经元的功能，从而减慢心率（Wan et al. 2014）。BDNF的这种效应是由于将谷氨酸能和GABA能输入的相对平衡转移到了副交感神经元。间歇性禁食和有氧运动都可以增加BDNF的产生，这可以解释间歇性禁食和运动降低心率的能力，也可以解释间歇性禁食预防α突触核蛋白突变基因编辑小鼠脑干胆碱能神经元功能障碍和变性的能力。

表达人亨廷顿基因突变的基因编辑小鼠会出现运动障碍，这与纹状体和大脑皮质神经元中亨廷顿蛋白聚集体的堆积有关。在这种情况下，间歇性禁食也会减缓大脑病变和运动障碍的进展（Duan, Guo, et al. 2003）。与人类亨廷顿病患者一样，亨廷顿基因突变小鼠的纹状体和大脑皮质中的BDNF水平也有所降低。间歇性禁食可使亨廷顿基因突变小鼠体内的BDNF水平恢复正常，这表明了BDNF在抵消疾病过程中的作用。

从进化的角度来看，当动物处于饥饿状态并有获取食物的动力时，智力挑战、运动和禁食就会同时发生。因此，人们可能会期望，如果能将这 3 种生物能量挑战纳入生活方式，则现代人类的大脑会大大受益。然而，目前尚缺乏在人类中检验这一假设的研究。个别研究通常只关注一种类型的挑战，而不关注其他两种类型。例如，关注智力挑战的研究可能没有考虑到与受教育程度较低的人相比，受过高等教育的人倾向于安排更多的有氧运动，并且不会暴饮暴食。因此，需要将运动、智力挑战和间歇性禁食相结合的对照良好的测试结果与个体挑战的结果加以比较。

但是，动物研究正开始阐明多种环境挑战如何以影响谷氨酸能回路的结构和功能的方式互相作用。这项工作主要集中在海马上。亚历克西丝·斯特拉纳汉在小鼠身上做了实验，旨在确定运动、每日限时进食和热量限制是否会对海马齿状回谷氨酸能神经元的可塑性产生组合效应（Stranahan, Lee, et al. 2009）。该研究同时使用了健康小鼠和糖尿病小鼠。研究人员将健康小鼠和糖尿病小鼠各分为四组。一组随意进食，久待不动；第二组随意进食，笼子里放一个跑轮；第三组久待不动，每天在大约 4 小时内摄入热量较低的食物（每天限制进食）；第四组每天跑步，同时每天限制进食。三个月后，这些小鼠被安乐死并取出大脑。斯特拉纳汉用高尔基染色法将每只小鼠一侧大脑的切片染色，并计算海马齿状回谷氨酸能神经元上树突棘的数量；他还取出小鼠另一侧大脑的海马，用于测量BDNF的水平。

数据显示，对健康小鼠来说，与久待不动和随意进食的健康小鼠相比，跑步和限制进食都会导致树突棘数量增加。与单独跑步或限制进食相比，将跑步和限制进食相结合会使树突棘数量增加更多。与非糖尿病小鼠相比，无论哪个组别，糖尿病小鼠的树突棘数量都有所减少。然而，跑步和限制进食会显著增加糖尿病小鼠树突棘的数量，而跑步和限制进食相结合会进一步增加突触的数量。对BDNF水平的测量显示，跑步和限制进食都能提高正常小鼠和糖尿病小鼠体内这种神经营养因子的水平。这些研究结果表明，限制饮食和运动可对谷氨酸能海马回路的结构产生叠加效应，而且这些效应与BDNF的产生有关。

已知间歇性禁食可以改善人类的整体健康状况（de Cabo and Mattson 2019; Mattson 2022），它有助于减少腹部脂肪，增加胰岛素敏感性，并改善提示心血管疾病风险的多种标志物。一方面，间歇性禁食和热量限制对人脑的影响仍有待确定。另一方面，有大量证据表明，暴饮暴食和肥胖会对人脑产生不利影响。动物研究已经提供了关于大脑神经元网络的结构和功能如何受到“沙发土豆”[①]生活方式的影响的见解。我将在本章的最后一节阐述这些证据。

自满导致毁灭

肥胖是生活在工业化国家的居民的主要健康问题。美国大约有33%的人身体质量指数（BMI）超过30，被认为患有肥胖症

① “沙发土豆”指一个人长时间坐在沙发上，像土豆一样一动不动，是一种不健康的生活方式。——编者注

（BMI在18.5~25之间被认为是健康的）[①]。自20世纪80年代以来，美国人肥胖症的患病率急剧增加，当时只有不到15%的人患有肥胖症。1980—2020年，儿童和青少年肥胖症的患病率从5%增加到25%。肥胖会增加几乎所有主要死亡原因的风险，包括心血管疾病、脑卒中、糖尿病、癌症和肾脏疾病。超重（BMI在25~30之间）[②]也会增加患这些疾病的风险，尽管其危害程度低于肥胖。

有几个因素导致了肥胖症的流行，特别是高热量加工食品的消费增加和体力活动的减少。食用果糖与饱和脂肪等单糖被认为尤其容易导致肥胖。一个人变得肥胖后，神经内分泌系统的异常会在长期肥胖中发挥重要作用。特别是对肥胖症患者来说，下丘脑中的神经元对"饱腹感激素"瘦素的反应能力受损。

> 瘦素是在脂肪细胞中产生的，并在摄入食物后释放到血液中，就像胰岛β细胞在葡萄糖水平升高时释放胰岛素一样。位于大脑底部下丘脑的神经元会对瘦素做出反应，从而激活抑制食物摄入的神经元网络，防止暴饮暴食。肥胖者下丘脑中的神经元对瘦素的反应不佳，因此这些人即使暴饮暴食，也会继续感到饥饿。这种情况被称为"瘦素抵抗"，类似于胰岛素抵抗——肝脏、肌肉和身体中的其他细胞对胰岛素变得相对无反应，因此血糖水平仍然异常高。好消息是，正如运

---

① 在中国，健康的BMI为18.5~24，参见卫健委制定的《健康中国行动（2019—2030年）》，也有专家建议将上限调整为23。——译者注

② 中国对超重的定义为BMI在24~28之间。——译者注

动和间歇性禁食可以预防和逆转胰岛素抵抗一样，它们也可以预防和逆转瘦素抵抗。（Mattson 2022, 184）

运动和适度的能量摄入对谷氨酸能神经元网络有益，而久坐不动和暴饮暴食的生活方式则有坏处。流行病学研究数据显示，与非肥胖和代谢健康的同龄人相比，患有肥胖症或糖尿病的儿童和成人在学习和记忆测试中的平均表现相对较差。纽约大学的邱宝丽（音译）、安东尼奥·康维特及其同事开展了一项研究，测试了62名超重且有胰岛素抵抗的青少年和49名未超重且没有胰岛素抵抗的对照青少年的认知能力，并分析了他们的脑成像（Yau et al. 2012）。研究人员发现，与后者相比，代谢不健康的人在拼写、算术、代谢灵活性和注意力方面的表现明显更差。对fMRI图像的分析显示，代谢不健康的青少年的海马体积较小；他们还有扩大的脑室，表明大脑皮质的灰质普遍减少。

在一项研究中，研究人员为420人做了大脑核磁共振，在受试者60~64岁时拍摄他们的海马，并在8年后再次拍摄。对图像的分析表明，BMI与海马的大小呈负相关（Cherbuin et al. 2015）。随着BMI的增加，海马的体积随之减小。研究还显示，BMI越高的人，其海马在8年间的萎缩程度越高。

在日本国立神经科学研究中心工作的秀濑信介及其同事发现，在抑郁症患者中，与没有肥胖症的人相比，肥胖症患者的海马萎缩程度要高得多（Hidese et al. 2018）。认知测试显示，与无肥胖症的抑郁症患者相比，同时患有肥胖症和抑郁症的患者的工作记忆、言语记忆、注意力和执行功能下降得更严重。好消息是，有证据表明，随着抑郁症的康复和体重的减轻，抑郁症和肥胖症患者海马体积的缩小是可以逆转的。

肥胖和糖尿病是如何对谷氨酸能神经元网络产生不利影响，从而削弱认知能力并增加患焦虑症、抑郁症、阿尔茨海默病和脑卒中风险的呢？对大鼠和小鼠开展的大量研究表明，肥胖和糖尿病会损害学习和记忆能力（Mattson 2019）。这些研究中的肥胖和糖尿病的动物模型是由高葡萄糖、高果糖或高饱和脂肪饮食引起的。具有导致肥胖和糖尿病的基因突变的小鼠也被用于研究，包括瘦素基因被失活的小鼠。以下是此类研究的几个例子。

奥古斯塔大学的郝帅（音译）、亚历克西丝·斯特拉纳汉及其同事用导致肥胖的高脂肪饮食或通常的低脂肪饮食饲养小鼠 3 个月（Hao et al. 2016）。然后，他们通过迷宫和新物体识别测试评估了小鼠的学习和记忆能力。此外，他们还测量了齿状回颗粒细胞上谷氨酸能突触的 LTP 和突触数量。肥胖小鼠的学习和记忆能力较差，LTP 受损且突触数量减少。小鼠接受低脂饮食两个月后，它们的体重减轻了，肥胖对海马谷氨酸能回路的不利影响也得到了逆转。其他实验提供的证据表明，高脂饮食会导致小胶质细胞活化，这些小胶质细胞会从齿状回颗粒细胞树突上剥离谷氨酸能突触。

之所以缺乏运动和摄入过多能量会对大脑产生不良影响，是因为你远离了运动和限制能量可增强大脑健康这一过程。如果不经常接受挑战，神经元就会变得自满。这种“自满假说”的证据相当多（Mattson, Moehl, et al. 2018）。在肥胖和糖尿病的动物模型中，

BDNF的生成减少，神经元网络过度兴奋，GABA能张力降低。此外，肥胖和糖尿病还会损害线粒体功能、自噬、DNA修复和抗氧化防御功能。肥胖和糖尿病引起的这些细胞和分子上的改变很可能导致大脑更容易受到认知障碍和阿尔茨海默病的影响。有证据表明，在阿尔茨海默病小鼠模型中，饮食引起的肥胖会加速脑神经病理变化，加重认知障碍。

肥胖和糖尿病对大脑造成的另一个不良后果与胰岛素有关。对动物模型的研究表明，大脑神经元会产生胰岛素抵抗。哥伦比亚大学的克劳迪娅·格里洛、劳伦斯·里根及其同事利用分子遗传学方法，选择性地剥夺了大鼠海马神经元中的胰岛素受体。海马神经元无法对胰岛素做出反应的大鼠表现出LTP和认知功能受损（Grillo et al. 2015）。这一结果表明，神经元的胰岛素抵抗可能是肥胖和糖尿病对谷氨酸能神经元回路产生不良影响的原因之一。人体研究数据支持这样一种观点，即糖尿病患者的神经元对胰岛素的反应能力受损。例如，美国国家老龄化研究所的迪米特里奥斯·卡波吉安尼斯及其同事的一项研究表明，从糖尿病患者和临床前阿尔茨海默病患者的血液中分离出的神经元衍生膜囊泡中，胰岛素信号的激活与健康人相比受到了损害（Kapogiannis et al. 2015）。这些研究结果表明，神经元对胰岛素的反应能力受损可能导致肥胖和糖尿病对认知的不良影响。

全身炎症是肥胖症中腹部脂肪堆积和肠道细菌菌群改变的常见结果。证据还表明，大脑也不能幸免于这种炎症。下丘脑是第一个被证明受到肥胖引起的炎症影响的脑区。这种“神经炎症”的特点是小胶质细胞活化和炎性细胞因子增加。有证据表明，下丘脑的这种局部炎症会导致下丘脑神经元对饱腹感激素瘦素的反应能力受损。肥胖引起的海马神经炎症也可能导致认知能力受损（Guillemot-Legris and Muccioli 2017）。在肥胖动物模型中，炎性细胞因子水平和小胶质细胞活化的增加已被记录在案。此外，即使在没有肥胖症的动物模型中，炎症（通常是通过注射一种名为“脂多糖”的细菌分子诱发的）也足以损害海马突触的可塑性和认知能力。

神经炎症发生在几种主要的脑部疾病中，包括阿尔茨海默病、帕金森病和重度抑郁症。人们认为，肥胖导致的低度神经炎症会加速这些疾病的进程。因此，除了运动和能量限制保护大脑的机制失效，神经炎症也可能导致肥胖症患者大脑健康状况不佳。如果肥胖症患者通过减少能量摄入或锻炼来减轻体重，他们的认知能力就会得到改善（A. Martin et al. 2018）。

肥胖症和糖尿病通常会导致皮质醇水平升高，这是下丘脑中产生促肾上腺皮质激素的神经元过度激活所致。我在第 9 章介绍了慢性心理压力如何使皮质醇水平升高，并对谷氨酸能神经元网络产生不利影响。这种压力显然是“坏压力”。对海马的研究表明，长期的心理压力会导致突触退化、神经发生障碍和认知障碍。相反，限制热量摄入和间歇性禁食能促进新突触的形成，刺激神经发生，增强认知能力。

过多的皮质醇还可能导致肥胖对谷氨酸能回路的结构和功能产生不利影响。那么，为什么限制热量摄入和间歇性禁食会使皮质醇水平升高，但却对大脑有益呢？

李载元在我的实验室读研究生时，完成了一项有助于解决“皮质醇悖论”的实验。我们知道，谷氨酸能神经元有两种不同的皮质醇受体：糖皮质激素受体和盐皮质激素受体。这两种受体都位于神经元的细胞质中。当皮质醇进入谷氨酸能神经元并与受体结合时，受体就会进入细胞核。糖皮质激素受体和盐皮质激素受体是关闭或打开某些基因的转录因子。先前的研究表明，糖皮质激素受体的慢性激活是“坏压力”对谷氨酸能神经元产生不利影响的原因。还有研究表明，长期不可控的压力会导致海马神经元中的盐皮质激素受体水平下降。鉴于糖皮质激素受体似乎介导了“坏压力”对大脑的不利影响，我们提出的问题是：盐皮质激素受体是否可能有助于对间歇性禁食的“好压力”产生有益影响。

李载元的实验相对简单。大鼠被分成两组，一组大鼠隔天禁食，另一组大鼠随意进食。三个月后，大鼠被安乐死，大脑被取出切片。研究人员采用“原位放射自显影”的方法来测量海马神经元中编码糖皮质激素受体和盐皮质激素受体的mRNA的相对数量。结果显示，间歇性禁食降低了海马锥体细胞和齿状回颗粒细胞中糖皮质激素受体mRNA的水平，但保持了盐皮质激素受体mRNA的水平（Lee, Herman, and Mattson 2000）。进一步的分析表明，间歇性禁食后糖皮质激素受体蛋白水平也降低了。这些结果证明尽管间歇性禁食期间皮质醇水平升高，但谷氨酸能海马神经元对皮质醇的反应方式与它们对慢性心理压力的反应方式不同。

李载元的研究结果引出了一个问题，即盐皮质激素受体的激活是否可以抵消“坏压力”对海马神经元网络的不利影响？为了回答这个问题，亚历克西丝·斯特拉纳汉使用了基因编辑的小鼠，这种小鼠不具备功能性瘦素受体，从而会过度进食，导致肥胖和糖尿病。斯特拉纳汉发现，这些糖尿病小鼠的突触数量减少，海马谷氨酸能突触的LTP受损，而这两种情况都与认知障碍有关（Stranahan, Arumugam, et al. 2008）。她还发现，糖尿病小鼠体内的皮质酮（相当于人体内的皮质醇）水平升高，而通过切除肾上腺降低皮质酮水平可以减轻糖尿病对海马回路的不利影响。

确定了皮质酮在糖尿病对海马突触的不利影响中的重要作用后，斯特拉纳汉接下来提出的问题是：盐皮质激素受体激活是否可以保护突触免受糖尿病的侵害。为此，她使用了一种不同的糖尿病大鼠模型，令动物产生的胰岛素很少，因此血糖水平非常高。然后，她制备了海马切片，并对齿状回颗粒细胞做了电生理记录。糖尿病大鼠齿状回谷氨酸能突触的LTP受损，而非糖尿病大鼠则没有这种损伤。斯特拉纳汉用醛固酮处理海马切片，醛固酮是一种能激活盐皮质激素受体但不能激活糖皮质激素受体的激素，并能恢复LTP（Stranahan, Arumugam, et al. 2010）。根据李载元的研究结果，斯特拉纳汉的数据符合这样一种可能性：如果盐皮质激素受体被激活，间歇性禁食期间发生的皮质醇水平升高会对海马谷氨酸能神经元产生有益影响。

在美国，肥胖症和相关疾病的发病率在南部的亚拉巴马州、密西西比州、路易斯安那州、阿肯色州、佐治亚州和得克萨斯州最高，包括糖尿病、心血管疾病、脑卒中和多种癌症。儿童肥胖症的发病率也是这些州最高。这些州的儿童学习成绩较差，上大学的可能性较低。认知功能测试显示，肥胖与较差的工作记忆、执行功能和言语记忆有关（Mattson 2022）。社会学家和流行病学家指出，低下的社会经济地位和较差的学校是造成这些南方儿童学习成绩差的关键因素。然而，有明确证据表明，由于肥胖会影响认知能力，因此儿童代谢健康状况不佳很可能也会导致他们的学业不佳。如果是这样，那么可以通过在学校加入锻炼计划、改善饮食并让儿童采用间歇性禁食的饮食模式来提高他们的学习成绩。为了取得成功，必须对父母开展关于儿童代谢健康与其学业成绩之间联系的知识普及。

尾　声

谷氨酸的未来探索

本书提供的信息支持这样的结论：谷氨酸是控制大脑形成、细胞结构和功能的最重要的细胞间信号分子。此外，谷氨酸能神经元网络的异常与目前困扰人类的所有主要脑部疾病有关。我将在接下来的内容中总结支持这些结论的证据。

在地球生命进化的早期，谷氨酸作为一种细胞间信号，控制着多细胞生物的生长。在黏液菌中，谷氨酸是控制从单细胞变形虫向多细胞孢子产生生物转变的信号。苔藓有两种谷氨酸受体，对繁殖和胚胎发育至关重要；植物根和茎的生长和分枝模式部分是由这些结构的细胞之间的谷氨酸信号传递决定的。与神经元网络一样，谷氨酸对植物细胞结构的这些影响也是Ca^{2+}通过膜通道流入的结果。植物对胁迫的反应，如昆虫造成的叶片损伤，也是由谷氨酸和Ca^{2+}介导的。值得注意的是，植物比哺乳动物拥有更多的编码谷氨酸受体的基因，但单个受体在植物生命中的确切作用仍有待确定。在昆虫中，谷氨酸是神经肌肉突触的神经递质，因此对运动和反射反应至关重要。对昆虫、蛔虫和哺乳动物的研究表明，谷氨酸在学习和记忆中的作用在进化上是一致的。

在包括人类在内的哺乳动物体内，大脑中90%以上的神经元都将谷氨酸作为神经递质。通过所有脑区内部和脑区之间的神经元回路的信息流都是由谷氨酸能神经元传递的。因此，谷氨酸能神经递质控制着所有的大脑功能，包括学习和记忆、情感、创造力、想象力和决策。所有其他神经递质——GABA、多巴胺、血清素、去甲肾上腺素和乙酰胆碱——只能通过调节谷氨酸能神经元的活性来对行为产生影响。

大脑发育研究的一个重大发现是，谷氨酸控制着整个大脑神经元网络的形成。谷氨酸通过使Ca^{2+}局部流入生长中的树突，启动突触的形成。Ca^{2+}信号会激活编码神经营养因子（如BDNF）的基因。神经营养因子被释放出来，并激活产生这些因子的神经元和突触前神经元上的受体，从而使突触持续存在。神经营养因子还能促进神经元的存活和生长。通过这种方式，谷氨酸决定了哪些神经元形成连接并存活下来，哪些神经元通过细胞凋亡过程死亡。因此，通过引起细胞内Ca^{2+}水平和神经营养因子产生的局部增加，谷氨酸决定了大脑中神经元的数量、结构和功能连接。

对海马的研究明确表明，谷氨酸是学习和记忆最重要的神经递质。学习和记忆源于谷氨酸能突触的激活、Ca^{2+}通过NMDA受体的流入，以及活跃突触的快速和延迟的分子与结构修饰。这些记忆编码变化包括突触后膜AMPA受体的快速插入、转录因子CREB的激活及突触大小的增加。谷氨酸受体的激活会增加BDNF的分泌，从而引起突触前和突触后神经元的多种生长反应。这些反应包括生长、线粒体生物合成和新突触的形成。突触后 Ca^{2+} 还能触发一氧化氮的产生和释放，它扩散到毗邻的突触前轴突末梢，可能在那里引起变化，导致谷氨酸释放增强。

尽管相关研究在了解学习和记忆的细胞和分子机制方面取得了重大进展，但记忆的物理本质仍然难以捉摸。最近的光遗传学研究结果提出了“印迹细胞”的概念，即存储单个记忆的单个神经元或一小群神经元。但这种记忆的概念化似乎过于简单，因为它意味着大脑的容量受到其所含神经元数量的限制。参与编码记忆的单个神经元会接收数百甚至数千个谷氨酸能输入，而且有证据表明，要编码记忆，必须同时激活不止一个突触。此外，存储记忆的位置也存在冗余，有关脑损伤的研究结果表明，单个记忆可以存储在多个脑区。

整个大脑的神经元网络每天 24 小时都在活动，它们的活动会消耗相对较多的能量。大脑的大部分神经元和突触都是谷氨酸能的，因此大脑的大部分能量消耗都是由谷氨酸能神经元的活动驱动的。我在第 4 章中提出的证据表明，大脑的神经结构部分是由旨在最大限度地提高单个神经元获取能量的过程所建立的。后一个概念类似植物和根系以分形模式生长的成熟机制，这些机制分别最大限度地获取阳光和水分。大脑的能量效率得益于多种机制，包括依赖活动的线粒体生物合成、线粒体在高能量需求位点（谷氨酸能突触）的定位、能量底物从星形胶质细胞到神经元的穿梭，以及神经元在长时间缺乏食物时利用酮体作为能量来源和信号分子的能力。

谷氨酸作为大脑神经元网络复杂结构和功能容量的协调者所起的卓越作用引出的问题是：异常谷氨酸能神经传递会有什么后果？跨越50多年的研究得到了一个明确的答案：谷氨酸受体无限制的过度激活是多种神经系统疾病中神经元变性和死亡的原因。这种兴奋性毒性在暴露于环境毒素或特发性癫痫发作中表现得最为明显，脑卒中或创伤性脑损伤患者的许多神经元也会因兴奋性毒性而死亡。来自人类患者和动物模型的研究证据表明，神经元网络过度兴奋会隐匿地发生在阿尔茨海默病、帕金森病、亨廷顿病和ALS中。在后几种疾病中，衰老和疾病特异性因素使某些神经元群易受兴奋性毒性的影响。在最常见的阿尔茨海默病和帕金森病病例中，与年龄有关的线粒体功能、自噬和抗氧化防御功能的损伤可能导致兴奋失衡，从而引发淀粉样蛋白、τ或α突触核蛋白病变，成为这些疾病的特征。在早发型遗传性神经退行性变性疾病中，突变基因编码的蛋白质（如APP、PSEN1、α突触核蛋白、帕金蛋白、亨廷顿蛋白等）会扰乱神经元系统，而这些系统通过我在第8章所述的机制保护神经元免受兴奋性毒性的伤害。

包括抑郁症、焦虑症、PTSD、精神分裂症和孤独症谱系障碍在内的精神疾病，影响着全世界数百万人。从历史上看，减轻这些疾病症状的药物主要针对谷氨酸以外的神经递质突触——抑郁症中的血清素和去甲肾上腺素，焦虑症中的GABA，精神分裂症和孤独症中的多巴胺。然而，经常被忽视的事实是，这些其他神经递质的绝大多数突触都位于谷氨酸能神经元上。因此，谷氨酸能回路活动的变化是导致精神疾病症状和处方药减轻症状的原因。研究人员在精神疾病中记录到一个或多个脑区的神经元结构变化，包括抑郁症患者海马中谷氨酸能神经元的突触数量减少和树突退化；焦虑症患者杏仁核中突触数量增加；以及大脑胚胎发育过程中额叶皮质神经元的旺盛生长，从而导致孤独症谱系障碍患者神经元网络的过度兴奋。抑郁症患者海马神经元的萎缩被认为是BDNF生成不足造成的，而刺激BDNF生成的抗抑郁治疗可以逆转这种萎缩。使用NMDA受体拮抗剂氯胺酮开展的研究强调了谷氨酸能神经递质的变化在精神疾病的发生和治疗中的重要作用。

精神活性药物通过两种通用机制对大脑产生作用：一种是激活或抑制谷氨酸能神经元的树突或突触前末梢上的受体，另一种是抑制支配谷氨酸能神经元的单胺能神经元突触前末梢上的神经递质转运蛋白。通过这些方式，阿片类药物、酒精、安非他明和尼古丁等成瘾性药物会增加VTA中多巴胺能神经元的活性，进而改变伏隔核、前额叶皮质、杏仁核和下丘脑中神经元的活性。我在第10章介绍了谷氨酸能神经元的改变在成瘾性药物的滥用、渴望和戒断中的作用。精神活性药物研究中一个非常令人兴奋的进展是迷幻剂对情绪的显著有益影响。例如，对“神奇蘑菇”中的裸盖菇素的研究表明，它可以有效治疗抑郁症、PTSD和药物成瘾。这类迷幻剂不会让人上瘾，通常是安全的，并能对情绪产生持久的有益影响。虽然氯胺酮和PCP对情绪的影响与迷幻剂类似，但它们的安全性较低，有可能用药过量并引发精神病。

尽管异常的谷氨酸能神经元网络活动可见于多种脑部疾病，但针对谷氨酸能神经递质的治疗方法的开发进展却十分有限。事实上，大脑的所有功能基本上都需要严格调控的谷氨酸能神经递质，这给药物开发带来了难题。抑制谷氨酸能突触的药物会损害认知和感觉运动功能，激活突触的药物会导致兴奋性毒性，这也是美国食品药品监督管理局只批准了三种针对谷氨酸能神经递质的药物的原因，即治疗抑郁症的氯胺酮、治疗阿尔茨海默病的美金刚和治疗ALS的利鲁唑。尽管氯胺酮被证明对抑郁症非常有效，但美金刚和利鲁唑对阿尔茨海默病和ALS患者的疗效却很有限。这也解释了为什么通过作用于其他神经递质系统，间接和微妙地影响谷氨酸能神经递质的药物可以起效，同时又有可耐受的不良反应。

本书描述了谷氨酸能神经元如何成为大脑的神经结构、功能范围和对疾病的易感性的基础。这就提出了一个问题：是否有切实可行的方法来优化大脑神经元网络的结构、功能和复原力？正如我在第11章所述，这个问题的答案是肯定的。推动大脑进化的环境挑战，尤其是食物匮乏，为回答这个问题奠定了坚实的基础。包括人类在内的所有动物的大脑和身体在进化过程中都能在食物匮乏的状态下发挥高水平的功能。因此，这也许并不令人惊讶，动物研究清楚地表明，间歇性禁食、体育锻炼和智力挑战可以让你在衰老的过程中不断改善认知、情绪和复原力。其基本机制涉及整个大脑中谷氨酸能回路活动的增加，包括那些参与动机、认知、决策、感觉运动处理和神经内分泌过程的回路。这种回路活动增加又带来了BDNF的产生增加、线粒体生物合成、突触的大小和数量增加，以及海马神经发生。此外，在禁食和长时间运动期间，酮体成为神经元的主要能量来源，并以增强神经元可塑性和抗应激的方式影响基因表达。

科学的一个特征是，新发现会带来新的问题。因此，作为本书恰如其分的结尾，我将就谷氨酸作为大脑细胞结构和功能的雕塑者和毁灭者的角色提出几个悬而未决的问题。

根据目前对介导认知过程的细胞和分子机制的了解，谷氨酸能神经元和突触数量的增加很有可能是人类大脑超强功能的主要原因。鉴于人类和亲缘关系最近的动物黑猩猩的DNA序列有99%相同，这似乎很了不起。在动物进化的过程中，选择大脑中谷氨酸能神经元数量增加的遗传基础是什么？在大脑进化的过程中，是否只有少数基因突变导致了谷氨酸能回路的扩展？如果是这样，这些突变增加谷氨酸能神经元和突触数量的机制是什么？DNA甲基化或其他此类影响基因表达的表观遗传机制的差异在大脑的进化中是否发挥了作用？

人类大脑会随着进化发生怎样的变化？头骨大小的测量结果证明，从农业革命之前到现在，人类大脑的整体大小有所缩小。以前在狩猎采集环境中生存所必需的哪些神经元回路将被重新用于现代和未来社会日益专业化的职业？会不会有一些回路消失，而另一些回路扩大了？

图像和声音序列是如何存储在大脑中的，又是如何被调用的？要回答这个问题，我们可以将之与计算机内存芯片上存储和调用的图像与声音序列相比。在计算机中，内存由0和1的序列组成。大脑的二进制代码可能是：0 =谷氨酸能突触关闭，1=谷氨酸能突触开启。在这个二进制代码的基础上，还可能有模拟机制，包括其他神经递质的调节作用。这一切是如何在单个细胞和整个网络层面发挥作用的？

在大脑发育的过程中，不同的信号系统是如何相互作用建立大脑神经元网络的？除了极少数例外，人们一直在孤立地研究神经营养因子、细胞黏附分子、神经递质等单个分子。但是，这些不同形态形成分子的信号机制可能是以一种高度协调的方式相互作用的。目前的研究在阐明谷氨酸和BDNF信号通路如何在突触形成过程中相互作用方面取得了进展，但也远远没有全面了解在发育过程中塑造大脑的机制。

Ca^{2+}是介导谷氨酸受体激活对神经元形态和功能产生影响的细胞内信使。尽管目前在研究鉴定参与突触可塑性的Ca^{2+}依赖性激酶和转录因子方面已经取得了相当大的进展，但对Ca^{2+}在神经元内的作用还缺乏全面的了解。悬而未决的问题包括：树突棘中由Ca^{2+}引发的局部分子变化如何与细胞核中的基因调控相协调？细胞内Ca^{2+}如何影响生长锥与邻近神经元、星形胶质细胞或细胞外基质分子的相互作用？瞬时Ca^{2+}信号如何转化为持久记忆？

怎么解释大脑在衰老过程中更容易受到神经元网络过度兴奋和兴奋性毒性的影响？寻找这一问题的答案对开发预防和治疗阿尔茨海默病与帕金森病的有效方法尤为重要。

在智力挑战、体育锻炼和间歇性禁食对认知、情绪和抗压能力的有益影响中，谷氨酸能神经递质有何贡献？"沙发土豆"生活方式对谷氨酸能神经元产生不利影响的分子和细胞机制又是什么？健康或不健康的生活方式会引起哪些神经结构变化，哪些脑区会受到哪些方面的影响？

我们能否开发出改善谷氨酸能回路的功能和复原力，同时不良反应可以忽略不计的药物？

这些问题只是神经递质谷氨酸研究中出现的无数谜题中的一小部分。我希望你已经想到了更多的问题。

小结

1. 谷氨酸是一种进化上古老的神经递质，介导简单生物对环境刺激的反射反应。谷氨酸能神经元未被整个进化过程淘汰，证明了它们的基本重要性。
2. 谷氨酸在大脑发育过程中神经元网络的建立上发挥着重要作用。
3. 人脑中约有 900 亿个神经元，其中 90% 以上将谷氨酸作为神经递质。多巴胺能神经元、血清素能神经元、去甲肾上腺素能神经元和胆碱能神经元的数量要少得多，而且只局限于大脑皮质下的小块脑区。
4. 谷氨酸是神经元的主宰和指挥官，包括那些调配谷氨酸以外神经递质的神经元。
5. 谷氨酸是唯一一种能使受其作用的神经元产生强烈兴奋的神经递质。如果没有谷氨酸能神经递质，大脑就会完全瘫痪。相反，如果其他神经递质都失效了，大脑虽然不能完全正常运转，但仍能发挥作用。
6. 整个大脑皮质、海马和小脑的神经元回路完全由兴奋性谷氨酸能神经元和抑制性GABA能神经元组成。谷氨酸能神经元的轴突较长，可在脑区内部和脑区之间投射；而GABA能神经元的轴突相对较短，仅限于局部回路。
7. 抑制性神经元中的GABA是由谷氨酸产生的，没有谷氨酸就没有GABA。
8. 谷氨酸负责大脑在应对环境挑战时发生的神经可塑性，例如获取食物、学习如何演奏乐器，以及应对生活中的压力事件。

9. 有证据表明，谷氨酸能突触的变化在很大程度上负责学习和记忆，以及人类大脑的高级能力，包括想象力、创造力和语言。
10. 谷氨酸能神经传递在大脑能量代谢中扮演着重要角色。事实上，大脑的fMRI图像反映了谷氨酸能神经元的相对活动。
11. 谷氨酸能神经元的过度兴奋是癫痫、脑卒中和创伤性脑损伤中神经元变性的原因之一。此外，兴奋性毒性还涉及阿尔茨海默病、帕金森病、ALS和亨廷顿病等疾病的神经元死亡，尽管方式更为隐蔽。此外，谷氨酸能神经元网络失调也与精神分裂症、慢性焦虑症和抑郁症等精神疾病有关。谷氨酸能信号转导失调还与一些大脑发育障碍有关，其中最突出的是孤独症谱系障碍。

参考文献

Abbott, A. E., A. Nair, C. L. Keown, M. Datko, A. Jahedi, I. Fishman, and R. A. Muller. 2016. "Patterns of atypical functional connectivity and behavioral links in autism differ between default, salience, and executive networks." *Cerebral Cortex* 26:4034–4045.

Abdelfattah, A. S., T. Kawashima, A. Singh, O. Novak, H. Liu, Y. Shuai, et al. 2019. "Bright and photostable chemigenetic indicators for extended in vivo voltage imaging." *Science* 365:699–704.

Abe, K., and J. Kimura. 1996. "The possible role of hydrogen sulfide as an endogenous neuromodulator." *Journal of Neuroscience* 16:1066–1071.

Abraham, W. C., and W. Tate. 1997. "Metaplasticity: A new vista across the field of synaptic plasticity." *Progress in Neurobiology* 52:303–323.

Alasmari, F., S. Goodwani, R. E. McCullumsmith, and Y. Sari. 2018. "Role of glutamatergic system and mesocorticolimbic circuits in alcohol dependence." *Progress in Neurobiology* 171: 32–49.

Albensi, B. C., and M. P. Mattson. 2000. "Evidence for the involvement of TNF and NF-kappaB in hippocampal synaptic plasticity." *Synapse* 35:151–159.

Amellem, I., G. Yovianto, H. T. Chong, R. R. Nair, V. Cnops, A. Thanawalla, and A. Tashiro. 2021. "Role of NMDA receptors in adult neurogenesis and normal development of the dentate gyrus." *eNeuro* 8. doi: 10.1523/ENEURO.0566-20.2021.

Arancibia, S., M. Silhol, F. Moulier, J. Meffre, I. Hollinger, T. Maurice, et al. 2008. "Protective effect of BDNF against beta-amyloid induced neurotoxicity in vitro and in vivo in rats." *Neurobiology of Disease* 31:316–326.

Arumugam, T. V., T. M. Phillips, A. Cheng, C. H. Morrell, M. P. Mattson, and R. Wan. 2010. "Age and energy intake interact to modify cell stress pathways and stroke outcome." *Annals of Neurology* 67:41–52.

Ashdown-Franks, G., J. Firth, R. Carney, A. F. Carvalho, M. Hallgren, A. Koyanagi, et al. 2020. "Exercise as medicine for mental and substance use disorders: A meta-review of the benefits for neuropsychiatric and cognitive outcomes." *Sports Medicine* 50:151–170.

Athauda, D., K. Maclagan, S. S. Skene, M. Bajwa-Joseph, D. Letchford, K. Chowdhury, et al. 2017. "Exenatide once weekly versus placebo in Parkinson's disease: A randomised, double-blind, placebo-controlled trial." *Lancet* 390:1664–1675.

Augustinack, J. C., A. J. van der Kouwe, D. H. Salat, T. Benner, A. A., Stevens, J. Annese, et al. 2014. "H.M.'s contributions to neuroscience: A review and autopsy studies." *Hippocampus* 24:1267–1286.

Bakker, A., G. L. Krauss, M. S. Albert, C. L. Speck, L. R. Jones, C. E. Stark, et al. 2012. "Reduction of hippocampal hyperactivity improves cognition in amnestic mild cognitive impairment." *Neuron* 74:467–474.

Banack, S. A., T. A. Caller, and E. W. Stommel. 2010. "The cyanobacteria derived toxin beta-N-methylamino-L-alanine and amyotrophic lateral sclerosis." *Toxins* 2:2837–2850.

Barger, S. W., D. Horster, K. Furukawa, Y. Goodman, J. Krieglstein, and M. P. Mattson. 1995. "Tumor necrosis factors alpha and beta protect neurons against amyloid beta-peptide toxicity: Evidence for involvement of a kappa B-binding factor and attenuation of peroxide and $Ca2^+$ accumulation." *Proceedings of the National Academy of Sciences USA* 92:9328–9332.

Barger S. W., and M. P. Mattson. 1996. "Induction of neuroprotective κ B-dependent transcription by secreted forms of the Alzheimer's β-amyloid precursor." *Molecular Brain Research* 40:116–126.

Barrett, F. S., M. K. Doss, N. D. Sepeda, J. J. Pekar, and R. R. Griffiths. 2020. "Emotions and brain function are altered up to one month after a single high dose of psilocybin." *Science Reports* 10. doi: 10.1038/s41598-020-59282-y.

Bazzigaluppi, P., E. M. Lake, T. L. Beckett, M. M. Koletar, I. Weisspapir, S.Heinen, et al. 2018. "Imaging the effects of β-hydroxybutyrate on peri-infarct neurovascular function and metabolism." *Stroke* 49:2173–2181.

Beal, M. F., R. T. Matthews, A. Tieleman, and C. W. Shults. 1998. "Coenzyme Q10 attenuates the 1-methyl-4-phenyl-1,2,3,tetrahydropyridine (MPTP) induced loss of striatal dopamine and dopaminergic axons in aged mice." *Brain Research* 783:109–114.

Ben-Ari, Y., I. Khalilov, K. T. Kahle, and E. Cherubini. 2012. "The GABA excitatory/inhibitory shift in brain maturation and neurological disorders." *Neuroscientist* 18:467–486.

Bergles, D. E., J. D. Roberts, P. Somogyi, and C. E. Jahr. 2000. "Glutamatergic synapses on oligodendrocyte precursor cells in the hippocampus." *Nature* 405:187–191.

Bezprozvanny, I., and M. P. Mattson. 2008. "Neuronal calcium mishandling and the pathogenesis of Alzheimer's disease." *Trends in Neurosciences* 31:454–463.

Bhattacharya, A., H. Kaphzan, A. C. Alvarwz-Dieppa, J. P. Murphy, P. Pierre, and E. Klann. 2012. "Genetic removal of p70 S6 kinase 1 corrects molecular, synaptic, and behavioral phenotypes in fragile X syndrome mice." *Neuron* 76:325–337.

Bielak, A. A. 2010. "How can we not 'lose it' if we still don't understand how to 'use it'? Unanswered questions about the influence of activity participation on cognitive performance in older age—a mini-review." *Gerontology* 56:507–519.

Biscoe, T. J., R. H. Evans, A. A. Francis, M. R. Martin, J. C. Watkins, J. Davies, et al. 1977. "D-alpha-Aminoadipate as a selective antagonist of amino acid–induced and synaptic excitation of mammalian spinal neurones." *Nature* 270:743–745.

Bishop, M. W., S. Chakraborty, G. A. Matthews, A. Dougalis, N. W. Wood, R. Festenstein, et al. 2010. "Hyperexcitable substantia nigra dopamine neurons in PINK1- and HtrA2/Omi-deficient mice." *Journal of Neurophysiology* 104:3009–3020.

Bjork, J. M., and J. M. Gilman. 2014. "The effects of acute alcohol administration on the human brain: Insights from neuroimaging." *Neuropharmacology* 84:101–110.

Bliss, T. V., G. L. Collingride, B. K. Kaang, and M. Zhuo. 2016. "Synaptic plasticity in the anterior cingulate cortex in acute and chronic pain." *Nature Reviews Neuroscience* 17:485–496.

Bogaert, E., C. d'Ydewalle, and L. Van Den Bosch. 2010. "Amyotrophic lateral sclerosis and excitotoxicity: From pathological mechanism to therapeutic target." *Neurological Disorder Drug Targets* 9:297–304.

Boulter, J., M. Hollmann, A. O'Shea-Greenfield, M. Hartley, E. Deneris, C. Maron, et al. 1990. "Molecular cloning and functional expression of glutamate receptor subunit genes." *Science* 249:1033–1037.

Braak, H., R. A. de Vos, J. Bohl, and K. Del Tredici. 2006. "Gastric alpha-synuclein immunoreactive inclusions in Meissner's and Auerbach's plexuses in cases staged for Parkinson's disease-related brain pathology." *Neuroscience Letters* 396:67–72.

Braat, S., and R. F. Kooy. 2015. "The GABAA receptor as a therapeutic target for neurodevelopmental disorders." *Neuron* 86:1119–1130.

Bredt, D. S., and S. H. Snyder. 1990. "Isolation of nitric oxide synthetase, a calmodulin-requiring enzyme." *Proceedings of the National Academy of Sciences USA* 87:682–685.

Brouillet, E., and M. F. Beal. 1993. "NMDA antagonists partially protect against MPTP induced neurotoxicity in mice." *Neuroreport* 4:387–390.

Brouillet, E., C. Jacquard, N. Bizat, and D. J. Blum. 2005. "3-Nitropropionic acid: A mitochondrial toxin to uncover physiopathological mechanisms underlying striatal degeneration in Huntington's disease." *Journal of Neurochemistry* 95:1521–1540.

Bruce, A. J., W. Boling, M. S. Kindy, J. Peschon, P. J. Kraemer, M. K. Carpenter, et al. 1996. "Altered neuronal and microglial responses to excitotoxic and ischemic brain injury in mice lacking TNF receptors." *Nature Medicine* 2:788–794.

Bruce-Keller, A. J., J. W. Geddes, P. E. Knapp, R. W. McFall, J. N. Keller, and F. W. Holtsberg. 1999. "Anti-death properties of TNF against metabolic poisoning: Mitochondrial stabilization by MnSOD." *Journal of Neuroimmunology* 93:53–71.

Bruce-Keller, A. J., G. Umberger, R. McFall, and M. P. Mattson. 1999. "Food restriction reduces brain damage and improves behavioral outcome following excitotoxic and metabolic insults." *Annals of Neurology* 45:8–15.

Burek, M. J., and R. W. Oppenheim. 1996. "Programmed cell death in the developing nervous system." *Brain Pathology* 6:427–446.

Camandola, S., N. Plick, and M. P. Mattson. 2019. "Impact of coffee and cacao purine metabolites on neuroplasticity and neurodegenerative disease." *Neurochemical Research* 44:214–227.

Castelhano, J., G. Lima, M. Teixeira, C. Soares, M. Pais, and M. Castelo-Branco. 2021. "The effects of tryptamine psychedelics in the brain: A meta-analysis of functional and review of molecular imaging studies." *Frontiers in Pharmacology* 12. doi: 10.3389/fphar.2021.739053.

Castren, E., and M. Kojima. 2017. "Brain-derived neurotrophic factor in mood disorders and antidepressant treatments." *Neurobiology of Disease* 97:119–126.

Catledge, T. 1971. *My Life and Times*. New York: Harper and Row.

Chang, D. T., G. L. Rintoul, S. Pandipati, and I. J. Reynolds. 2006. "Mutant huntingtin aggregates impair mitochondrial movement and trafficking in cortical neurons." *Neurobiology of Disease* 22:388–400.

Chartoff, E. H., and H. S. Connery. 2014. "It's MORe exciting than mu: Crosstalk between mu opioid receptors and glutamatergic transmission in the mesolimbic dopamine system." *Frontiers in Pharmacology* 5. doi: 10.3389/fphar.2014.00116.

Chaves, C., P. C. T. Bittencourt, and A. Pelegrini. 2020. "Ingestion of a THC-rich cannabis oil in people with fibromyalgia: A randomized, double-blind, placebo-controlled clinical trial." *Pain Medicine* 21:2212–2218.

Cheng, A., R. Wan, J. L. Yang, N. Kamimura, T. G. Son, X. Ouyang, et al. 2012. "Involvement of PGC-1alpha in the formation and maintenance of neuronal dendritic spines." *Nature Communications* 3:1250.

Cheng, A., J. Wang, N. Ghena, Q. Zhao, I. Perone, T. M. King, et al. 2020. "SIRT3 haploinsufficiency aggravates loss of GABAergic interneurons and neuronal network hyperexcitability in an Alzheimer's disease model." *Journal of Neuroscience* 40:694–709.

Cheng, A., Y. Yang, Y. Zhou, C. Maharana, D. Lu, W. Peng, et al. 2016. "Mitochondrial SIRT3 mediates adaptive responses of neurons to exercise and metabolic and excitatory challenges." *Cell Metabolism* 23:128–142.

Cheng, B., S. Christakos, and M. P. Mattson. 1994. "Tumor necrosis factors protect neurons against metabolic-excitotoxic insults and promote maintenance of calcium homeostasis." *Neuron* 12:139–153.

Cheng, B., and M. P. Mattson. 1992a. "Glucose deprivation elicits neurofibrillary tangle-like antigenic changes in hippocampal neurons: Prevention by NGF and bFGF." *Experimental Neurology* 117:114–123.

Cheng, B., and M. P. Mattson. 1992b. "IGF-I and IGF-II protect cultured hippocampal and septal neurons against calcium-mediated hypoglycemic damage." *Journal of Neuroscience* 12:1558–1566.

Cheng, B., and M. P. Mattson. 1994. "NT-3 and BDNF protect CNS neurons against metabolic/excitotoxic insults." *Brain Research* 640:56–67.

Cherbuin, N., K. Sargent-Cox, M. Fraser, P. Sachdev, and K. J. Anstey. 2015. "Being overweight is associated with hippocampal atrophy: The PATH through Life Study." *International Journal of Obesity* 39:1509–1514.

Choi, D. W., M. Maulucci-Gedde, and A. R. Kriegstein. 1987. "Glutamate neurotoxicity in cortical cell culture." *Journal of Neuroscience* 7:357–368.

Cicchetti, F., J. Drouin-Ouellet, and R. E. Gross. 2009. "Environmental toxins and Parkinson's disease: What have we learned from pesticide-induced animal models?" *Trends in Pharmacological Sciences* 30:475–483.

Cline, H. T., and M. J. Constantine-Paton. 1990. "NMDA receptor agonist and antagonists alter retinal ganglion cell arbor structure in the developing frog retinotectal projection." *Journal of Neuroscience* 10:1197–1216.

Colcombe, S. J., K. I. Erickson, P. E. Scalf, J. S. Kim, R. Prakash, E. McAuley, et al. 2006. "Aerobic exercise training increases brain volume in aging humans." *Journal of Gerontology A: Biological Sciences and Medical Sciences* 61:1166–1170.

Colizzi, M., P. McGuire, R. G. Pertwee, and S. Bhattacharyya. 2016. "Effect of cannabis on glutamate signalling in the brain: A systematic review of human and animal evidence." *Neuroscience Biobehavioral Reviews* 64:359–381.

Collingridge, G. L., S. J. Kehl, and H. McLennan. 1983. "Excitatory amino acids in synaptic transmission in the Schaffer collateral-commissural pathway of the rat hippocampus." *Journal of Physiology* 334:33–46.

Corder, G., D. C. Castro, M. R. Bruchas, and G. Scherrer. 2018. "Endogenous and exogenous opioids in pain." *Annual Review of Neuroscience* 41:453–473.

Cornell-Bell, A. H., S. M. Finkbeiner, M. S. Cooper, and S. J. Smith. 1990. "Glutamate induces calcium waves in cultured astrocytes: Long-range glial signaling." *Science* 247:470–473.

Cortes-Briones, J., P. D. Skosnik, D. Mathalon, J. Cahill, B. Pittman, A. William, et al. 2015. "Delta9-THC disrupts gamma-band neural oscillations in humans." *Neuropsychopharmacology* 40:2124–2134.

Cotman, C. W., and N. C. Berchtold. 2002. "Exercise: A behavioral intervention to enhance brain health and plasticity." *Trends in Neurosciences* 25:295–301.

Cowan, W. M. 2001. "Viktor Hamburger and Rita Levi-Montalcini: The path to the discovery of nerve growth factor." *Annual Review of Neuroscience* 24:551–600.

Cristino, L., T. Bisogno, and V. Marzo. 2020. "Cannabinoids and the expanded endocannabinoid system in neurological disorders." *Nature Reviews Neurology* 16:9–29.

Crook, Z. R., and D. Housman. 2011. "Huntington's disease: Can mice lead the way to treatment?" *Neuron* 69:423–435.

Cunnane, S. C., E. Trushina, C. Morland, A. Prigione, G. Casadesus, Z. B. Andrews, et al. 2020. "Brain energy rescue: An emerging therapeutic concept for neurodegenerative disorders of ageing." *Nature Reviews Drug Discovery* 19:609–633.

Curtis, D. R., J. W. Phillis, and J. C. Watkins. 1960. "The chemical excitation of spinal neurones by certain acidic amino acids." *Journal of Physiology* 150:656–682.

Dakwar, E., F. Levin, C. L. Hart, C. Basaraba, J. Choi, M. Pavlicova, et al. 2020. "A single ketamine infusion combined with motivational enhancement therapy for alcohol use disorder: A randomized midazolam-controlled pilot trial." *American Journal of Psychiatry* 177:125–133.

Dani, J. W., A. Chernjavsky, and S. J. Smith. 1992. "Neuronal activity triggers calcium waves in hippocampal astrocyte networks." *Neuron* 8:429–440.

Davis, A. K., F. S. Barrett, D. G. May, M. P. Cosimano, N. D. Sepeda, M. W. Johnson, et al. 2020. "Effects of psilocybin-assisted therapy on major depressive disorder: A randomized clinical trial." *JAMA Psychiatry* 78:481–489.

De Cabo, R., and M. P. Mattson. 2019. "Effects of intermittent fasting on health, aging, and disease." *New England Journal of Medicine* 381:2541–2551.

Del Tredici, K., and H. Braak. 2016. "Review: Sporadic Parkinson's disease: Development and distribution of alpha-synuclein pathology." *Neuropathology and Applied Neurobiology* 42:33–50.

Devereaux, A. L., S. L. Mercer, and C. W. Cunningham. 2018. "DARK classics in chemical neuroscience: Morphine." *ACS Chemical Neuroscience* 9:2395–2407.

De Vos, C. M. H., N. L. Mason, and K. P. C. Kuypers. 2021. "Psychedelics and neuroplasticity: A systematic review unraveling the biological underpinnings of psychedelics." *Frontiers in Psychiatry* 12. doi: 10.3389/fpsyt.2021.724606.

Diniz, B. S., A. L. Teixeira, R. Machado-Vieira, L. L. Talib, M. Radanovic, W. F. Gattaz, et al. 2014. "Reduced cerebrospinal fluid levels of brain-derived neurotrophic factor is associated with cognitive impairment in late-life major depression." *Journal of Gerontology B: Psychological Science and Social Science* 69:845–851.

D'Souza, M. S., and A. Markou. 2013. "The 'stop' and 'go' of nicotine dependence: Role of GABA and glutamate." *Cold Spring Harbor Perspectives in Medicine* 3. doi: 10.1101/cshperspect.a012146.

Duan, W., Z. Guo, H. Jiang, B. Ladenheim, X. Xu, J. L. Cadet, et al. 2004. "Paroxetine retards disease onset and progression in huntingtin mutant mice." *Annals of Neurology* 55:590–594.

Duan, W., Z. Guo, H. Jiang, M. Ware, X. J. Li, and M. P. Mattson. 2003. "Dietary restriction normalizes glucose metabolism and BDNF levels, slows disease progression, and increases survival in huntingtin mutant mice." *Proceedings of the National Academy of Science USA* 100:2911–2916.

Duan, W., and M. P. Mattson. 1999. "Dietary restriction and 2-deoxyglucose administration improve behavioral outcome and reduce degeneration of dopaminergic neurons in models of Parkinson's disease." *Journal of Neuroscience Research* 57:195–206.

Dumas, T. C., T. Gillette, D. Ferguson, K. Hamilton, and R. M. Sapolsky. 2010. "Anti-glucocorticoid gene therapy reverses the impairing effects of elevated corticosterone on spatial memory, hippocampal neuronal excitability, and synaptic plasticity." *Journal of Neuroscience* 30:1712–1720.

Dupuy, M., and S. Chanraud. 2016. "Imaging the addicted brain: Alcohol." *International Review of Neurobiology* 129:1–31.

Dwivedi, Y. 2010. "Brain-derived neurotrophic factor and suicide pathogenesis." *Annals of Medicine* 42:87–96.

Elliott, E. M., M. P. Mattson, P. Vanderklish, G. Lynch, I. Chang, and R. M. Sapolsky. 1993. "Corticosterone exacerbates kainate-induced alterations in hippocampal Tau immunoreactivity and spectrin proteolysis in vivo." *Journal of Neurochemistry* 61:57–67.

Emerich, D. F., J. H. Kordower, Y. Chu, C. Thanos, B. Bintz, G. Paolone, et al. 2019. "Widespread striatal delivery of GDNF from encapsulated cells prevents the anatomical and functional consequences of excitotoxicity." *Neural Plasticity*, March 11. doi: 10.1155/2019/6286197.

Enquist, B. J., and K. J. Niklas. 2001. "Invariant scaling relations across tree-dominated communities." *Nature* 410:655–660.

Estes, M. L., and A. K. McAllister. 2016. "Maternal immune activation: Implications for neuropsychiatric disorders." *Science* 353:772–777.

Farmer, J., X. Zhao, H. van Praag, K. Wodtke, F. Gage, and B. R. Christie. 2004. "Effects of voluntary exercise on synaptic plasticity and gene expression in the dentate gyrus of adult male Sprague-Dawley rats in vivo." *Neuroscience* 124:71–79.

Fields, H. L., and E. B. Margolis. 2015. "Understanding opioid reward." *Trends in Neurosciences* 38:217–225.

Fischer, S. 2021. "The hypothalamus in anxiety disorders." *Handbook of Clinical Neurology* 180:149–160.

Fischetti, Mark. 2011. "Computers versus brains." *Scientific American* 305:104.

Forde, B. G. 2014. "Glutamate signalling in roots." *Journal of Experimental Botany* 65:779–787.

Forsse, A., T. H. Nielsen, K. H. Nygaard, C. H. Nordstrom, J. B. Gramsbergen, and F. R. Poulsen. 2019. "Cyclosporin A ameliorates cerebral oxidative metabolism and infarct size in the endothelin-1 rat model of transient cerebral ischaemia." *Science Reports* 9 (March 6): 3702.

Fountain, S. J. 2010. "Neurotransmitter receptor homologues of *Dictyostelium discoideum*." *Molecular Neuroscience* 41:263–266.

Fragoso, Y. D., A. Carra, and M. A. Macias. 2020. "Cannabis and multiple sclerosis." *Expert Reviews in Neurotherapeutics* 20:849–854.

Franklin, T. R., D. Harper, K. Kampman, S. Kildea-McCrea, W. Jens, K. G. Lynch, et al. 2009. "The GABA B agonist baclofen reduces cigarette consumption in a preliminary double-blind placebo-controlled smoking reduction study." *Drug and Alcohol Dependence* 103:30–36.

Fredrikson, M., and V. Faria. 2013. "Neuroimaging in anxiety disorders." *Trends in Pharmacopsychiatry* 29:47–66.

Frye, R. E., M. F. Casanova, S. H. Fatemi, T. D. Folsom, T. J. Reutiman, G. L. Brown, et al. 2016. "Neuropathological mechanisms of seizures in autism spectrum disorder." *Frontiers in Neuroscience* 10. doi: 10.3389/fnins.2016.00192.

Furukawa, K., S. W. Barger, E. M. Blalock, and M. P. Mattson. 1996. "Activation of K+ channels and suppression of neuronal activity by secreted beta-amyloid-precursor protein." *Nature* 379:74–78.

Gallo, G., F. B. Lefcort, and P. C. Letourneau. 1997. "The trkA receptor mediates growth cone turning toward a localized source of nerve growth factor." *Journal of Neuroscience* 17:5445–5454.

Gatt, J. M., K. L. Burton, L. M. Williams, and P. R. Schofield. 2015. "Specific and common genes implicated across major mental disorders: A review of meta-analysis studies." *Journal of Psychiatric Research* 60:1–13.

Gautier, H. O., K. A. Evans, K. Volbracht, R. James, S. Sitnikov, I. Lundgaard, et al. 2015. "Neuronal activity regulates remyelination via glutamate signalling to oligodendrocyte progenitors." *Nature Communications* 6. doi: 10.1038/ncomms9518.

Gillespie, C. 2022. "Lady Gaga developed PTSD after she was 'repeatedly' raped at 19." *Health*, May 17.

Glasper, E. R., M. V. Llorens-Martin, B. Leuner, E. Gould, and J. L. Trejo. 2010. "Blockade of insulin-like growth factor-I has complex effects on structural plasticity in the hippocampus." *Hippocampus* 20:706–712.

Glenny, R. W. 2011. "Emergence of matched airway and vascular trees from fractal rules." *Journal of Applied Physiology* 110:1119–1129.

Goldstein, R. Z., and N. D. Volkow. 2011. "Dysfunction of the prefrontal cortex in addiction: Neuroimaging findings and clinical implications." *Nature Reviews Neuroscience* 12:652–669.

Golgi, C. 1886. *Sulla fina anatomia degli organi centrali del sistema nervoso*. Milan: Hoepli.

Goodrick, C. L., D. K. Ingram, M. A. Reynolds, J. R. Freeman, and N. L. Cider. 1982. "Effects of intermittent feeding upon growth and life span in rats." *Gerontology* 28:233–241.

Gould, E., and P. Tanapat. 1999. "Stress and hippocampal neurogenesis." *Biological Psychiatry* 46:1472–1479.

Griffioen, K. J., S. M. Rothman, B. Ladenheim, R. Wan, N. Vranis, E. Hutchison, et al. 2013. "Dietary energy intake modifies brainstem autonomic dysfunction caused by mutant α-synuclein." *Neurobiology of Aging* 34:928–935.

Griffiths, R. R., M. W. Johnson, M. A. Carducci, A. Umbricht, W. A. Richards, M. P Cosimano, et al. 2016. "Psilocybin produces substantial and sustained decreases in depression and anxiety in patients with life-threatening cancer: A randomized double-blind trial." *Journal of Psychopharmacology* 30:1181–1197.

Grillo, C. A., G. G. Piroli, R. C. Lawrence, S. A. Wrighten, A. J. Green, S. P. Wilson, et al. 2015. "Hippocampal insulin resistance impairs spatial learning and synaptic plasticity." *Diabetes* 64:3927–3936.

Grossman, R. G., M. G. Fehlings, R. F. Frankowski, K. D. Burau, D. S. Chow, C. Tator, et al. 2014. "A prospective, multicenter, phase I matched-comparison group trial of safety, pharmacokinetics, and preliminary efficacy of riluzole in patients with traumatic spinal cord injury." *Journal of Neurotrauma* 31:239–255.

Grynkiewicz, G., M. Poenie, and R. Y. Tsien. 1985. "A new generation of Ca2+ indicators with greatly improved fluorescence properties." *Journal of Biological Chemistry* 260:3440–3450.

Guillemot-Legris, O., and G. G. Muccioli. 2017. "Obesity-induced neuroinflammation: Beyond the hypothalamus." *Trends in Neurosciences* 40:237–253.

Guo, Q., W. Fu, B. L. Sopher, M. W. Miller, C. B. Ware, G. M. Martin, and M. P. Mattson. 1999. "Increased vulnerability of hippocampal neurons to excitotoxic necrosis in presenilin-1 mutant knock-in mice." *Nature Medicine* 5:101–106.

Guthrie, P. B., M. Segal, and S. B. Kater. 1991. "Independent regulation of calcium revealed by imaging dendritic spines." *Nature* 354:76–81.

Halagappa, V. K., Z. Guo, M. Pearson, Y. Matsuoka, R. G. Cutler, F. M. LaFerla, et al. 2007. "Intermittent fasting and caloric restriction ameliorate age-related behavioral deficits in the triple-transgenic mouse model of Alzheimer's disease." *Neurobiology of Disease* 26:212–220.

Hamasaka, Y., D. Rieger, M. L. Parmentier, Y. Grau, C. Helfrich-Forster, and D. R. Nassel. 2007. "Glutamate and its metabotropic receptor in Drosophila clock neuron circuits." *Journal of Comparative Neurology* 505:32–45.

Hao, S., A. Dey, X. Yu, and A. M. Stranahan. 2016. "Dietary obesity reversibly induces synaptic stripping by microglia and impairs hippocampal plasticity." *Brain Behavior and Immunity* 51:230–239.

Harris, G. C., M. Wimmer, R. Byrne, and G. Aston-Jones. 2004. "Glutamate-associated plasticity in the ventral tegmental area is necessary for conditioning environmental stimuli with morphine." *Neuroscience* 129:841–847.

Hartley, T., C. Lever, N. Burgess, and J. O'Keefe. 2013. "Space in the brain: How the hippocampal formation supports spatial cognition." *Philosophical Transactions of the Royal Society London B: Biological Sciences* 369. doi: 10.1098/rstb.2012.0510.

Hebb, D. O. 1949. *The Organization of Behavior*. New York: Wiley and Sons.

Hertz, L. 2013. "The glutamate-glutamine (GABA) cycle: Importance of late postnatal development and potential reciprocal interactions between biosynthesis and degradation." *Frontiers in Endocrinology* 27:59.

Hidese, S., M. Ota, J. Matsuo, I. Ishida, M. Hiraishi, S. Yoshida, et al. 2018. "Association of obesity with cognitive function and brain structure in patients with major depressive disorder." *Journal of Affective Disorders* 225:188–194.

Hofmann, A. 1980. *LSD: My Problem Child*. New York: McGraw-Hill Book Company.

Hofmann, A., A. Frey, H. Ott, T. Petrzilka, and F. Troxler. 1958. "Elucidation of the structure and the synthesis of psilocybin." *Experientia* 14:397–399.

Horner, A. J., J. A. Bisby, E. Zotow, D. Bush, and N. Burgess. 2016. "Grid-like processing of imagined navigation." *Current Biology* 26:842–847.

Hou, Y., Y. Wei, S. Lautrup, B. Yang, Y. Wang, S. Cordonnier, et al. 2021. "NAD+ supplementation reduces neuroinflammation and cell senescence in a transgenic mouse model of Alzheimer's disease via cGAS-STING." *Proceedings of the National Academy of Science USA* 118. doi: 10.1073/pnas.2011226118.

Hüls, S., T. Högen, N. Vassallo, K. M. Danzer, B. Hengerer, A. Giese, et al. 2011. "AMPA-receptor-mediated excitatory synaptic transmission is enhanced by iron-induced alpha-synuclein oligomers." *Journal of Neurochemistry* 117:868–878.

Hunsberger, H. C., D. S. Weitzner, C. C. Rudy, J. E. Hickman, E. M. Libell, R. R. Speer, et al. 2015. "Riluzole rescues glutamate alterations, cognitive deficits, and Tau pathology associated with P301L Tau expression." *Journal of Neurochemistry* 135:381–394.

Huxley, A. 1954. *The Doors of Perception*. New York: Harper-Collins Publishers.

Intlekofer, K. A., and C. W. Cotman. 2013. "Exercise counteracts declining hippocampal function in aging and Alzheimer's disease." *Neurobiology of Disease* 57:47–55.

Ito, M. 2001. "Cerebellar long-term depression: Characterization, signal transduction, and functional roles." *Physiological Reviews* 81:1143–1195.

Jacob, F. *The Possible and the Actual.* New York: Pantheon Books, 1982.

Jayakumar, R. P., M. S. Madhav, F. Savelli, H. T. Blair, N. J. Cowan, and J. J. Knierim. 2019. "Recalibration of path integration in hippocampal place cells." *Nature* 566:533–537.

Jin, H., Y. Zhu, Y. Li, X. Ding, W. Ma, X. Han, et al. 2019. "BDNF-mediated mitophagy alleviates high-glucose-induced brain microvascular endothelial cell injury." *Apoptosis* 24:511–528.

Josselyn, S. A., S. Kohler, and P. W. Frankland. 2017. "Heroes of the engram." *Journal of Neuroscience* 37:4647–4657.

Josselyn, S. A., and S. Tonegawa. 2020. "Memory engrams: Recalling the past and imagining the future." *Science* 367. doi: 10.1126/science.aaw4325.

Kalivas, P. W. 2007. "Cocaine and amphetamine-like psychostimulants: Neurocircuitry and glutamate neuroplasticity." *Dialogues in Clinical Neuroscience* 9:389–397.

Kalivas, P. W., and N. D. Volkow. 2005. "The neural basis of addiction: A pathology of motivation and choice." *American Journal of Psychiatry* 162:1403–1413.

Kang, J., H. G. Lemaire, A. Unterbeck, J. M. Salbaum, C. L. Masters, K. H. Grzeschik, et al. 1987. "The precursor of Alzheimer's disease amyloid A4 protein resembles a cell-surface receptor." *Nature* 325:733–736.

Kano, T., P. J. Brockie, T. Sassa, H. Fujimoto, Y. Kawahara, Y. Iino, et al. 2008. "Memory in *Caenorhabditis elegans* is mediated by NMDA-type ionotropic glutamate receptors." *Current Biology* 18:1010–1015.

Kantrowitz, J. T., S. W. Woods, E. Petkova, B. Cornblatt, C. M. Corcoran, H. Chen, et al. 2015. "D-serine for the treatment of negative symptoms in individuals at clinical high risk of schizophrenia: A pilot, double-blind, placebo-controlled, randomised parallel group mechanistic proof-of-concept trial." *Lancet Psychiatry* 2:403–412.

Kapogiannis, D., A. Boxer, J. B. Schwartz, E. L. Abner, A. Biragyn, U. Masharani, et al. 2015. "Dysfunctionally phosphorylated type 1 insulin receptor substrate in neural-derived blood exosomes of preclinical Alzheimer's disease." *FASEB Journal* 29:589–596.

Kashiwaya, Y., C. Bergman, J. H. Lee, R. Wan, M. T. King, M. R. Mughal, et al. 2013. "A ketone ester diet exhibits anxiolytic and cognition-sparing properties, and lessens amyloid and Tau pathologies in a mouse model of Alzheimer's disease." *Neurobiology of Aging* 34:1530–1539.

Katz, B., and R. Miledi. 1965. "The effect of calcium on acetylcholine release from motor nerve terminals." *Proceedings of the Royal Society of London B: Biological Sciences* 161:496–503.

Katz, L. C., and C. J. Shatz. 1996. "Synaptic activity and the construction of cortical circuits." *Science* 274:1133–1138.

Keinanen, K., W. Wisden, B. Sommer, P. Werner, A. Herb, T. A. Verdoorn, et al. 1990. "A family of AMPA-selective glutamate receptors." *Science* 249:556–560.

Kempermann, G. 2019. "Environmental enrichment, new neurons and the neurobiology of individuality." *Nature Reviews Neuroscience* 20:235–245.

Kenney, K., F. Amyot, C. Moore, M. Haber, L. C. Turtzo, C. Shenouda, et al. 2018. "Phosphodiesterase-5 inhibition potentiates cerebrovascular reactivity in chronic traumatic brain injury." *Annals of Clinical and Translational Neurology* 5:418–428.

Kim, C. K., A. Adhikar, and K. Deisseroth. 2017. "Integration of optogenetics with complementary methodologies in systems neuroscience." *Nature Reviews Neuroscience* 18:222–235.

Kim, G., O. Gautier, E. Tassoni-Tsuchida, X. R. Ma, and A. D. Gitler. 2020. "ALS genetics: Gains, losses, and implications for future therapies." *Neuron* 108:822–842.

Kim, S., S. H. Kwon, T. I. Kam, N. Panicker, S. S. Karuppagounder, S. Lee, et al. 2019. "Transneuronal propagation of pathologic alpha-synuclein from the gut to the brain models Parkinson's disease." *Neuron* 103:627–641.

Kirwan, P., B. Turner-Bridger, M. Peter, A. Momoh, D. Arambepola, and H. P. Robinson. 2015. "Development and function of human cerebral cortex neural networks from pluripotent stem cells in vitro." *Development* 142:3178–3187.

Kishimoto, Y., J. Johnson, W. Fang, J. Halpern, K. Marosi, J. G. Geisler, et al. 2020. "A mitochondrial uncoupler prodrug protects dopaminergic neurons and improves functional outcome in a mouse model of Parkinson's disease." *Neurobiology of Aging* 85:123–130.

Kishimoto, Y., W. Zhu, W. Hsoda, J. M. Sen, and M. P. Mattson. 2019. "Chronic mild gut inflammation accelerates brain neuropathology and motor dysfunction in alpha-synuclein mutant mice." *Neuromolecular Medicine* 21:239–249.

Koul, O. 2005. *Insect Antifeedants*. New York: Taylor and Francis.

Krafft, C. E., N. F. Schwartz, L. Chi, A. L. Weinberger, D. J. Schaeffer, J. E. Pierce, et al. 2014. "An 8-month randomized controlled exercise trial alters brain activation during cognitive tasks in overweight children." *Obesity* 22:232–242.

Krogsgaard-Larsen, P., T. Honore, J. J. Hansen, D. R. Curtis, and D. Lodge. 1980. "New class of glutamate agonist structurally related to ibotenic acid." *Nature* 284:64–66.

Kuroki, S., Y. Takamasa, T. Hidekazu, M. Iwama, R. Ando, T. Michikawa, et al. 2018. "Excitatory neuronal hubs configure multisensory integration of slow waves in association cortex." *Cell Reports* 22:2873–2885.

Kushner, L., M. V. Bennett, and R. S. Zukin. 1993. "Molecular biology of PCP and NMDA receptors." *NIDA Research Monographs* 133:159–183.

Lacerda-Pinheiro, S. F., R. F. Pinheiro, M. A. Pereira de Lima, C. G. Lima da Silva, S. Vieira dos Santos, A. G. Teixeira, et al. 2014. "Are there depression and anxiety genetic markers and mutations? A systematic review." *Journal of Affective Disorders* 168:387–398.

Lambert, K., M. Hyer, M. Bardi, A. Rzucidlo, S. Scott, B. Terhune-Cotter, et al. 2016. "Natural-enriched environments lead to enhanced environmental engagement and altered neurobiological resilience." *Neuroscience* 330:386–394.

Langston, J. W. 2017. "The MPTP story." *Journal of Parkinson's Disease* 7:S11–S19.

Lanzillotta, C., F. Di Domenico, M. Perluigi, and D. A. Butterfield. 2019. "Targeting mitochondria in Alzheimer's disease: Rationale and perspectives." *CNS Drugs* 33:957–969.

Le Berre, A. P., G. Rauchs, R. La Joie, F. Mezenge, C. Boudehent, F. Vabret, et al. 2014. "Impaired decision-making and brain shrinkage in alcoholism." *European Psychiatry* 29:125–133.

Leblanc, R. 2021. "The birth of experimental neurosurgery: Wilder Penfield at Montreal's Royal Victoria Hospital, 1928–1934." *Journal of Neurosurgery* 136:553–560.

Lee, J., J. P. Herman, and M. P. Mattson. 2000. "Dietary restriction selectively decreases glucocorticoid receptor expression in the hippocampus and cerebral cortex of rats." *Experimental Neurology* 166:435–441.

Leger, M., A. Quiedeville, E. Paizanis, S. Natkunarajah, T. Freret, M. Boulourd, et al. 2012. "Environmental enrichment enhances episodic-like memory in association with a modified neuronal activation profile in adult mice." *PLoS One* 7. doi: 10.1371/journal.pone.0048043.

Leitao, N., P. Dangeville, R. Carter, and M. Charpentier. 2019. "Nuclear calcium signatures are associated with root development." *Nature Communications* 10. doi: 10.1038/s41467-019-12845-8.

Li, A. K., M. J. Koroly, M. E. Schattenkerk, R. A. Malt, and M. Young. 1980. "Nerve growth factor: Acceleration of the rate of wound healing in mice." *Proceedings of the National Academy of Sciences USA* 77:4379–4381.

Li, L., W. W. Men, Y. K. Chang, M. X. Fan, L. Ji, and G. X. Wei. 2014. "Acute aerobic exercise increases cortical activity during working memory: A functional MRI study in female college students." *PLoS One* 9. doi: 10.1371/journal.pone.0099222.

Li, W., X. Xu, and L. Pozzo-Miller. 2016. "Excitatory synapses are stronger in the hippocampus of Rett syndrome mice due to altered synaptic trafficking of AMPA-type glutamate receptors." *Proceedings of the National Academy of Science USA* 113:E1575–E1584.

Li, Y., T. Perry, M. S. Kindy, B. K. Harvey, D. Tweedie, H. W. Holloway, et al. 2009. "GLP-1 receptor stimulation preserves primary cortical and dopaminergic neurons in cellular and rodent models of stroke and Parkinsonism." *Proceedings of the National Academy of Science USA* 106:1285–1290.

Li, Z., K. Okamoto, Y. Hayashi, and M. Sheng. 2014. "The importance of mitochondria in the morphogenesis and plasticity of spines and synapses." *Cell* 119:873–887.

Lin, L., R. Osan, and J. Z. Tsien. 2006. "Organizing principles of real-time memory encoding: Neural clique assemblies and universal neural codes." *Trends in Neurosciences* 29:48–57.

Liu, D., H. Lu, E. Stein, Z. Zhou, Y. Yang, and M. P. Mattson. 2018. "Brain regional synchronous activity predicts tauopathy in 3×TgAD mice." *Neurobiology of Disease* 70:160–169.

Liu, D., M. Pitta, J. H. Lee, B. Ray, D. K. Lahiri, K. Furukawa, et al. 2010. "The KATP channel activator diazoxide ameliorates amyloid-beta and Tau pathologies and improves memory in the 3xTgAD mouse model of Alzheimer's disease." *Journal of Alzheimer's Disease* 22:443–457.

Liu, H., C. Zhang, J. Xu, J. Jin, L. Cheng, X. Miao, et al. 2021. "Huntingtin silencing delays onset and slows progression of Huntington's disease: A biomarker study." *Brain* 144:3101–3113.

Liu, X., S. Ramirez, P. T. Pang, C. B. Puryear, A. Govindarajan, K. Deisseroth, et al. 2012. "Optogenetic stimulation of a hippocampal engram activates fear memory recall." *Nature* 484:381–385.

Liu, Y., A. Cheng, Y. J. Li, Y. Yang, Y. Kishimoto, S. Zhang, et al. 2019. "SIRT3 mediates hippocampal synaptic adaptations to intermittent fasting and ameliorates deficits in APP mutant mice." *Nature Communications* 10:1886.

Lodge, D., J. C. Watkins, Z. A. Bortolotto, D. E. Jane, and A. Volianskis. 2019. "The 1980s: D-AP5, LTP and a decade of NMDA receptor discoveries." *Neurochemical Research* 44:516–530.

Lomo, T. 2003. "The discovery of long-term potentiation." *Philosophical Transactions of the Royal Society London B: Biological Sciences* 358:617–620.

López-Cruz, A., A. Sordillo, N. Pokala, Q. Liu, P. T. McGrath, and C. L. Bargmann. 2019. "Parallel multimodal circuits control an innate foraging behavior." *Neuron* 102:407–419.

Lorenzetti, V., E. Hoch, and W. Hall. 2020. "Adolescent cannabis use, cognition, brain health and educational outcomes: A review of the evidence." *European Neuropsychopharmacology* 36:169–180.

Ludolph, A. C., F. He, P. S. Spencer, J. Hammerstad, and M. Sabri. 1991. "3-Nitropropionic acid-exogenous animal neurotoxin and possible human striatal toxin." *Canadian Journal of Neurological Science* 18:492–498.

Ly, C., A. C. Greb, L. P. Cameron, J. M. Wong, E. V. Barragan, P. C. Wilson, et al. 2018. "Psychedelics promote structural and functional neural plasticity." *Cell Reports* 23:3170–3182.

Maguire, E. A., D. G. Gadian, I. S. Johnsrude, C. D. Good, J. Ashburner, R. Frackowiak, et al. 2000. "Navigation-related structural change in the hippocampi of taxi drivers." *Proceedings of the National Academy of Sciences USA* 97:4398–4403.

Maltbie, E. A., G. S. Kaundinya, and L. L. Howell. 2017. "Ketamine and pharmacological imaging: Use of functional magnetic resonance imaging to evaluate mechanisms of action." *Behavioral Pharmacology* 28:610–622.

Marco, S., A. Giralt, M. M. Petrovic, M. A. Pouladi, R. Martinez-Turrillas, J. Hernandez, et al. 2013. "Suppressing aberrant GluN3A expression rescues synaptic and behavioral impairments in Huntington's disease models." *Nature Medicine* 19:1030–1038.

Marini, A. M., and S. M. Paul. 1992. "N-methyl-D-aspartate receptor-mediated neuroprotection in cerebellar granule cells requires new RNA and protein synthesis." *Proceedings of the National Academy of Science USA* 89:6555–6559.

Mark, R. J., M. A. Lovell, W. R. Markesbery, K. Uchida, and M. P. Mattson. 1997. "A role for 4-hydroxynonenal, an aldehydic product of lipid peroxidation, in disruption of ion homeostasis and neuronal death induced by amyloid beta-peptide." *Journal of Neurochemistry* 68:255–264.

Mark, R. J., Z. Pang, J. W. Geddes, K. Uchida, and M. P. Mattson. 1997. "Amyloid beta peptide impairs glucose transport in hippocampal and cortical neurons: Involvement of membrane lipid peroxidation." *Journal of Neuroscience* 17:1046–1054.

Marosi, K., and M. P. Mattson. 2014. "BDNF mediates adaptive brain and body responses to energetic challenges." *Trends in Endocrinology and Metabolism* 25:89–98.

Martin, A., J. N. Booth, Y. Laird, J. Sproule, J. J. Reilly, and D. H. Saunders. 2018. "Physical activity, diet and other behavioural interventions for improving cognition and school achievement in children and adolescents with obesity or overweight." *Cochrane Database Systems Review* 3. doi: 10.1002/14651858.CD009728.pub3.

Martin, B., E. Golden, O. D. Carlson, P. Pistell, J. Zhou, W. Kim, et al. 2009. "Exendin-4 improves glycemic control, ameliorates brain and pancreatic pathologies, and extends survival in a mouse model of Huntington's disease." *Diabetes* 58:318–328.

Martin, D. A., and C. D. Nichols. 2016. "Psychedelics recruit multiple cellular types and produce complex transcriptional responses within the brain." *EBioMedicine* 11:262–277.

Mason, N. L., K. P. C. Kuypers, F. Muller, J. Reckweg, D. H. Y. Tse, S. W. Toennes, et al. 2020. "Me, myself, bye: Regional alterations in glutamate and the experience of ego dissolution with psilocybin." *Neuropsychopharmacology* 45:2003–2011.

Mattson, M. P. 1990. "Antigenic changes similar to those seen in neurofibrillary tangles are elicited by glutamate and Ca2+ influx in cultured hippocampal neurons." *Neuron* 4:105–117.

Mattson, M. P. 2004. "Pathways towards and away from Alzheimer's disease." *Nature* 430:631–639.

Mattson, M. P. 2012. "Energy intake and exercise as determinants of brain health and vulnerability to injury and disease." *Cell Metabolism* 16:706–722.

Mattson, M. P. 2014. "Superior pattern processing is the essence of the evolved human brain." *Frontiers in Neuroscience* 8. doi: 10.3389/fnins.2014.00265.

Mattson, M. P. 2015. "WHAT DOESN'T KILL YOU." *Scientific American* 313:40–45.

Mattson, M. P. 2019. "An evolutionary perspective on why food overconsumption impairs cognition." *Trends in Cognitive Science* 23:200–212.

Mattson, M. P. 2020. "Involvement of GABAergic interneuron dysfunction and neuronal network hyperexcitability in Alzheimer's disease: Amelioration by metabolic switching." *International Review of Neurobiology* 154:191–205.

Mattson, M. P. 2021. "Applying available knowledge and resources to alleviate familial and sporadic neurodegenerative disorders." *Progress in Molecular Biology and Translational Science* 177:91–107.

Mattson, M. P. 2022. *The Intermittent Fasting Revolution: The Science of Optimizing Health and Enhancing Performance*. Cambridge, MA: MIT Press.

Mattson, M. P., and T. V. Arumugam. 2018. "Hallmarks of brain aging: Adaptive and pathological modification by metabolic states." *Cell Metabolism* 27:1176–1199.

Mattson M. P., B. Cheng, A. R. Culwell, F. S. Esch, I. Lieberburg, and R. E. Rydel. 1993. "Evidence for excitoprotective and intraneuronal calcium regulating roles for secreted forms of the β-amyloid precursor protein." *Neuron* 10:243–254.

Mattson, M. P., B. Cheng, D. Davis, K. Bryant, I. Lieberburg, and R. E. Rydel. 1992. "Beta-amyloid peptides destabilize calcium homeostasis and render human cortical neurons vulnerable to excitotoxicity." *Journal of Neuroscience* 12:376–389.

Mattson, M. P., P. Dou, and S. B. Kater. 1988. "Outgrowth-regulating actions of glutamate in isolated hippocampal pyramidal neurons." *Journal of Neuroscience* 8:2087–2100.

Mattson, M. P., and S. B. Kater. 1989. "Development and selective neurodegeneration in cell cultures from different hippocampal regions." *Brain Research* 490:110–125.

Mattson, M. P., J. N. Keller, and J. G. Begley. 1998. "Evidence for synaptic apoptosis." *Experimental Neurology* 153:35–48.

Mattson, M. P., R. E. Lee, M. E. Adams, P. B. Guthrie, and S. B. Kater. 1988. "Interactions between entorhinal axons and target hippocampal neurons: A role for glutamate in the development of hippocampal circuitry." *Neuron* 1:865–876.

Mattson, M. P., M. A. Lovell, K. Furukawa, and W. R. Markesbery. 1995. "Neurotrophic factors attenuate glutamate-induced accumulation of peroxides, elevation of intracellular Ca2+ concentration, and neurotoxicity and increase antioxidant enzyme activities in hippocampal neurons." *Journal of Neurochemistry* 65:1740–1751.

Mattson, M. P., K. Moehl, N. Ghena, M. Schmaedick, and A. Cheng. 2018. "Intermittent metabolic switching, neuroplasticity and brain health." *Nature Reviews Neuroscience* 19:63–80.

Mattson, M. P., M. Murrain, P. B. Guthrie, and S. B. Kater. 1989. "Fibroblast growth factor and glutamate: Opposing roles in the generation and degeneration of hippocampal neuroarchitecture." *Journal of Neuroscience* 9:3728–3740.

Mattson, M. P., B. Rychlik, C. Chu, and S. Christakos. 1991. "Evidence for calcium-reducing and excitoprotective roles for the calcium-binding protein calbindin-D28k in cultured hippocampal neurons." *Neuron* 6:41–51.

McEwen, B. S., N. P. Bowles, J. D. Gray, M. N. Hill, R. G. Hunter, I. N. Karatsoreos, and C. Nasca. 2015. "Mechanisms of stress in the brain." *Nature Neuroscience* 18:1353–1363.

McEwen, B. S., L. Eiland, R. G. Hunter, and M. M. Miller. 2012. "Stress and anxiety: Structural plasticity and epigenetic regulation as a consequence of stress." *Neuropharmacology* 62: 3–12.

McKee, A. C. 2020. "The neuropathology of chronic traumatic encephalopathy: The status of the literature." *Seminars in Neurology* 40:359–369.

McLennan, H. 1974. "Actions of excitatory amino acids and their antagonism." *Neuropharmacology* 13:449–454.

McShane, R., M. J. Westby, E. Roberts, N. Minakaran, L. Schneider, L. E. Farrimond, et al. 2019. "Memantine for dementia." *Cochrane Database Systematic Review* 3. doi: 10.1002/14651858.CD003154.pub6.

Merritt, K., P. McGuire, and A. Egerton. 2013. "Relationship between glutamate dysfunction and symptoms and cognitive function in psychosis." *Frontiers in Psychiatry* 4. doi: 10.3389/fpsyt.2013.00151.

Miledi, R. 1967. "Spontaneous synaptic potentials and quantal release of transmitter in the stellate ganglion of the squid." *Journal of Physiology* 192:379–406.

Miller, R. G., J. P. Bouchard, P. Duquette, A. Eisen, D. Gelinas, Y. Harati, et al. 1996. "Clinical trials of riluzole in patients with ALS. ALS/Riluzole Study Group-II." *Neurology* 47 (supplement 2): S86–90.

Mindt, S., M. Neumaier, R. Hellweg, A. Sartorius, and L. J. Kranaster. 2020. "Brain-derived neurotrophic factor in the cerebrospinal fluid increases during electroconvulsive therapy in patients with depression: A preliminary report." *Journal of Electroconvulsive Therapy* 36:193–197.

Monteiro, P., and G. Feng. 2017. "SHANK proteins: Roles at the synapse and in autism spectrum disorder." *Nature Reviews of Neuroscience* 18:147–157.

Moriyoshi, K., M. Masu, T. Ishii, R. Shigemoto, N. Mizuno, and S. Nakanishi. 1991. "Molecular cloning and characterization of the rat NMDA receptor." *Nature* 354:31–37.

Morland, C., K. A. Andersson, O. P. Haugen, A. Hadzic, L. Kleppa, A. Gille, et al. 2017. "Exercise induces cerebral VEGF and angiogenesis via the lactate receptor HCAR1." *Nature Communications* 8:1–9.

Moser, M. B., D. C. Rowland, and E. I. Moser. 2015. "Place cells, grid cells, and memory." *Cold Spring Harbor Perspectives on Biology* 7. doi: 10.1101/cshperspect.a021808.

Mostajeran, F., J. Krzikawski, F. Steinicke, and S. Kuhn. 2021. "Effects of exposure to immersive videos and photo slideshows of forest and urban environments." *Science Reports* 11. doi: 10.1038/s41598-021-83277-y.

Mousavi, S. A. R., A. Chauvin, F. Pascaud, S. Kellenberger, and E. E. Farmer. 2013. "Glutamate receptor-like genes mediate leaf-to-leaf wound signaling." *Nature* 500:422–426.

Mughal, M. R., A. Baharani, S. Chigurupati, T. G. Son, E. Chen, P. Yang, et al. 2011. "Electroconvulsive shock ameliorates disease processes and extends survival in huntingtin mutant mice." *Human Molecular Genetics* 20:659–669.

Murray, M., D. Kim, Y. Liu, C. Tobias, A. Tessler, and I. Fischer. 2002. "Transplantation of genetically modified cells contributes to repair and recovery from spinal injury." *Brain Research Reviews* 40:292–300.

Musaeus, C. S., M. M. Shafi, E. Santarnecchi, S. T. Herman, and D. Z. Press. 2017. "Levetiracetam alters oscillatory connectivity in Alzheimer's disease." *Alzheimer's Disease* 58:1065–1076.

Mustafa, A. K., M. M. Gadalla, and S. H. Snyder. 2009. "Signaling by gasotransmitters." *Science Signaling* 2. doi: 10.1126/scisignal.268re2.

Nair, A., and V. A. Vaidya. 2006. "Cyclic AMP response element binding protein and brain-derived neurotrophic factor: Molecules that modulate our mood?" *Journal of Bioscience* 31:423–434.

Naka, D., and K. R. Mills. 2000. "Further evidence for corticomotor hyperexcitability in amyotrophic lateral sclerosis." *Muscle and Nerve* 23:1044–1050.

Nees, F., and S. T. Pohlack. 2014. "Functional MRI studies of the hippocampus." *Frontiers in Neurology and Neuroscience* 34:85–94.

Neher, E., and B. Sakmann. 1976. "Single-channel currents recorded from membrane of denervated frog muscle fibres." *Nature* 260:799–802.

Neth, B. J., A. Mintz, C. Whitlow, Y. Jung, S. K. Solingapuram, T. C. Register, et al. 2020. "Modified ketogenic diet is associated with improved cerebrospinal fluid biomarker profile, cerebral perfusion, and cerebral ketone body uptake in older adults at risk for Alzheimer's disease: A pilot study." *Neurobiology of Aging* 86:54–63.

Nichols, D. E. 2016. "Psychedelics." *Pharmacological Reviews* 68:264–355.

Nighoghossian, N., Y. Berthezene, L. Mechtouff, L. Derex, T. H. Cho, T. Ritzenthaler, et al. 2015. "Cyclosporine in acute ischemic stroke." *Neurology* 84:2216–2223.

Norwitz, N. G., D. J. Dearlove, M. Lu, K. Clarke, H. Dawes, and M. T. Hu. 2020. "A ketone ester drink enhances endurance exercise performance in Parkinson's disease." *Frontiers in Neuroscience* 14. doi: 10.3389/fnins.2020.584130.

O'Connell, L. A., and H. A. Hofmann. 2011. "The vertebrate mesolimbic reward system and social behavior network: A comparative synthesis." *Journal of Comparative Neurology* 519:3599–3639.

Oddo, S., A. Caccamo, J. D. Shepherd, M. P. Murphy, T. E. Golde, R. Kayed, et al. 2003. "Triple-transgenic model of Alzheimer's disease with plaques and tangles: Intracellular Abeta and synaptic dysfunction." *Neuron* 39:409–421.

Ohline, S. M., and W. C. Abraham. 2019. "Environmental enrichment effects on synaptic and cellular physiology of hippocampal neurons." *Neuropharmacology* 145:3–12.

Olney, J. W. 1989. "Glutamate, a neurotoxic transmitter." *Journal of Childhood Neurology* 4:218–226.

Ortiz-Ramirez, C., E. Michard, A. A. Simon, D. S. C. Damineli, M. Hernandez-Coronado, J. D. Becker, and J. A. Feijo. 2017. "Glutamate receptor-like channels are essential for chemotaxis and reproduction in mosses." *Nature* 549:91–95.

Oskarsson, B., E. A. Mauricio, J. S. Shah, Z. Li, and M. A. Rogawski. 2021. "Cortical excitability threshold can be increased by the AMPA blocker Perampanel in amyotrophic lateral sclerosis." *Muscle and Nerve* 64:215–219.

Paasonen, J., R. A. Salo, J. Ihalainen, J. V. Leikas, K. Savolainen, M. Lehtonen, et al. 2017. "Dose–response effect of acute phencyclidine on functional connectivity and dopamine levels, and their association with schizophrenia-like symptom classes in rat." *Neuropharmacology* 119:15–25.

Patten, A. R., S. Y. Yau, C. J. Fontaine, A. Meconi, R. C. Wortman, and B. R. Christie. 2015. "The benefits of exercise on structural and functional plasticity in the rodent hippocampus of different disease models." *Brain Plasticity* 1:97–127.

Paul, B. D., and S. H. Snyder. 2018. "Gasotransmitter hydrogen sulfide signaling in neuronal health and disease." *Biochemical Pharmacology* 149:101–109.

Pearson, J. M., K. K. Watson, and M. L. Platt. 2014. "Decision making: The neuroethological turn." *Neuron* 82:950–965.

Perry, T., N. J. Haughey, M. P. Mattson, J. M. Egan, and N. H. Greig. 2002. "Protection and reversal of excitotoxic neuronal damage by glucagon-like peptide-1 and exendin-4." *Journal of Pharmacology and Experimental Therapeutics* 302:881–888.

Petralia, R. S., Y. X. Wang, M. P. Mattson, and P. J. Yao. 2016. "The diversity of spine synapses in animals." *Neuromolecular Medicine* 18:497–539.

Pistillo, F., F. Clementi, M. Zoli, and C. Gotti. 2015. "Nicotinic, glutamatergic and dopaminergic synaptic transmission and plasticity in the mesocorticolimbic system: Focus on nicotine effects." *Progress in Neurobiology* 124:1–27.

Plowey, E. D., J. W. Johnson, E. Steer, W. Zhu, D. A. Eisenberg, N. M. Valentino, et al. 2014. "Mutant LRRK2 enhances glutamatergic synapse activity and evokes excitotoxic dendrite degeneration." *Biochimica et Biophysica Acta* 1842:1596–1603.

Polymeropoulos, M. H., C. Lavedan, E. Leroy, S. E. Ide, A. Dehejia, A. Dutra, et al. 1997. "Mutation in the alpha-synuclein gene identified in families with Parkinson's disease." *Science* 276:2045–2047.

Popoli, M., Z. Yan, B. S. McEwen, and G. Sanacora. 2011. "The stressed synapse: The impact of stress and glucocorticoids on glutamate transmission." *Nature Reviews Neuroscience* 13:22–37.

Price, M. B., J. Jelesko, and S. Okumoto. 2012. "Glutamate receptor homologs in plants: Functions and evolutionary origins." *Frontiers in Plant Sciences* 3. doi: 10.3389/fpls.2012.00235.

Purpura, D. P., M. Girado, T. G. Smith, D. A. Callan, and H. Grundfest. 1958. "Structure–activity determinants of pharmacological effects of amino acids and related compounds on central synapses." *Journal of Neurochemistry* 3:238–268.

Puzzo, D., A. Staniszewski, S. X. Deng, L. Privitera, E. Leznik, S. Liu, et al. 2009. "Phosphodiesterase 5 inhibition improves synaptic function, memory, and amyloid-beta load in an Alzheimer's disease mouse model." *Journal of Neuroscience* 29:8075–8086.

Qin, Z., D. Hu, S. Han, S. H. Reaney, D. A. Di Monte, and A. L. Fink. 2007. "Effect of 4-hydroxy-2-nonenal modification on alpha-synuclein aggregation." *Journal of Biological Chemistry* 282:5862–5870.

Qiu, X. M., Y. Y. Sun, X. Y. Ye, and Z. G. Li. 2020. "Signaling role of glutamate in plants." *Frontiers in Plant Science* 10. doi: 10.3389/fpls.2019.01743.

Rabchevsky, A. G., I. Fugaccia, A. F. Turner, D. A. Blades, M. P. Mattson, and S. W. Scheff. 2000. "Basic fibroblast growth factor (bFGF) enhances functional recovery following severe spinal cord injury to the rat." *Experimental Neurology* 164:280–291.

Raefsky, S. M., and M. P. Mattson. 2017. "Adaptive responses of neuronal mitochondria to bioenergetic challenges: Roles in neuroplasticity and disease resistance." *Free Radical Biology and Medicine* 102:203–216.

Ramirez, S., X. Liu, P. A. Lin, J. Suh, M. Pigatelli, R. L. Redondo, et al. 2013. "Creating a false memory in the hippocampus." *Science* 341:387–391.

Renard, J., H. J. Szkudlarek, C. P. Kramar, C. E. L. Jobson, K. Moura, W. J. Rushlow, et al. 2017. "Adolescent THC exposure causes enduring prefrontal cortical disruption of GABAergic inhibition and dysregulation of sub-cortical dopamine function." *Science Reports* 7. doi: 10.1038/s41598-017-11645-8.

Renshaw, D. 2015. "Lady Gaga: 'I've suffered through depression and anxiety my entire life.'" *New Medical Express*, October 15.

Rice, H. C., D. Malmazet, A. Schreurs, S. Frere, I. Van Molle, A. N. Volkov, et al. 2019. "Secreted amyloid-β precursor protein functions as a GABABR1a ligand to modulate synaptic transmission." *Science* 363. doi: 10.1126/science.aao4827.

Richter, M. C., S. Ludewig, A. Winschel, T. Abel, C. Bold, L. R. Salzburger, et al. 2018. "Distinct *in vivo* roles of secreted APP ectodomain variants APPsα and APPsβ in regulation of spine density, synaptic plasticity, and cognition." *EMBO Journal* 37. doi: 10.15252/embj.201798335.

Ring, D., Y. Wolman, N. Friedmann, and S. L. Miller. 1972. "Prebiotic synthesis of hydrophobic and protein amino acids." *Proceedings of the National Academy of Sciences USA* 69:765–768.

Ring, S., S. W. Weyer, S. B. Kililan, E. Waldron, C. U. Pietrzik, M. A. Filippov, et al. 2007. "The secreted β-amyloid precursor protein ectodomain APPs α is sufficient to rescue the anatomical, behavioral and electrophysiological abnormalities of APP-deficient mice." *Journal of Neuroscience* 27:7817–7826.

Rivell, A., and M. P. Mattson. 2019. "Intergenerational metabolic syndrome and neuronal network hyperexcitability in autism." *Trends in Neurosciences* 42:709–726.

Robbins, J. 1958. "The effects of amino acids on the crustacean neuro-muscular system." *Anatomical Record* 132:492–493.

Roberts, J. 2017. "High times." *Distillations* 2:36–39.

Robinson, T. E., and B. Kolb. 1999. "Alterations in the morphology of dendrites and dendritic spines in the nucleus accumbens and prefrontal cortex following repeated treatment with amphetamine or cocaine." *European Journal of Neuroscience* 11:1598–1604.

Rothstein, J. D. 2009. "Current hypotheses for the underlying biology of amyotrophic lateral sclerosis." *Annals of Neurology* 65 (supplement 1): S3–9.

Rothstein, J. D., M. Dykes-Hoberg, C. A. Pardo, L. A. Bristol, L. Jin, R. W. Kuncl, et al. 1996. "Knockout of glutamate transporters reveals a major role for astroglial transport in excitotoxicity and clearance of glutamate." *Neuron* 16:675–686.

Rothstein, J. D., M. Van Kammen, A. I. Levey, L. J. Martin, and R. W. Kuncl. 1995. "Selective loss of glial glutamate transporter GLT-1 in amyotrophic lateral sclerosis." *Annals of Neurology* 38:73–84.

Rubenstein, J. L., and M. M. Merzenich. 2003. "Model of autism: Increased ratio of excitation/inhibition in key neural systems." *Genes Brain and Behavior* 2:255–267.

Salvador, A. F., K. A. de Lima, and J. Kipnis. 2021. "Neuromodulation by the immune system: A focus on cytokines." *Nature Reviews Immunology* 21:526–541.

Sampson, T. R., J. W. Debelius, T. Thron, S. Janssen, G. G. Shastri, Z. E. Iihan, et al. 2016. "Gut microbiota regulate motor deficits and neuroinflammation in a model of Parkinson's disease." *Cell* 167:1469–1480.

Sandhu, K. V., D. Lang, B. Muller, S. Nullmeier, Y. Yanagawa, H. Schwegler, et al. 2014. "Glutamic acid decarboxylase 67 haplodeficiency impairs social behavior in mice." *Genes, Brain and Behavior* 13:439–450.

Scarmeas, N., and Y. Stern. 2004. "Cognitive reserve: Implications for diagnosis and prevention of Alzheimer's disease." *Current Neurology and Neuroscience Reports* 4:374–380.

Schmidt, H. D., and R. S. Duman. 2007. "The role of neurotrophic factors in adult hippocampal neurogenesis, antidepressant treatments and animal models of depressive-like behavior." *Behavioral Pharmacology* 18:391–418.

Schoenfeld, T. J., P. Rada, P. R. Pieruzzini, B. Hsueh, and E. J. Gould. 2013. "Physical exercise prevents stress-induced activation of granule neurons and enhances local inhibitory mechanisms in the dentate gyrus." *Journal of Neuroscience* 33:7770–7777.

Schuman, E. M., and D. V. Madison. 1991. "A requirement for the intercellular messenger nitric oxide in long-term potentiation." *Science* 254:1503–1506.

Schwartz, M., and C. Raposo. 2014. "Protective autoimmunity: A unifying model for the immune network involved in CNS repair." *Neuroscientist* 20:343–358.

Semon, R. 1921. *The Mneme*. London: Allen, Unwin.

Semon, R. W. 1923. *Mnemic Psychology*. London: Allen, Unwin.

Serrano, F., and E. Klann. 2004. "Reactive oxygen species and synaptic plasticity in the aging hippocampus." *Ageing Research Reviews* 3:431–443.

Shao, L. X., C. Liao, I. Gregg, A. P. A. Davoudian, N. K. Savalia, K. Delagarza, et al. 2021. "Psilocybin induces rapid and persistent growth of dendritic spines in frontal cortex in vivo." *Neuron* 109:2535–2544.

Sheline, Y. I., B. M. Disabato, J. Hranilovich, C. Morris, G. D'Angelo, C. Pieper, et al. 2012. "Treatment course with antidepressant therapy in late-life depression." *American Journal of Psychiatry* 169:1185–1193.

Singleton, A. B., M. Farrer, J. Johnson, A. Singleton, S. Hague, J. Kachergus, et al. 2003. "Alpha-synuclein locus triplication causes Parkinson's disease." *Science* 302:841.

Sinz, F. H., X. Pitkow, J. Reimer, M. Bethge, and A. S. Tolias. 2019. "Engineering a less artificial intelligence." *Neuron* 103:967–979.

Slevin, J. T., D. M. Gash, C. D. Smith, G. A. Gerhardt, R. Kryscio, H. Chebrolu, et al. 2007. "Unilateral intraputamenal glial cell line-derived neurotrophic factor in patients with Parkinson disease: Response to 1 year of treatment and 1 year of withdrawal." *Neurosurgery* 106:614–620.

Sloviter, R. S. 1989. "Calcium-binding protein (calbindin-D28k) and parvalbumin immunocytochemistry: Localization in the rat hippocampus with specific reference to the selective vulnerability of hippocampal neurons to seizure activity." *Journal of Comparative Neurology* 280:183–196.

Smrt, S. D., and X. Zhao. 2010. "Epigenetic regulation of neuronal dendrite and dendritic spine development." *Frontiers in Biology* 5:304–323.

Smith, D. H., K. Okiyama, M. J. Thomas, and T. K. McIntosh. 1993. "Effects of the excitatory amino acid receptor antagonists kynurenate and indole-2-carboxylic acid on behavioral and neurochemical outcome following experimental brain injury." *Journal of Neuroscience* 13:5383–5392.

Smith, O. 1998. "Nobel prize for NO research." *Nature Medicine* 4:1215.

Smith-Swintosky, V. L., L. C. Pettigrew, R. M. Sapolsky, C. Phares, S. D. Craddock, S. M. Brooke, et al. 1996. "Metyrapone, an inhibitor of glucocorticoid production, reduces brain injury induced by focal and global ischemia and seizures." *Journal of Cerebral Blood Flow and Metabolism* 16:585–598.

Soares, J. C., and R. B. Innis. 1999. "Neurochemical brain imaging investigations of schizophrenia." *Biological Psychiatry* 46:600–615.

Spencer, P. S. 2022. "Parkinsonism and motor neuron disorders: Lessons from Western Pacific ALS/PDC." *Journal of Neurological Science* 433:120021. *y.* 47 (supplement 2):S86–90.

Stanek, L. M., S. P. Sardi, B. Mastis, A. R. Richards, C. M. Treleaven, T. Taksir, et al. 2014. "Silencing mutant huntingtin by adeno-associated virus-mediated RNA interference ameliorates disease manifestations in the YAC128 mouse model of Huntington's disease." *Human Gene Therapy* 25:461–474.

Stayte, S., K. J. Laloli, P. Rentsch, A. Lowth, K. M. Li, R. Pickford, et al. 2020. "The kainate receptor antagonist UBP310 but not single deletion of GluK1, GluK2, or GluK3 subunits, inhibits MPTP-induced degeneration in the mouse midbrain." *Experimental Neurology* 323. doi: 10.1016/j.expneurol.2019.113062.

Stein-Behrens, B., M. P. Mattson, I. Chang, M. Yeh, and R. J. Saplosky. 1994. "Stress exacerbates neuron loss and cytoskeletal pathology in the hippocampus." *Journal of Neuroscience* 14:5373–5380.

Stellwagen, D., and R. C. Malenka. 2006. "Synaptic scaling mediated by glial TNF-alpha." *Nature* 440:1054–1059.

Stephan, A. H., B. A. Barres, and B. Stevens. 2012. "The complement system: An unexpected role in synaptic pruning during development and disease." *Annual Review of Neuroscience* 35:369–389.

Stern, Y., A. MacKay-Brandt, S. Lee, P. McKinley, K. McIntyre, Q. Razlighi, et al. 2019. "Effect of aerobic exercise on cognition in younger adults: A randomized clinical trial." *Neurology* 92:e905–e916.

Stranahan, A. M., T. V. Arumugam, R. G. Cutler, K. Lee, J. M. Egan, and M. P. Mattson. 2008. "Diabetes impairs hippocampal function through glucocorticoid-mediated effects on new and mature neurons." *Nature Neuroscience* 11:309–317.

Stranahan, A. M., T. V. Arumugam, K. Lee, and M. P. Mattson. 2010. "Mineralocorticoid receptor activation restores medial perforant path LTP in diabetic rats." *Synapse* 64:528–532.

Stranahan, A. M., K. Lee, B. Martin, S. Maudsley, E. Golden, R. G. Cutler, et al. 2009. "Voluntary exercise and caloric restriction enhance hippocampal dendritic spine density and BDNF levels in diabetic mice." *Hippocampus* 19:951–961.

Svensson, E., E. Horvath-Puho, R. W. Thomsen, J. C. Djurhuus, L. Pedersen, P. Borghammer, et al. 2015. "Vagotomy and subsequent risk of Parkinson's disease." *Annals of Neurology* 78:522–529.

Szepetowski, P. 2018. "Genetics of human epilepsies: Continuing progress." *Presse Medicine* 47:218–226.

Tai, X. Y., M. Koepp, J. S. Duncan, N. Fox, P. Thompson, S. Baxendale, et al. 2016. "Hyperphosphorylated Tau in patients with refractory epilepsy correlates with cognitive decline: A study of temporal lobe resections." *Brain* 139:2441–2455.

Takagaki, G. 1996. "The dawn of excitatory amino acid research in Japan: The pioneering work by Professor Takashi Hayashi." *Neurochemistry International* 29:225–229.

Tan, K. R., U. Rudolph, and C. Luscher. 2011. "Hooked on benzodiazepines: GABAA receptor subtypes and addiction." *Trends in Neurosciences* 34:188–197.

Todd, E. C. D. 1993. "Domoic acid and amnesic shellfish poisoning—a review." *Journal of Food Protection* 56:69–83.

Tomlinson, L., C. V. Leiton, and H. Colognato. 2016. "Behavioral experiences as drivers of oligodendrocyte lineage dynamics and myelin plasticity." *Neuropharmacology* 110:548–562.

Tortarolo, M., G. Grignaschi, N. Calvaresi, E. Zennaro, G. Spaltro, M. Colovic, et al. 2006. "Glutamate AMPA receptors change in motor neurons of SOD1G93A transgenic mice and their inhibition by a noncompetitive antagonist ameliorates the progression of amytrophic lateral sclerosis-like disease." *Journal of Neuroscience Research* 83:134–146.

Toyota, M., D. Spencer, S. Sawai-Toyota, W. Jiaqi, T. Zhang, A. J. Koo, et al. 2018. "Glutamate triggers long-distance, calcium-based plant defense signaling." *Science* 361:1112–1115.

Trudler, D., S. Sanz-Blasco, Y. S. Eisele, S. Ghatak, K. Bodhinathan, M. W. Akhtar, et al. 2021. "Alpha-synuclein oligomers induce glutamate release from astrocytes and excessive extrasynaptic NMDAR activity in neurons, thus contributing to synapse loss." *Journal of Neuroscience* 41:2264–2273.

Tucker, D., Y. Liu, and Q. Zhang. 2018. "From mitochondrial function to neuroprotection—an emerging role for methylene blue." *Molecular Neurobiology* 55:5137–5153.

Uno, Y., and J. T. Coyle. 2019. "Glutamate hypothesis in schizophrenia." *Psychiatry and Clinical Neuroscience* 73:204–215.

Van der Vlag, M., R. Havekes, and P. R. A. Heckman. 2020. "The contribution of Parkin, PINK1 and DJ-1 genes to selective neuronal degeneration in Parkinson's disease." *Journal of Neuroscience* 52:3256–3268.

Vanevski, F., and B. Xu. 2013. "Molecular and neural bases underlying roles of BDNF in the control of body weight." *Frontiers in Neuroscience* 7. doi: 10.3389/fnins.2013.00037.

Verhaeghe, R., V. Gao, S. Morley-Fletcher, H. Bouwalerh, G. Van Camp, F. Cisani, et al. 2021. "Maternal stress programs a demasculinization of glutamatergic transmission in stress-related brain regions of aged rats." *Geroscience* 13:1–23.

Villumsen, M., S. Aznar, B. Pakkenberg, T. Jess, and T. Brudek. 2019. "Inflammatory bowel disease increases the risk of Parkinson's disease: A Danish nationwide cohort study 1977–2014." *Gut* 68:18–24.

Vivar, C., M. C. Potter, J. Choi, J. Y. Lee, T. P. Stringer, E. M. Callaway, et al. 2012. "Monosynaptic inputs to new neurons in the dentate gyrus." *Nature Communications* 3:1107.

Volkow, N. D., and M. Morales. 2015. "The brain on drugs: From reward to addiction." *Cell* 162:712–725.

Von Bartheld, C. S., J. Bahney, and S. Herculano-Houzel. 2016. "The search for true numbers of neurons and glial cells in the human brain: A review of 150 years of cell counting." *Journal of Comparative Neurology* 524:3865–3895.

Voss, M. W., C. Soto, S. Yoo, M. Sodoma, C. Vivar, and H. van Praag. 2019. "Exercise and hippocampal memory systems." *Trends in Cognitive Sciences* 23:318–333.

Wan, R., L. A. Weigand, R. Bateman, K. Griffioen, D. Mendelowitz, and M. P. Mattson. 2014. "Evidence that BDNF regulates heart rate by a mechanism involving increased brainstem parasympathetic neuron excitability." *Journal of Neurochemistry* 129:573–580.

Watkins, J. C., and D. E. Jane. 2006. "The glutamate story." *British Journal of Pharmacology* 147:S100–S108.

Weidemann, A., G. Konig, D. Bunke, P. Fischer, J. M. Salbaum, C. L. Masters, et al. 1989. "Identification, biogenesis, and localization of precursors of Alzheimer's disease A4 amyloid protein." *Cell* 57:115–126.

Weizmann, L., L. Dayan, S. Brill, H. Nahman-Averbuch, T. Hendler, G. Jacob, et al. 2018. "Cannabis analgesia in chronic neuropathic pain is associated with altered brain connectivity." *Neurology* 91:e1285–e1294.

Whone, A., M. Luz, M. Boca, M. Woolley, L. Mooney, S. Dharia, et al. 2019. "Randomized trial of intermittent intraputamenal glial cell line-derived neurotrophic factor in Parkinson's disease." *Brain* 142:512–525.

Williams, T. I., B. C. Lynn, W. R. Markesbery, and M. A. Lovell. 2006. "Increased levels of 4-hydroxynonenal and acrolein, neurotoxic markers of lipid peroxidation, in the brain in mild cognitive impairment and early Alzheimer's disease." *Neurobiology of Aging* 27:1094–1099.

Wilson, R. I., and R. A. Nicoll. 2002. "Endocannabinoid signaling in the brain." *Science* 296:678–682.

Winden, K. D., D. Ebrahimi-Fakhari, and M. Shahin. 2018. "Abnormal mTOR activation in autism." *Annual Review of Neuroscience* 41:1–23.

Witkin, J. M., J. Kranzler, K. Kaniecki, P. Popik, J. L. Smith, K. Hashimoto, et al. 2020. "R-(-)-ketamine modifies behavioral effects of morphine predicting efficacy as a novel therapy for opioid use disorder." *Journal of Pharmacology Biochemistry and Behavior* 194. doi: 10.1016/j.pbb.2020.172927.

Wofsey, A. R., M. J. Kuhar, and S. H. Snyder. 1971. "A unique synaptosomal fraction, which accumulates glutamic and aspartic acids, in brain tissue." *Proceedings of the National Academy of Sciences, USA* 68:1102–1106.

Wong, F. K., and O. Marin. 2019. "Developmental cell death in the cerebral cortex." *Annual Review of Cell and Developmental Biology* 35:523–542.

Worrell, S. D., and T. J. Gould. 2021. "Therapeutic potential of ketamine for alcohol use disorder." *Neuroscience and Biobehavioral Reviews* 126:573–589.

Wu, B., M. Jiang, Q. Peng, G. Li, Z. Hou, G. L. Milne, et al. 2017. "2,4 DNP improves motor function, preserves medium spiny neuronal identity, and reduces oxidative stress in a mouse model of Huntington's disease." *Experimental Neurology* 293:83–90.

Wu, J. W., S. A. Hussaini, I. M. Bastille, G. A. Rodriguez, A. Mrejeru, K. Rilett, et al. 2016. "Neuronal activity enhances Tau propagation and Tau pathology in vivo." *Nature Neuroscience* 19:1085–1092.

Wu, Y., and C. Janetopoulos. 2013. "Systematic analysis of gamma-aminobutyric acid (GABA) metabolism and function in the social amoeba *Dictyostelium discoideum*." *Journal of Biological Chemistry* 288:15280–15290.

Xiong, M., O. D. Jones, K. Peppercorn, S. M. Ohline, W. P. Tate, and W. C. Abraham. 2017. "Secreted amyloid precursor protein-alpha can restore novel object location memory and hippocampal LTP in aged rats." *Neurobiology of Learning and Memory* 138:n291–n299.

Yang, J. L., T. Tadokoro, G. Keijzers, M. P. Mattson, and V. A. Bohr. 2010. "Neurons efficiently repair glutamate-induced oxidative DNA damage by a process involving CREB-mediated up-regulation of apurinic endonuclease 1." *Journal of Biological Chemistry* 285:28191–28199.

Yang, X., F. Tian, H. Zhang, J. Zeng, T. Chen, S. Wang, et al. 2016. "Cortical and subcortical gray matter shrinkage in alcohol-use disorders: A voxel-based meta-analysis." *Neuroscience Biobehavioral Reviews* 66:92–103.

Yau, P. L., M. G. Castro, A. Tagani, W. H. Tsui, and A. Convit. 2012. "Obesity and metabolic syndrome and functional and structural brain impairments in adolescence." *Pediatrics* 130:e856–e864.

Yu, Z. F., and M. P. Mattson. 1999. "Dietary restriction and 2-deoxyglucose administration reduce focal ischemic brain damage and improve behavioral outcome: Evidence for a preconditioning mechanism." *Journal of Neuroscience Research* 57:830–839.

Yuan, H., C. M. Low, O. A. Moody, A. Jenkins, and S. F. Traynelis. 2015. "Ionotropic GABA and glutamate receptor mutations and human neurologic diseases." *Molecular Pharmacology* 88:203–217.

Zarate, C. A., Jr., N. E. Brutsche, L. Ibrahim, J. Franco-Chaves, N. Diazgranados, A. Cravchik, et al. 2012. "Replication of ketamine's antidepressant efficacy in bipolar depression: A randomized controlled add-on trial." *Biological Psychiatry* 71:939–946.

Zarate, C. A., Jr., J. B. Singh, P. J. Carlson, N. E. Brutsche, R. Ameli, D. A. Luckenbaugh, et al. 2006. "A randomized trial of an N-methyl-D-aspartate antagonist in treatment-resistant major depression." *Archives of General Psychiatry* 63:856–864.

Zayed, A., and G. E. Robinson. 2012. "Understanding the relationship between brain gene expression and social behavior: Lessons from the honey bee." *Annual Review of Genetics* 46:591–615.

Zeithamova, D., M. L. Schlichting, and A. R. Preson. 2012. "The hippocampus and inferential reasoning: Building memories to navigate future decisions." *Frontiers in Human Neuroscience* 6. doi: 10.3389/fnhum.2012.00070.

Zhang, S., E. Eitan, T. Y. Wu, and M. P. Mattson. 2018. "Intercellular transfer of pathogenic alpha-synuclein by extracellular vesicles is induced by the lipid peroxidation product 4-hydroxynonenal." *Neurobiology of Aging* 61:52–65.

Zhao, M., D. Li, K. Shimazu, Y. X. Zhou, B. Lu, and C. X. Deng. 2007. "Fibroblast growth factor receptor-1 is required for long-term potentiation, memory consolidation, and neurogenesis." *Biological Psychiatry* 62:381–390.

Zuccato, C., M. Tartari, A. Crotti, D. Goffredo, M. Valenza, L. Conti, et al. 2003. "Huntingtin interacts with REST/NRSF to modulate the transcription of NRSE-controlled neuronal genes." *Nature Genetics* 35:76–83.

延伸阅读

第 2 章　生命之树的古老信使

Feehily, C., and K. A. G. Karatzas. 2013. "Role of glutamate metabolism in bacterial responses towards acid and other stresses." *Journal of Applied Microbiology* 114:11–24.

Luedtke, S., V. O'Connor, L. Holden-Dye, and R. J. Walker. 2010. "The regulation of feeding and metabolism in response to food deprivation in *Caenorhabditis elegans*." *Journal of Invertebrate Neuroscience* 10:63–76.

Mattson, M. P. 2019. "An evolutionary perspective on why food overconsumption impairs cognition." *Trends in Cognitive Science* 23:200–212.

Mattson, M. P. 2022. *The Intermittent Fasting Revolution: The Science of Optimizing Health and Enhancing Performance*. Cambridge, MA: MIT Press.

Moroz, L. L., M. A. Nikitin, P. G. Policar, A. B. Kohn, and D. Y. Romanova. 2021. "Evolution of glutamatergic signaling and synapses." *Neuropharmacology* 199. doi: 10.1016/j.neuropharm.2021.108740.

O'Rourke, T., and C. Boeckx. 2020. "Glutamate receptors in domestication and modern human evolution." *Neuroscience Biobehavioral Reviews* 108:341–357.

Ramos-Vicente, D., S. G. Grant, and A. A. Bayes. 2021. "Metazoan evolution and diversity of glutamate receptors and their auxiliary subunits." *Neuropharmacology* 195. doi: 10.1016/j.neuropharm.2021.108640.

Sotelo, C., and I. Dusart. 2009. "Intrinsic versus extrinsic determinants during the development of Purkinje cell dendrites." *Neuroscience* 162:589–600.

Streidter, G. F. 2005. *Principles of Brain Evolution*. Sutherland, MA: Sinauer Associates.

Volkow, N. D., R. A. Wise, and R. Baler. 2017. "The dopamine motive system: Implications for drug and food addiction." *Nature Reviews Neuroscience* 18:741–752.

Watkins, J. C., and D. E. Jane. 2006. "The glutamate story." *British Journal of Pharmacology* 147:S100–S108.

Young, V. R., and A. M. Ajami. 2000. "Glutamate: An amino acid of particular distinction." *Journal of Nutrition* 130:892S–900S.

第 3 章　婴儿大脑的雕塑师

Cline, H., and K. Haas. 2008. "The regulation of dendritic arbor development and plasticity by glutamatergic synaptic input: A review of the synaptotrophic hypothesis." *Journal of Physiology* 586:1509–1517.

Gibb, R., and B. Kolb. 2014. *The Neurobiology of Brain and Behavioral Development*. New York: Academic Press.

Habermacher, C., M. C. Angulo, and N. Benamer. 2019. "Glutamate versus GABA in neuron-oligodendroglia communication." *Glia* 67:2092–2106.

Mattson, M. P. 1988. "Neurotransmitters in the regulation of neuronal cytoarchitecture." *Brain Research* 472:179–212.

Reemst, K., S. C. Noctor, P. J. Lucassen, and E. M. Hol. 2016. "The indispensable roles of microglia and astrocytes during brain development." *Frontiers in Human Neuroscience* 10. doi: 10.3389/fnhum.2016.00566.

Sans, D., T. Reh, W. Harris, and M. Landgraf. 2019. *Development of the Nervous System*. 4th ed. New York: Academic Press.

第 4 章　记忆大师

Andersen, P., R. Morris, D. Amaral, T. Bliss, and J. O'Keefe. 2007. *The Hippocampus Book*. Oxford: Oxford University Press.

Andersson, K. E. 2018. "PDE5 inhibitors—pharmacology and clinical applications 20 years after sildenafil discovery." *British Journal of Pharmacology* 175:2554–2565.

Bliss, T. V., and G. L. Collingridge. 1993. "A synaptic model of memory: Long-term potentiation in the hippocampus." *Nature* 361:31–39.

Chaaya, N., A. R. Battle, and L. R. Johnson. 2018. "An update on contextual fear memory mechanisms: Transition between amygdala and hippocampus." *Neuroscience and Biobehavioral Research* 92:43–54.

Coglin, L. L. 2013. "Mechanisms and functions of theta rhythms." *Annual Review of Neuroscience* 36:295–312.

Epstein, R. A., E. Z. Patai, J. B. Julian, and H. J. Spiers. 2017. "The cognitive map in humans: Spatial navigation and beyond." *Nature Neuroscience* 20:1504–1513.

Leal, G., D. Comprido, and C. B. Duarte. 2014. "BDNF-induced local protein synthesis and synaptic plasticity." *Neuropharmacology* 76:639–656.

Lieberman, D. A. 2012. *Learning and Memory*. Cambridge: Cambridge University Press.

Theves, S., G. Fernandez, and C. F. Doeller. 2019. "The hippocampus encodes distances in multidimensional feature space." *Current Biology* 29:1226–1231.

第 5 章　能量的追寻者

Camandola, C., and M. P. Mattson. 2017. "Brain metabolism in health, aging, and neurodegeneration." *EMBO Journal* 36:1474–1492.

Golgi, C. 1886. *Sulla fina anatomia degli organi centrali del sistema nervoso*. Milan: Hoepli.

Iadecola, C., and M. Nedergaard. 2007. "Glial regulation of the cerebral microvasculature." *Nature Neuroscience* 10:1369–1376.

Kerr, J. S., B. A. Adriaanse, N. H. Greig, M. P. Mattson, M. Z. Cader, V. A. Bohr, et al. 2017. "Mitophagy and Alzheimer's disease: Cellular and molecular mechanisms." *Trends in Neurosciences* 40:151–166.

Liu, Y., A. Cheng, Y. J. Li, Y. Yang, Y. Kishimoto, S. Wang, et al. 2019. "SIRT3 mediates hippocampal synaptic adaptations to intermittent fasting and ameliorates deficits in APP mutant mice." *Nature Communications* 10. doi: 10.1038/s41467-019-09897-1.

Magistretti, P. J., and I. Allaman. 2015. "A cellular perspective on brain energy metabolism and functional imaging." *Neuron* 86:883–901.

Mattson, M. P. 2022. *The Intermittent Fasting Revolution: The Science of Optimizing Health and Enhancing Performance*. Cambridge, MA: MIT Press.

Rothman, S. M., K. J. Griffioen, R. Wan, and M. P. Mattson. 2012. "Brain-derived neurotrophic factor as a regulator of systemic and brain energy metabolism and cardiovascular health." *Annals of the New York Academy of Sciences* 1264:49–63.

第 6 章　兴奋至死

Blaylock, R. L. 2011. *Excitotoxins: The Taste That Kills*. Santa Fe, NM: Health Press.

Costa, L. G., G. Giordano, and E. M. Faustman. 2010. "Domoic acid as a developmental neurotoxin." *Neurotoxicology* 31:409–423.

Coyle, J. T. 1987. "Kainic acid: Insights into excitatory mechanisms causing selective neuronal degeneration." *Ciba Foundation Symposium* 126:186–203.

Duty, S., and P. Jenner. 2011. "Animal models of Parkinson's disease: A source of novel treatments and clues to the cause of the disease." *British Journal of Pharmacology* 164:1357–1391.

Glazner, G. W., S. L. Chan, C. Lu, and M. P. Mattson. 2000. "Caspase-mediated degradation of AMPA receptor subunits: A mechanism for preventing excitotoxic necrosis and ensuring apoptosis." *Journal of Neuroscience* 20:3641–3649.

Mattson, M. P. 2008. "Glutamate and neurotrophic factors in neuronal plasticity and disease." *Annals of the New York Academy of Science* 1144:97–112.

Mattson, M. P., and W. Duan. 1999. "'Apoptotic' biochemical cascades in synaptic compartments: Roles in adaptive plasticity and neurodegenerative disorders." *Journal of Neuroscience Research* 58:152–166.

Sloviter, R. S. 1989. "Calcium-binding protein (calbindin-D28k) and parvalbumin immunocytochemistry: Localization in the rat hippocampus with specific reference to the selective vulnerability of hippocampal neurons to seizure activity." *Journal of Comparative Neurology* 280:183–196.

第 7 章　大脑的意外危机

Casault, A. I., A. S. Sultan, M. Banoei, P. Couillar, A. Kramer, and B. W. Winston. 2019. "Cytokine responses in severe traumatic brain injury: Where there is smoke, is there fire?" *Neurocritical Care* 30:22–32.

Collins, R. C., B. H. Dobkin, and D. W. Choi. 1989. "Selective vulnerability of the brain: New insights into the pathophysiology of stroke." *Annals of Internal Medicine* 110:992–1000.

Krishnamurthy, K., and D. T. Laskowitz. 2016. "Cellular and molecular mechanisms of secondary neuronal injury following traumatic brain injury." In *Translational Research in Traumatic Brain Injury*, edited by D. Laskowitz and G. Grant, 97–126. Boca Raton, FL: CRC Press/Taylor Francis Group.

Kruman, I. I., W. A. Pedersen, J. E. Springer, and M. P. Mattson. 1999. "ALS-linked Cu/Zn-SOD mutation increases vulnerability of motor neurons to excitotoxicity by a mechanism involving increased oxidative stress and perturbed calcium homeostasis." *Experimental Neurology* 160: 28–39.

Liu, Y., L. J. Zhou, J. Wang, D. Li, W. J. Ren, J. Peng, et al. 2017. "TNF-alpha differentially regulates synaptic plasticity in the hippocampus and spinal cord by microglia-dependent mechanisms after peripheral nerve injury." *Journal of Neuroscience* 37:871–881.

Lomazow, S. 2011. "The epilepsy of Franklin Delano Roosevelt." *Neurology* 76:668–669.

Ludhiadch, A., R. Sharma, A. Muriki, and A. Munshi. 2022. "Role of calcium homeostasis in ischemic stroke: A review." *CNS & Neurological Disorders—Drug Targets* 21:52–61.

Park, E., A. A. Velumian, and M. G. Fehlings. 2004. "The role of excitotoxicity in secondary mechanisms of spinal cord injury: A review with an emphasis on the implications for white matter degeneration." *Journal of Neurotrauma* 21:754–774.

Prins, M., T. Greco, D. Alexander, and C. C. Giza. 2013. "The pathophysiology of traumatic brain injury at a glance." *Disease Models and Mechanisms* 6:1307–1315.

Wu, Q. J., and M. Tymianski. 2018. "Targeting NMDA receptors in stroke: New hope in neuroprotection." *Molecular Brain* 11. doi: 10.1186/s13041-018-0357-8.

第 8 章　锈蚀大脑

Blasco, H., S. Mavel, P. Corcia, and P. H. Gordon. 2014. "The glutamate hypothesis in ALS: Pathophysiology and drug development." *Current Medicinal Chemistry* 21:3551–3575.

Dash, D., and T. A Mestre. 2020. "Therapeutic update on Huntington's disease: Symptomatic treatments and emerging disease-modifying therapies." *Neurotherapeutics* 17:1645–1659.

Doyle, M. E., and J. M. Egan. 2001. "Glucagon-like peptide-1." *Recent Progress in Hormone Research* 56:377–399.

Evans, J. R., and R. A. Barker. 2008. "Neurotrophic factors as a therapeutic target for Parkinson's disease." *Expert Opinion in Therapeutic Targets* 12:437–447.

Fan, M. M., and L. A. Raymond. 2007. "N-methyl-D-aspartate (NMDA) receptor function and excitotoxicity in Huntington's disease." *Progress in Neurobiology* 81:272–293.

Jones, L., and A. Hughes. 2011. "Pathogenic mechanisms in Huntington's disease." *International Review of Neurobiology* 98:373–418.

Lee, H. S., E. Lobbestael, S. Vermeire, J. Sabino, and I. Cleynen. 2021. "Inflammatory bowel disease and Parkinson's disease: Common pathophysiological links." *Gut* 70:408–417.

Martinen, M., M. Takalo, T. Natunen, R. Wittrahm, S. Gabouj, S. Kemppainen, et al. 2018. "Molecular mechanisms of synaptotoxicity and neuroinflammation in Alzheimer's disease." *Frontiers in Neuroscience* 12. doi: 10.3389/fnins.2018.00963.

Olanow, C. W. 2007. "The pathogenesis of cell death in Parkinson's disease—-2007." *Movement Disorders* 17:S335–S342.

Ong, W. Y., K. Tanaka, G. S. Dawe, L. M. Ittner, and A. A. Farooqui. 2013. "Slow excitotoxicity in Alzheimer's disease." *Journal of Alzheimer's Disease* 35:643–648.

Raskin, J., J. Cummings, J. Hardy, K. Schuh, and R. A. Dean. 2015. "Neurobiology of Alzheimer's disease: Integrated molecular, physiological, anatomical, biomarker, and cognitive dimensions." *Current Alzheimer's Research* 12:712–722.

Ryan, B. J., S. Hock, E. A. Fon, and R. Wade-Martins. 2015. "Mitochondrial dysfunction and mitophagy in Parkinson's: From familial to sporadic disease." *Trends in Biochemical Sciences* 40:200–210.

Savitt, J. M., V. L. Dawson, and T. M. Dawson. 2006. "Diagnosis and treatment of Parkinson [*sic*] disease: Molecules to medicine." *Journal of Clinical Investigation* 116:1744–1754.

Sepers, M. S., and L. A. Raymond. 2014. "Mechanisms of synaptic dysfunction and excitotoxicity in Huntington's disease." *Drug Discovery Today* 19:990–996.

Van Den Bosch, L., P. Van Damme, E. Bogaert, and W. Robberecht. 2006. "The role of excitotoxicity in the pathogenesis of amyotrophic lateral sclerosis." *Biochimica et Biophysica Acta* 1762:1068–1082.

Zuccato, C., and E. Cattaneo. 2007. "Role of brain derived neurotrophic factor in Huntington's disease." *Progress in Neurobiology* 81:294–330.

第 9 章　心理健康的操控者

Averill, L. A., P. Purohit, C. L. Averill, M. A. Boesl, J. H. Krystal, and C G. Abdallah. 2017. "Glutamate dysregulation and glutamatergic therapeutics for PTSD: Evidence from human studies." *Neuroscience Letters* 649:147–155.

Charney, D. S., E. J. Nestler, P. Skylar, and J. D. Buxbaum. 2018. *Neurobiology of Mental Illness*. 5th ed. New York: Oxford University Press.

Duman, R. S., and L. M. Monteggia. 2006. "A neurotrophic model for stress-related mood disorders." *Biological Psychiatry* 59:1116–1127.

Grandin, T. 2005. *Animals in Translation: Using the Mysteries of Autism to Decode Animal Behavior*. New York: Harcourt.

Kamiya, K., and O. Abe. 2020. "Imaging of posttraumatic stress disorder." *Neuroimaging Clinics of North America* 30:115–123.

Kondziella, D., S. Alvestad, A. Vaalar, and U. J. Sonnewald. 2007. "Which clinical and experimental data link temporal lobe epilepsy with depression?" *Journal of Neurochemistry* 103: 136–152.

Koo, J. W., D. Chaudhury, M. H. Han, and E. J. Nestler. 2019. "Role of mesolimbic brain-derived neurotrophic factor in depression." *Biological Psychiatry* 86:738–748.

Lasarge, C. L., and S. C. Danzer. 2014. "Mechanisms regulating neuronal excitability and seizure development following mTOR pathway hyperactivation." *Frontiers in Molecular Neuroscience* 14. doi: 10.3389/fnmol.2014.00018.

Nasir, M., D. Trujillo, J. Levine, J. B. Dwyer, Z. W. Rupp, and M. H. Bloch. 2020. "Glutamate systems in DSM-5 anxiety disorders: Their role and a review of glutamate and GABA psychopharmacology." *Frontiers in Psychiatry* 11. doi: 10.3389/fpsyt.2020.548505.

Ploski, J. E., and V. A. Vaidya. 2021. "The neurocircuitry of posttraumatic stress disorder and major depression: Insights into overlapping and distinct circuit dysfunction—a tribute to Ron Duman." *Biological Psychiatry* 90:109–117.

Stranahan, A. M., T. V. Arumugam, R. G. Cutler, K. Lee, J. M. Egan, and M. P. Mattson. 2008. "Diabetes impairs hippocampal function through glucocorticoid-mediated effects on new and mature neurons." *Nature Neuroscience* 11:309–317.

Zanos, P., and T. D. Gould. 2018. "Mechanisms of ketamine action as an antidepressant." *Molecular Psychiatry* 23:801–811.

第10章　药物的魔法与诅咒

Barker, S. A. 2018. "N, N-dimethyltryptamine (DMT), an endogenous hallucinogen: Past, present, and future research to determine its role and function." *Frontiers in Neuroscience* 12. doi: 10.3389/fnins.2018.00536.

Carhart-Harris, R. L., D. Erritzoe, T. Williams, J. M. Stone, L. J. Reed, A. Colasanti, et al. 2012. "Neural correlates of the psychedelic state as determined by fMRI studies with psilocybin." *Proceedings of the National Academy of Sciences USA* 109:2138–2143.

De Gregorio, D., A. Aguilar-Valles, K. H. Preller, B. D. Heifets, M. Hibicke, J. Mitchell, et al. 2021. "Hallucinogens in mental health: Preclinical and clinical studies on LSD, psilocybin, MDMA, and ketamine." *Journal of Neuroscience* 41:891–900.

Duman, R. S., G. Sanacora, and J. H. Krystal. 2019. "Altered connectivity in depression: GABA and glutamate neurotransmitter deficits and reversal by novel treatments." *Neuron* 102:75–90.

Engin, E., R. R. Benham, and U. Rudolph. 2018. "An emerging circuit pharmacology of GABAA receptors." *Trends in Pharmacological Sciences* 39:710–732.

Heckers, S., and C. Konradi. 2015. "GABAergic mechanisms of hippocampal hyperactivity in schizophrenia." *Schizophrenia Research* 167:4–11.

Jones, J. L., C. F. Mateus, R. J. Malcolm, K. T. Brady, and S. E. Back. 2018. "Efficacy of ketamine in the treatment of substance use disorders: A systematic review." *Frontiers in Psychiatry* 9. doi: 10.3389/fpsyt.2018.00277.

Koob, G. F., and N. D. Volkow. 2016. "Neurobiology of addiction: A neurocircuitry analysis." *Lancet Psychiatry* 3:760–773.

Leary, T. 1980. *The Politics of Ecstasy*. Berkeley, CA: Ronin.

Pollan, M. 2018. *How to Change Your Mind*. New York: Penguin.

Russo, S. J., D. M. Dietz, D. Dumitriu, J. H. Morrison, R. C. Malenka, and E. J. Nestler. 2010. "The addicted synapse: Mechanisms of synaptic and structural plasticity in nucleus accumbens." *Trends in Neurosciences* 33:267–276.

Vollenwider, F. X., and M. Kometer. 2010. "The neurobiology of psychedelic drugs: Implications for the treatment of mood disorders." *Nature Reviews Neuroscience* 11:642–651.

第 11 章 塑造更好的大脑

Cunnane, S. C., E. Trushina, C. Morland, A. Prigione, G. Casadesus, Z. B. Andrews, et al. 2020. "Brain energy rescue: An emerging therapeutic concept for neurodegenerative disorders of ageing." *Nature Reviews Drug Discovery* 19:609–633.

Kellar, D., and S. Craft. 2020. "Brain insulin resistance in Alzheimer's disease and related disorders: Mechanisms and therapeutic approaches." *Lancet Neurology* 19:758–766.

Marosi, K., and M. P. Mattson. 2014. "BDNF mediates adaptive brain and body responses to energetic challenges." *Trends in Endocrinology and Metabolism* 25:89–98.

Mattson, M. P. 2015. "Lifelong brain health is a lifelong challenge: From evolutionary principles to empirical evidence." *Ageing Research Reviews* 20:37–45.

Mattson, M. P. 2022. *The Intermittent Fasting Revolution: The Science of Optimizing Health and Enhancing Performance*. Cambridge, MA: MIT Press.

Miller, A. A., and S. J. Spencer. 2014. "Obesity and neuroinflammation: A pathway to cognitive impairment." *Brain Behavior and Immunity* 42:10–21.

Phillips, C., M. A. Baktir, M. Srivatsan, and A. Salehi. 2014. "Neuroprotective effects of physical activity on the brain: A closer look at trophic factor signaling." *Frontiers in Cellular Neuroscience* 8. doi: 10.3389/fncel.2014.00170.

Stranahan, A. M., and M. P. Mattson. 2012. "Recruiting adaptive cellular stress responses for successful brain ageing." *Nature Reviews Neuroscience* 13:209–216.